华章数学译丛

66

Mastering Financial Mathematics in Microsoft Excel
Third Edition

金融数学
基于Excel的商业计算实用教程
（原书第3版）

[英] 阿拉斯泰尔·L. 德 著
（Alastair L.Day）

韩锋 译

机械工业出版社
CHINA MACHINE PRESS

图书在版编目（CIP）数据

金融数学：基于 Excel 的商业计算实用教程（原书第 3 版）/（英）阿拉斯泰尔·L. 德（Alastair L. Day）著；韩锋译. —北京：机械工业出版社，2019.10（2024.1 重印）
（华章数学译丛）

书名原文：Mastering Financial Mathematics in Microsoft Excel, Third Edition

ISBN 978-7-111-63709-7

I. 金⋯ II. ①阿⋯ ②韩⋯ III. 表处理软件 – 应用 – 金融 – 经济数学 – 教材 IV. F830-39

中国版本图书馆 CIP 数据核字（2019）第 207403 号

北京市版权局著作权合同登记　图字：01-2018-1368 号。

　　Authorized translation from the English language edition, entitled Mastering Financial Mathematics in Microsoft Excel, Third Edition, ISBN: 978-1-292-06750-6, by Alastair L. Day, Copyright © Pearson Education Limited 2005, Copyright © Systemic Finance Limited 2010, 2015 (print and electronic).

　　This Translation of Mastering Financial Mathematics in Microsoft Excel, Third Edition is published by arrangement with Pearson Education Limited.

　　All rights reserved. No part of this book may be reproduced or transmitted in any form or by any means, electronic or mechanical, including photocopying, recording or by any information storage retrieval system, without permission from Pearson Education Limited.

　　Chinese simplified language edition published by China Machine Press, Copyright © 2019.

　　本书中文简体字版由 Pearson Education Limited（培生教育出版集团）授权机械工业出版社在中国大陆地区（不包括香港、澳门特别行政区及台湾地区）独家出版发行。未经出版者书面许可，不得以任何方式抄袭、复制或节录本书中的任何部分．

　　本书封底贴有 Pearson Education（培生教育出版集团）激光防伪标签，无标签者不得销售。

　　本书介绍了运用 Excel 解决金融数学问题的实用工具、方法和技术．首先介绍基本金融运算、现金流、收益及现值和未来价值等基础知识，给出净现值和内部收益率的计算方法，随后介绍分析固定收益类产品、衍生品、外汇、股票和租赁的方法．每章配有习题供读者练习．本书既可用作高等院校金融专业、商学院学生的 Excel 金融应用教材，也可用作金融从业者提高业务能力的参考手册．

出版发行：机械工业出版社（北京市西城区百万庄大街 22 号　邮政编码：100037）
责任编辑：冯秀泳　　　　　　　　　　　　　责任校对：殷　虹
印　　刷：北京捷迅佳彩印刷有限公司　　　　版　　次：2024 年 1 月第 1 版第 2 次印刷
开　　本：186mm×240mm　1/16　　　　　　印　　张：17.25
书　　号：ISBN 978-7-111-63709-7　　　　　定　　价：99.00 元

客服电话：(010) 88361066　68326294

版权所有·侵权必究
封底无防伪标均为盗版

译 者 序

金融数学是一门新兴学科,是"金融高技术"的重要组成部分.研究目标是利用我国数学界某些方面的优势,围绕金融市场的均衡与有价证券定价的数学理论进行深入剖析,建立适合国情的数学模型,编写计算机软件,对理论研究结果进行仿真计算,对实际数据进行计量经济分析研究,为实际金融部门提供较深入的技术分析咨询.核心内容就是研究不确定随机环境下的投资组合的最优选择理论和资产的定价理论.套利、最优与均衡是金融数学的基本经济思想和三大基本概念.

Microsoft Excel 是 Microsoft 为使用 Windows 和 Apple Macintosh 操作系统的计算机编写的一款电子表格软件.直观的界面、出色的计算功能和图表工具,再加上成功的市场营销,使 Excel 成为最流行的个人计算机数据处理软件.在 1993 年,作为 Microsoft Office 的组件发布了 5.0 版之后,Excel 就开始成为所适用操作平台上的电子制表软件的霸主.使用起来简便直观,应用范围广.

本书主要是 Excel 软件和金融数学知识的完美结合,重在应用,重在讲述如何借助 Excel 软件解决基本的金融数学方面的问题.为了更好地掌握本书的操作方法,每章都配有习题,可供读者练习.本书既可供相关专业的学生和科研人员使用,也可供相关从业者来使用.

翻译过程中尽量考虑到原作者的初衷并查阅相关资料,努力保证译文准确,但由于自身水平有限,仍可能存在不当之处,恳请读者朋友多多见谅与指正,谢谢!

本书的翻译参考了牛新艳老师译的《精通 Excel 中的金融数学:商务计算应用指南(第 2 版)》,在此对牛新艳老师表示衷心感谢!同时,感谢机械工业出版社的编辑能够给我提供这次翻译机会并和我讨论翻译内容!感谢中国社会科学院大学硕士研究生吴天彪、北京联合大学师范学院王维等帮助我校正译稿!感谢北京联合大学旅游学院张琳琳老师帮我梳理译文!感谢我的家人的支持,使我能够有精力和时间来完成翻译.

韩锋
2019 年 4 月于北京

前　言

哪些人需要这本书

25年前，我使用早期的Hewlett Packard 38C来计算利率和分析现金流，然后发展到有打印机、磁条读写器和金融数学插件包的HP 41C。二者都是早期的字母数字计算器，它们让我有机会去评估比现金流和结构更为复杂的租赁与购买的关系。这发生在20世纪80年代初，在IBM推出个人电脑之前。

从那以后，我使用了其他计算器进行计算，例如HP 12C、HP 17BII、HP 19B和TI BAII Plus，它们都提供了专门的用户屏幕，并允许进行金融数学的运算。尽管计算器比表格或更早的方法更容易使用，但它们也很难保证不出错。当我开设金融计算基础培训课程时，这些计算器主要的缺点就凸显出来：使用者无法看到输入内容或检查中间计算过程，因此使用者总是希望看到一张变量图来方便理解答案。

随着时代的发展，我一直使用的金融计算器现在已经被扩展为苹果IOS和安卓系统移动端的应用程序，过去用Basic创建的程序，现在已发展为电子表格工具Microsoft Excel，它是金融数学中最有用的工具之一。我在1988年首次使用Lotus 1-2-3，在1990年开始使用Excel 3.0。目前Excel版本通过各种升级，成长为微软最新的办公软件，但目前版本中的核心金融功能并没有发生太多的改变。

鉴于几乎所有从事金融财务工作的人都在他们的台式机上安装了Excel，越来越多地使用笔记本电脑、手机或平板电脑来办公，本书的目的是通过示例和练习来介绍借助Excel进行一些基本的金融数学计算。如果你认真阅读每章内容，重复其模型并尝试这些练习，你将会提高Excel技能，更好地掌握基本金融概念。

我的其他几本有关模型的书，为本书中的一些主题提供了替代模型。它们将金融理论与模型设计相结合，采用最佳国际实践思想，结合了经过检验和测试的审计测试和方法。这本书遵循系统电子表格最佳实践并采用相同的标准、方法和布局。

本书的主要目标是：
- 解释核心的金融公式和主题领域。
- 使用简单明了的Excel模板来展示如何使用公式。
- 提供部分示例和习题。
- 为进一步开发提供一个基本模板库。

本书适用于以下两类重要人群：
- 需要一本金融数学手册的从业者。

- 需要一本 Excel 金融应用教材的商学院的学生.

可能对本书感兴趣的读者：
- 首席财务官和财务主管.
- 财务总监.
- 金融分析师和金融主管.
- 会计师.
- 公司金融专家.
- 财务经理.
- 风险管理专家.
- 专业学者、商学院和 MBA 学生.

因此，无论是需要一本参考书的金融从业者还是需要一本 Excel 金融数学手册参考书的学者和商学院学生，都会对本书感兴趣. 另外，本书还提供了一些英国和海外的示例.

如何使用这本书[⊖]

- 使用简单的 SETUP 命令安装 Excel 应用程序模板. 这些文件将与程序组和图标一起自动安装. 对应每章内容的具体文件名列表及安装过程见 A.3 节.
- 阅读各章，练习这些模型和示例.
- 使用用户手册、电子表格和模板作为进一步工作的参考指南.
- 使用 Excel 进行练习、开发并提高你的工作效率和能力.

Alastair L. Day

电子邮件：aday@system.co.uk 或网址：www.financial-models.com（密码：categories）

免责声明

本书使用的金融模型没有通过正式审核，也没有做出表述、保证或承诺，因而，本书作者及公司董事对模型的充分性、准确性、完整性及合理性不承担责任，同样，公司也不承担任何责任.

特别指出，对于计算结果及假设条件的准确性和合理性，公司不承担任何义务. 除此之外，用户使用金融模型所形成的风险全部由用户本人承担，公司不承担任何责任. 相应地，对于使用金融模型所造成的任何直接或间接损失，公司也不承担任何义务.

Microsoft、Microsoft Excel、Windows 都是微软公司的注册商标. 本书中的屏幕截图都经过微软公司许可.

⊖ 相关资源也可登录机工网站（www.cmpreading.com）下载. ——编辑注

致 谢

我要感谢 Angela、Matthew 和 Frances 的支持和协助. 和之前的项目一样，Pearson Education 为本书提供了极好的支持.

作者简介

阿拉斯泰尔·L. 德（Alastair L. Day）在金融行业有 30 多年的从业经历，曾先后供职于财政部门和营销部门，并在一家主营 IT 和科技产品的卖主租赁公司担任过主管．随着公司业务的飞速发展，他和其他董事将该公司出售给一家上市公司．之后，他创立了 Systematic Finance 公司，专门从事金融咨询服务，主要包括：

- 金融建模——教育、设计、建设、审计和审查．
- 在欧洲、中东、亚洲、非洲和美洲地区及地区间进行金融建模、公司理财、租赁和信贷分析方面的培训．
- 作为顾问和出租方进行融资租赁和经营租赁的结构设计．

阿拉斯泰尔在金融分析和金融租赁等领域都著作颇丰．FT Prentice Hall 出版了其四本金融建模方面的著作，即《Mastering Financial Modelling》《Mastering Risk Modelling》《Mastering Financial Mathematics in Microsoft Excel》和《Mastering Financial Mathematics in Excel》．

阿拉斯泰尔拥有伦敦大学的经济学和德语学位及英国公开大学商学院的 MBA 学位．

目　录

译者序
前言
致谢
作者简介

第1章　引言 ································ 1
1.1　概述 ································ 1
1.2　Excel 中的常见错误 ················ 2
1.3　系统设计方法 ······················ 3
1.4　审核 ································ 7
1.5　小结 ································ 9

第2章　基本金融运算 ················ 10
2.1　单利 ································ 10
2.2　复利 ································ 13
2.3　多次付款 ··························· 19
2.4　不同的利率 ························ 21
2.5　名义利率和实际利率 ············· 22
2.6　连续贴现 ··························· 24
2.7　转换和比较 ························ 25
2.8　习题 ································ 26
2.9　小结 ································ 26

第3章　现金流 ························· 27
3.1　净现值 ······························ 27
3.2　不同的利率 ························ 29
3.3　内部收益率 ························ 30
3.4　XNPV 和 XIRR ···················· 33
3.5　XNPV 的付息期示例 ············· 34
3.6　修正的内部收益率 ················ 35
3.7　习题 ································ 36

3.8　小结 ································ 36

第4章　债券计算 ······················ 37
4.1　概述 ································ 37
4.2　现金流 ······························ 39
4.3　零息债券 ··························· 41
4.4　收益 ································ 42
4.5　赎回收益 ··························· 42
4.6　价格和收益关系 ··················· 42
4.7　收益曲线定价 ······················ 44
4.8　其他收益度量 ······················ 46
4.9　收益度量 ··························· 47
4.10　习题 ······························· 49
4.11　小结 ······························· 50

第5章　债券风险 ······················ 51
5.1　风险 ································ 51
5.2　久期 ································ 53
5.3　凸性 ································ 57
5.4　比较 ································ 60
5.5　习题 ································ 62
5.6　小结 ································ 63

第6章　浮动利率证券 ················ 64
6.1　浮动利率 ··························· 64
6.2　利率证券特征 ······················ 65
6.3　收益估计 ··························· 66
6.4　票息剥离 ··························· 70
6.5　习题 ································ 71
6.6　小结 ································ 72

第7章　摊销和折旧 ··················· 73
7.1　摊销 ································ 73

7.2	完全摊销	75
7.3	延期支付	75
7.4	年数总和法	78
7.5	直线与余额递减折旧法	79
7.6	英国余额递减折旧法	80
7.7	双倍余额递减折旧法	80
7.8	法国折旧方法	81
7.9	习题	84
7.10	小结	84

第8章 互换 … 85

8.1	定义	85
8.2	互换如何降低成本	87
8.3	互换的优势	88
8.4	终止利率互换	89
8.5	隐含的信用风险	89
8.6	单一货币互换	89
8.7	估值	91
8.8	交叉货币互换	92
8.9	示例	93
8.10	互换期权	94
8.11	习题	95
8.12	小结	95

第9章 远期利率 … 96

9.1	定义	96
9.2	远期利率示例	96
9.3	套期保值原理	98
9.4	远期利率协议	99
9.5	收益曲线	101
9.6	习题	104
9.7	小结	105

第10章 期货 … 106

10.1	期货市场	106
10.2	术语	107
10.3	优势	107
10.4	票据交换操作	108
10.5	债券期货	108
10.6	对冲机制	109
10.7	对冲示例1	111
10.8	对冲示例2	112
10.9	习题	114
10.10	小结	115

第11章 外汇 … 116

11.1	风险	116
11.2	即期汇率	117
11.3	长期汇率	121
11.4	等价	121
11.5	比较和套利	123
11.6	习题	124
11.7	小结	124

第12章 期权 … 125

12.1	概述	125
12.2	术语	125
12.3	标的资产	127
12.4	买入期权	128
12.5	卖出期权	131
12.6	示例	133
12.7	备兑认购期权	134
12.8	使用股票和买入卖权的保险	136
12.9	定价模型	137
12.10	Black-Scholes 模型	137
12.11	买权卖权平价关系	140
12.12	Greeks 指标	141
12.13	二项式模型	143
12.14	Black-Scholes 模型比较	146
12.15	习题	149
12.16	小结	149

第13章 实物期权 … 150

13.1	实物期权	150
13.2	Black-Scholes 模型	150
13.3	二项式模型	152
13.4	习题	153
13.5	小结	154

第14章 估值 ·············· 155
- 14.1 估值方法 ············ 155
- 14.2 资产 ·················· 156
- 14.3 市场方法 ············ 157
- 14.4 多期股息贴现模型 ·· 158
- 14.5 自由现金流估值 ···· 160
- 14.6 调整现值法 ········· 167
- 14.7 经济利润 ············ 169
- 14.8 习题 ·················· 172
- 14.9 小结 ·················· 172

第15章 租赁 ·············· 173
- 15.1 租赁经济学 ········· 173
- 15.2 利率 ·················· 174
- 15.3 分类 ·················· 176
- 15.4 摊销 ·················· 178
- 15.5 会计核算 ············ 179
- 15.6 结算 ·················· 180
- 15.7 出租方评估 ········· 182
- 15.8 承租方评估 ········· 186
- 15.9 习题 ·················· 187
- 15.10 小结 ················· 188

第16章 基础统计学 ······ 189
- 16.1 方法 ·················· 189
- 16.2 描述统计量 ········· 189
- 16.3 概率分布 ············ 199
- 16.4 抽样/中心极限定理 ·· 206
- 16.5 假设检验 ············ 210
- 16.6 相关性与回归 ······ 218
- 16.7 LINEST函数 ······· 225
- 16.8 习题 ·················· 227
- 16.9 小结 ·················· 227

附录A ·························· 228
附录B ·························· 254

第1章 引 言

1.1 概述

本书首先解释了现金流、收益及现值和未来价值的合成，后又给出了净现值和内部收益率的计算方法．在随后的章节中，又介绍了分析固定收益类产品、衍生品、外汇、股票和租赁的方法．

由于 Excel 能够显示复杂计算过程中每一阶段的布局，所以它相对于使用黑盒方法的传统编程语言来说更适用于自动化计算及结果显示．在 Excel 中输入数据，不用显示方法答案就可被显示．但由于许多用户并不需要使用 Excel 的全部功能，况且本书是一本更侧重于方法介绍的金融建模书籍，所以书中涉及的模型建模过程可以参考《Mastering Financial Modelling》《Mastering Cash Flow and Valuation Modelling》和《Mastering Risk Modelling》三本书．本书主要介绍如何使用 Excel 进行分析、决策和表达，而不是简单的数学计算，Excel 的优势在于：

- 更快地进行程序开发．
- 减少重复或不必要计算．
- 尽量避免代码、逻辑和其他错误的出现．
- 更便于进行更新、开发和维护．
- 通过图、表、结果汇总以及摘要进行清晰的表达．

微软 Office 软件的广泛使用意味着大多数人把 Excel 作为他们桌面的一部分．不过，也应该考虑到以下事项：

- 许多公司没有提供关于应用 Excel 进行金融建模并解决问题的具体培训课程．
- 基础的金融建模课程往往只对函数和方法进行单一介绍，却忽略了如何通过结合一系列的方法和技巧以组成功能更强大的模型．
- 很少有商学院将 Excel 作为其课程的核心部分进行教学，但它却恰恰是许多初级分析师和公司财务主管必备的专业技能．
- 大多数公司的金融教程侧重于对计算结果的讲解，并未提供有关如何编写简单的电子表格来解决问题的指导方法．

经过充分的实践，人们终于达到了一定的建模标准；然而，这意味着许多电子表格模型通常具有以下特点：

- 除模型开发者外，其他人都不易理解模型．
- 存在尚未发现的严重结构错误．

- 由于缺乏结构和规则而无法进行审核.
- 由于结构不良、基本误差,使得其不可维护或不够灵活,无法进一步开发.
- 最终未能实现其关键目标.

只要我们进行正确的操作,Excel 固有的简单性使得模型可以随时被编写,而无须担心上面的问题. 考虑到 Excel 在金融分析中的重要性,使用 Excel 应该成为管理者的核心技能,这样他们就可以开发清晰、可维护的应用程序并且精通电子表格的设计.

1.2 Excel 中的常见错误

当下已有许多机构对电子表格的使用展开了大量的研究,但尽管如此,使用者可能还存在着些许疑问. 以下列举出了一些常见疑问,如果对以下问题你均回答"是",那么你可以使用本章提出的简单规则,对电子表格的结构及其部分代码进行检查核实.

- 在电子表格完成很久之后,你是否曾发现错误?
- 当你从别人那里收到电子表格时,你是否会发现很难理解其结构或者不知道下一步该做什么来得到其他答案?
- 如果你想在电子表格中添加额外的功能,是否必须重新进行重大的设计?
- 你是否希望电子表格能回答更多的复杂问题?
- 你或其他人曾经怀疑过自己所开发的电子表格的正确性吗?

由于 Excel 的使用者大多不是专业程序员,因而有许多错误可能出现,范围从高级概念错误到低级别的编码和方法错误不等. 供个人使用的电子表格在供他人使用时往往也会显得十分混乱,但是,对于企业来说,使用模型需要采用不同的标准. 许多应用程序用于关键的企业决策,需要被他人审查或使用.

我们通常所使用的电子表格模型的类型如下:
- 各个方面都缺乏计划和有效控制.
- 技术应用程序过于复杂,并且缺少必要的文档.
- 适用于单一用户的假设、风险、决策树、概率和仿真模型.
- 数据库和数据分析.
- "交钥匙"式应用.

实际中,由于迫于时间压力或对设计的思考不充分,无论是有经验的用户还是新用户,在 Excel 使用中都容易犯一些简单的错误. 下面是一些常见的输入错误:
- 没有明确地区分输入、计算、输出、报告和解释,很难在计算和输入混合的情况下改变输入数据.
- 输入、计算和答案没有特定的颜色或标记. 我的电子表格使用带有绿松石背景的蓝色粗体字体,并且其他许多人也这样做.
- 在模型的不同区域中,样式、边框或阴影没有标记.
- 更多高级功能没有被使用,如验证、名称、注释、视图和保护等.

如果一个文件毫无组织,那么很难理解文件的内容并对其进行维护. 同样,如果其中存在一些典型的计算问题，也会降低结果的可信度．下面是一些示例：
- 单元格公式使用数字和硬编码编写，所以无法保证用户所做的更改可以贯穿于整个模型运算中．这样造成的不一致性，从经验来看，可能会产生更多的错误．
- 单元格中混合的数字和计算公式格式不同或者精确度不同．例如，单元格代码为"企业税＝C5＊0.20"，如果需要更改税率，如改为 0.21，则需要将整个文件中的 0.20 全部改为 0.21．但如果将 0.20 设为公式中的输入变量，就不用进行如此烦琐的改动，只需对整个文件执行一次编辑替换．
- 如果每行中有多个公式，也会引起混淆．例如，1 月、2 月和 3 月的数据列使用相同的公式，然后公式在 4 月莫名其妙地被更改，在 5 月又返回原始公式．有时，用户会编写难以想象的复杂的公式，似乎要以此证明其操作和计算比其他人的更具整体性．
- Excel 拥有大量的内置功能和加载项，如分析工具库，通过它可以有效地减少程序所需代码的数量．但是很多用户并没有充分利用 Excel 这一分析工具的优势来获得更加清晰的管理信息．
- 数据表、敏感性分析、方案管理器、报表管理器、自定义视图、高级图表、数据透视表、数据库查询和 Microsoft Office 关联程序等，都可以用来提高信息质量．
- 许多用户没有将他们的工作形成记录文档，也没有提供模型的使用说明或结果的允许范围．

上述这些并不是使用 Excel 常见错误的详尽列表，但它比较好地揭示了一个在一开始就缺少规划，进而产生的次优化模型中可能存在的弱点．

1.3 系统设计方法

如果不考虑结果的准确性，那么就有许多设计电子表格的方法．但上一节中提到的很多做法都会造成模型性能差，且容易出错，目前还没有一种通用的、能够被大多数用户所使用的电子表格构造方法．虽然我们的最终目标是构建独特的、简单的、可重复检验的模型，但是目前的一些建模方法仍然在使用复杂的规则．本书中使用的基本方法是作者在过去 25 年中开发的方法．使用这些方法可以在减少错误的前提下快速地完成建模．

这些基本方法包括：
- 定义单元格的颜色代码；
- 为输入、计算、输出、摘要等指定各自的具体区域．
- 简化每页的颜色和格式的样式指南．
- 设计尽量简单化，避免使用长的公式或嵌套 IF 语句．
- 尽可能少用硬编码，以使计算公式贯穿整个工作簿．
- 表中的每行或每列只使用一个公式．
- 避免在单元格公式中混杂不同类型的数值或运算．
- 使用标准的数字格式，例如负数用括号和红色字体．

- 公式引用左边或上方的单元格，就像在书中一样，而不是不合逻辑的信息流．
- 对多个工作表进行模块化设计而不是零散的工作表组合．
- 设计标准的时间表和模型布局，包括菜单表、版本号、作者姓名以及完整的说明文档．

借助正确的操作，可以很容易发现简单模型中的差异．考虑一个简单的现金流和现金流贴现估值模型，其中现金流在五年中保持每年增长．五年之后，在扣除利息、税项、折旧和偿债之前，公司的价值应该是收入的倍数（记为EBITDA）（见图1.1），那么现金流就应该以公司现值的10%折算．这个方法在后面的章节中将会详细介绍；但是，由于所有的变量都被硬编码写入了单元格中，所以模型理解起来有很大困难，以至于在想提高增长率或降低贴现率时不知该如何着手修改模型．

	A	B	C	D	E	F	G	H
4								
5			-	1	2	3	4	5
6	EBITDA			75.00	79.50	84.27	89.33	94.69
7	Free cash flow			100.00	105.00	110.25	115.76	121.55
8								
9	Terminal value							473.43
10								
11	Discount factor			0.91	0.83	0.75	0.68	0.62
12								
13	Net cash flow			90.91	86.78	82.83	79.07	75.47
14	Net terminal value							293.96
15								
16	Net present value		709.02					

图 1.1　初始模型

选择 Formulas（公式）→ Formulas Auditing（公式审核）→ Show formulas（显示公式），可以快速地查看公式（也可以使用快捷键<Ctrl+'>或公式审核模式的帮助文件）．图 1.2 显示了单元格中使用的数值和公式．

	A	B	C	D	E	F	G	H	I
4									
5			0	1	2	3	4	5	
6	EBITDA		75	=D6*1.06	=E6*1.06	=F6*1.06	=G6*1.06		
7	Free cash flow		100	=D7*1.05	=E7*1.05	=F7*1.05	=G7*1.05		
8									
9	Terminal value							=H6*5	
10									
11	Discount factor		=1/(1+10%)^1	=1/(1+10%)^2	=1/(1+10%)^3	=1/(1+10%)^4	=1/(1+10%)^5		
12									
13	Net cash flow		=D7*D11	=E7*E11	=F7*F11	=G7*G11	=H7*H11		
14	Net terminal value							=H9*H11	
15									
16	Net present value	=SUM(D13:H14)							

图 1.2　显示公式

此外，也可以使用 SysmaticFinance（www.financial-models.com）开发的第三方审计软件中的函数匹配单元格模式（见图 1.3）．该配色方案在 Excel 模式上是可见的：

- 蓝色表示文本单元格或标签（单元格 B6）．
- 深红色标记数值单元格（单元格 C5）．
- 米色显示所有公式（单元格 H9）．

- 橙色专供混合公式使用，使用时需要注意，因为混合公式可能难以维护（单元格 E6）.
- 绿色单元格表示那些比定义字符数更加复杂的公式.
- 使用粗体标记公式在跨行变化时的行间差异（单元格 E11）.
- 蓝绿色显示错误，如 DIV/0 等错误.
- 蓝色粗体标记开放的单元格（本书没有该类初始模型）.

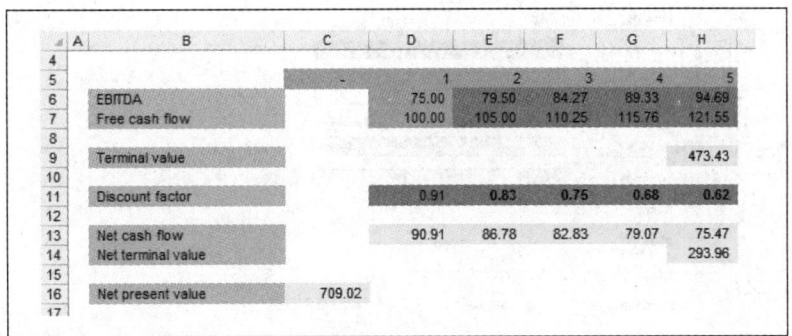

图 1.3　模式匹配

这个简单模型的解决方案是提取所有的输入变量并使用标记颜色的代码对模型进行修改（见图 1.4）. 这也意味着任何用户都可以通过这样的方式获得全部的输入变量，并跟踪信息流直到答案和摘要. 随着模型规模的扩大，这些小的部分将被开发成新工作表；然而，如果采用一致的风格和方法，用户可以更快地理解模型.

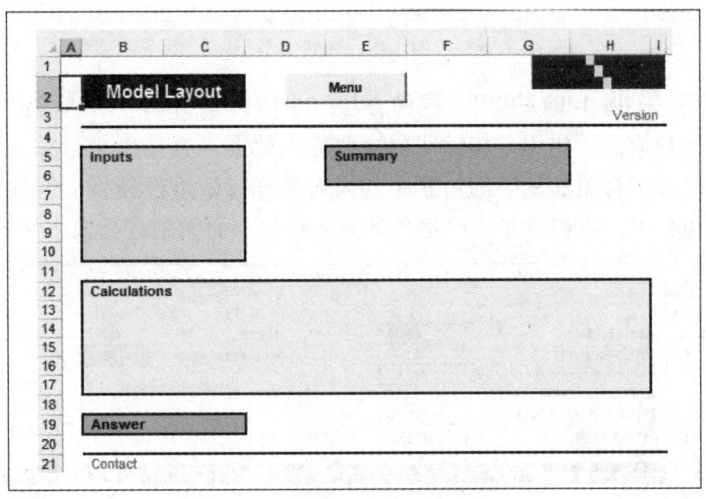

图 1.4　修订后的模式布局图

在 Excel 中使用 Styles 可以更快编码，并在电子表格中保持一致性. 这本书中的文件都使用了标准的 Systematic Finance 样式指南，该指南规定了如何显示输入、总计、标题等，这也意味着电子表格更容易理解，因为它们看起来都一样. 样式在 Home，Styles（快捷键<Alt+HJ>）. 图 1.5 显示了不同的样式，你应该修改其中一个模板以生成自己的样式表. 右边的数字显示了红色/绿色/蓝色（Red/Green/Blue）号码，以便向后兼容 Excel 2003，但是你可以使用公司 Pantone 颜色中的数字替换它们.

SFL Style Name	Example		Background R	Background G	Background B	Font R	Font G	Font B
SFL_Heading_3	Title							
SFL_Heading	ZZZ	ZZZ	0	51	102			
SFL_Input	AA	AA	204	255	255	0	51	102
SFL_Total	11.00	11.00	255	255	255	0	51	102
SFL_Answer	22.00	22.00	192	192	192	0	0	0
SFL_Workings	XX	XX	255	204	153	0	0	0
SFL_Name	TaxRate	ClientName				255	0	0
SFL_Alert	Alert	Version				255	0	0
SFL_Info	USD Thousands	Sq/mtrs				128	128	128
SFL_Accounting_2	1,000.00	(1,000.00)						
		- Please enter a number!						
SFL_Percent_2	12.00%	(12.00%)						
SFL_Short_Date	01-Jan-15	31-Dec-15						
SFL_Do_Not_Cross						128	0	0
SFL_Worksheet Border			255	0	0			
SFL_Changing	AA	AA	255	255	0	0	51	102
SFL_Target	11.00	11.00	0	255	0	0	51	102

© Systematic Finance : www.system.co.uk

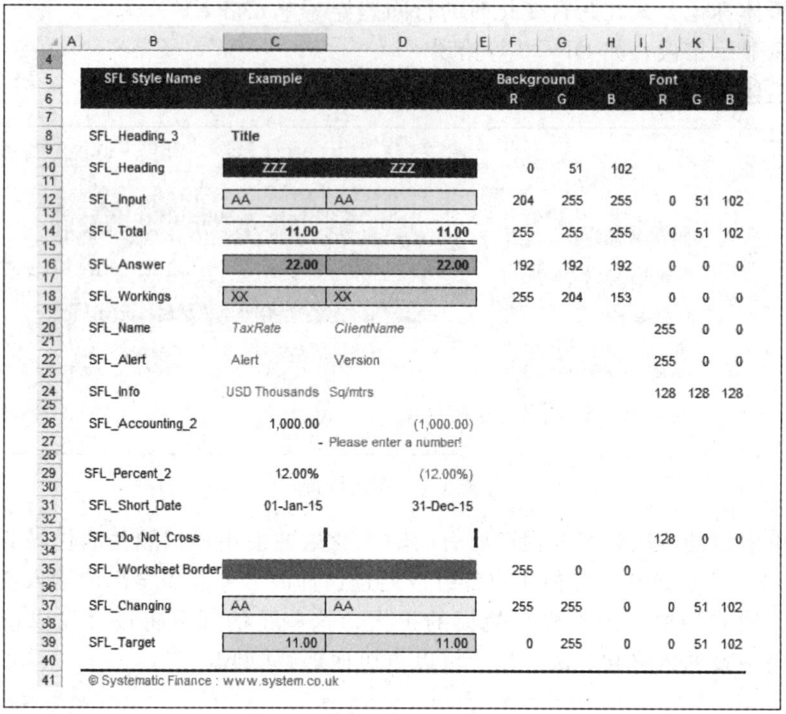

图 1.5　样式表

修改后的模型（见图 1.6）采用了这种方法. 个体因子用单一功能的函数代替，并在输入附近提供一个管理摘要. 使用户能够明白这些输入数据可直接用于计算，由此用户才有可能使用更多的技术或进行更加复杂的运算. 如果需要进行敏感性分析、情景分析或使用某种形式的优化或模拟技术，可以添加一个额外的有效模块，而无须进行根本性重新设计.

Initial EBITDA	75.00
EBITDA growth	6.00%
Initial Free cash flow	100.00
Cash flow growth	5.00%
Terminal value multiplier	5.00
Discount rate	10.00%

Result

Net present value	709.02

	0	1	2	3	4	5
EBITDA		75.00	79.50	84.27	89.33	94.69
Free cash flow		100.00	105.00	110.25	115.76	121.55
Terminal value						473.43
Net cash flow		100.00	105.00	110.25	115.76	594.98

Net present value	709.02

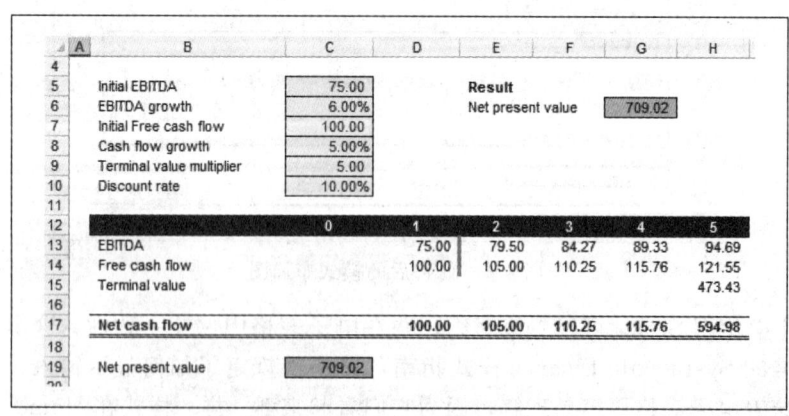

图 1.6　修订后的模式

模式匹配揭示了去除混合公式和标记公式列间变化的一致性。输入单元格是工作表中唯一开放的单元格，并用在图1.7的计算中。这是一个简单的例子；但是，本书中所涉及的所有模型都使用了与此相同的方法。

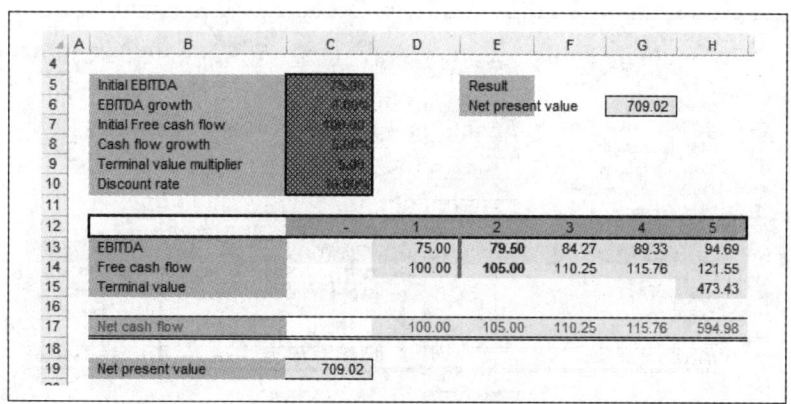

图1.7 修订的模式匹配

1.4 审核

正确地设置模型是很重要的，但是模型审核经常被忽略或者执行得不彻底。简单地查看模型并不会发现错误，必须先假定模型中存在错误，再应用一致的方法来审核并检查模型。需要一个系统的、有组织的方法。可以先使用一些初始测试，以了解输出结果的可靠性。借助这些测试，可以更好地理解本书中的电子表格。需要仔细检查的部分包括：

- 在多个范围内公式没有被正确复制。
- 公式中使用了不一致的引用。
- 对错误范围或表中的错误结果所做的合计。
- 混合的数值和公式。
- 使用多个或嵌套函数的长公式。
- 没有正确应用单元锁定（F4）的相对和绝对引用。
- 单位错误，其中百分比和数字在使用时互换了单位。
- 使用LOOKVP、MATCH和INDEX等函数时，因没有认真选择使用区域而产生的错误。

本书中用于检查电子表格的一些初等方法包括：

- 对结果和中间计算的合理性的人工检验方法。例如，使用者总是可以选择一个范围并按<Alt+F1>或F11直接生成图表。如果希望得到的是一个下降或线性的关系，那么使用图表将有助于发现错误。
- 前面使用的显示公式或公式审核模式有助于证明一致性，还有助于在电子表格上提供一个可视化的"质量评分"。

- 审核工具栏（见图 1.8）允许你跟踪引用单元格和从属单元格到某个特定的单元格或区域．另一种方法是使用＜Control＋｛＞或 Control＋｝显示直接引用的单元格和从属单元格，或使用＜Control Shift＋］＞以显示工作表中的所有链接．

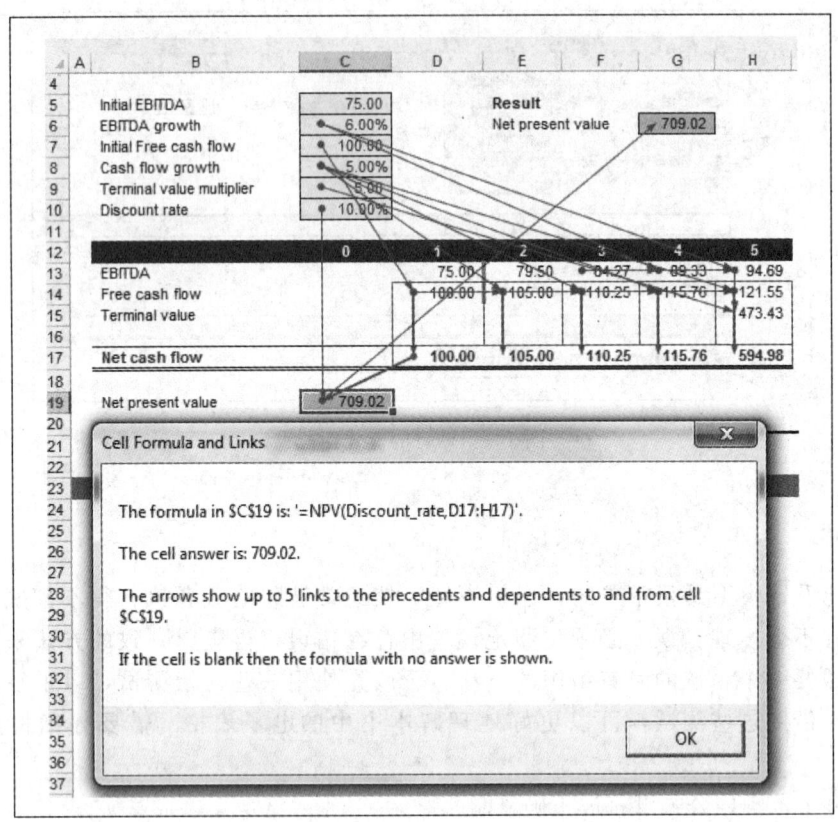

图 1.8　审核跟踪箭头

　　箭头表明单元格 C19 中的结果是通过单击每个阶段的左侧第二个图标来得到的．下一个箭头允许隐藏每个步骤．接下来的两个箭头分别独立地执行相同的操作，并且带有三个箭头的图标将删除所有箭头．其他图标允许你显示与其他编程语言或者评估公式类似的公式表（见图 1.9）．

　　单击 Evaluate，可以看到每个数字或公式的当前值．如果使用 IF 嵌套语句但又不确定其逻辑进展，那么这些结果就显得非常有用．

- 其他可以选择的命令还包括 Formulas（公式）、Formula Auditing（公式审核）、Error Checking（错误检查）等．图 1.10 列出了可以选择或取消的规则，接下来可以使用 Office Button（Office 按钮）→Excel Options（Excel 选项）→Formulas（公式）下的命令对表格进行检验．尽管这个方法可以找到许多错误，但不能依靠它来找到所有混合的或不一致的运算公式．

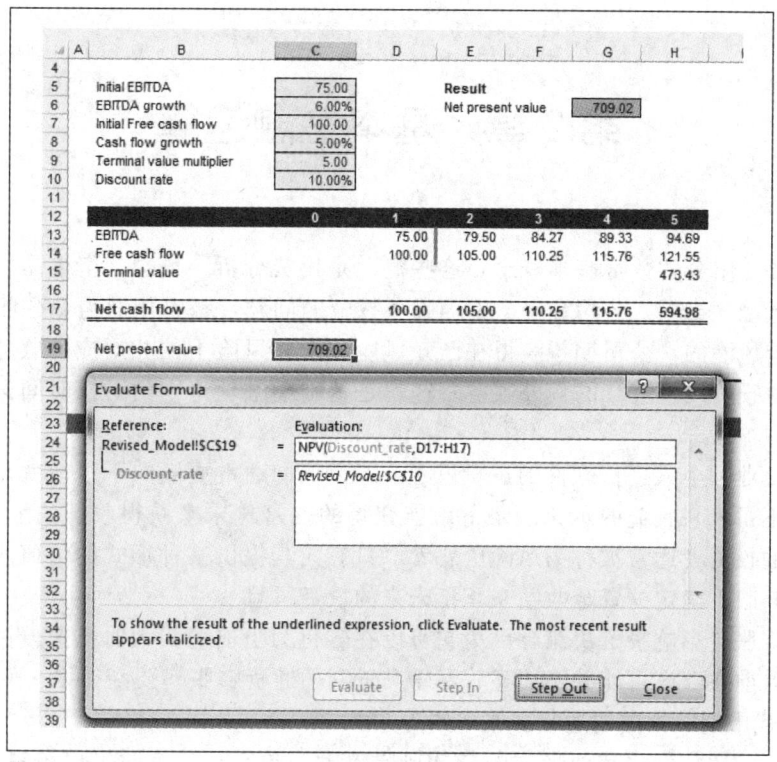

图 1.9　评估公式

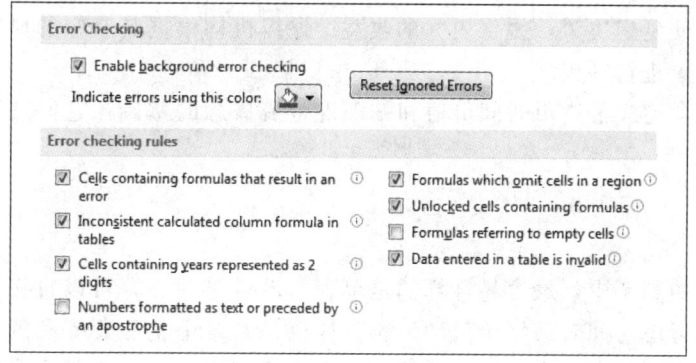

图 1.10　Excel 错误检查

1.5　小结

下面的章节将介绍 Excel 中的金融数学，并尝试使用特定的设计方法来使得模型更易于理解．在 Excel 中设计非结构化的模型可能更容易，但从长远来看，这些模型最终会耗费时间、金钱或两者兼而有之．本章列出了一些设计要点，例如布局和颜色编码，并展示了这种一致性方法的优点．通过重复使用相同的标准设计方法，模型的质量和可靠性都得到了提高，同时也减少了开发和审核时间．

第 2 章　基本金融运算

本章主要介绍金融数学基本概念，这些概念是投资分析、债券、衍生品、租赁和其他许多示例的基础．当前，公司和个人都面临着投资的问题，都希望获得金融收益或减少开支．投资是有风险的，公司期望获得在已知风险和未知风险下的相对应的收益．同样，投资者也想获得投资风险资产的额外收益．这就是基础金融理论中的财富时间偏好，取决于以下几点：

- 如果企业和个人进行理性的逻辑思考，那么他们通常更倾向于眼前就能获得资金收益而不是未来收益的承诺．眼下就能获得的财富比未来获得收益的承诺更加确定．这样的投资者通常被称为风险厌恶者，只有向其提供某种形式的增值收益，他们才会放弃眼下确定的资金收益来承担未来的投资风险．
- 通货膨胀会影响投资决策，因为它可以在转化为当前购买力时迅速侵蚀收益．这种作用目前在欧洲可能并不明显，尽管其近期的通货膨胀率要高得多．例如，20 世纪 70 年代中期，英国的通货膨胀率约为 25%．
- 某些形式的贷款比其他形式的贷款风险更大．政府贷款有时可以被视为"无风险"的，且比企业贷款具有更低的风险溢价．理论上，风险溢价应反映时间尺度和相对风险，以便延迟决策，提供更大的收益．评级机构根据其获知的风险大小，专门对机构和国家进行评级．

上述三个因素构成了货币时间价值和贴现现金流概念的基础，它们贯穿于本书的金融概念中．

2.1　单利

在诸多形式的利率中，最容易计算的是单利．通过单利计算可以直接得到本金的最终价值，而不需要考虑时间对最终价值的影响，这也是本章中稍后要提到的复利计算的一个简单特例．这种方法只针对本金进行计算，而不需要考虑利率带来的利息变化．然而，通常单利只在期限少于一年的情况下使用，金融市场中的汇票、存款、债券等都有各自的市场惯例．

如果使用现值 PV（或初始值）投资（或贷款）的年利率为 r，那么 t 年的利息应为：

$$INT = PV * r * t$$

INT＝利息（interest）

PV＝现值（present value）

用现值 PV 进行年利率为 r 的单利投资，则 t 年之后的终值，记为 FV（future value），应为：
$$FV = PV + INT = PV(1+rt)$$
FV 是投资到期时所获得的价值，同样，也可以被用来得到现值 PV：
$$PV = \frac{FV}{(1+rt)}$$

PV＝现值

FV＝终值

借助 Excel 中的单利表，可以很容易实现上述计算.

如图 2.1 所示，从某一闰年的 2 月 28 日至次年，用 100 万的初始资产进行单利投资. 通常列出实际天数和标准化天数，并使用上面给出的公式进行现值和终值的计算.

	Act/360	30/360	Act/Act
Amount (PV)	1,000,000.00		
Simple Interest Rate {r}	10.00%		
Start Date	28-Feb-20		
Finish Date	28-Feb-21		
360 Day Year	360.0 days		
Days	366	360	366
Year	360	360	366
Result	1.0167	1.0000	1.0000
Interest Payable	101,666.67	100,000.00	100,000.00
FV = PV + INT = PV(1 + rt)	1,101,666.67	1,100,000.00	1,100,000.00
PV = FV/(1 + rt).	1,000,000.00	1,000,000.00	1,000,000.00

图 2.1 例 1

单元格 D12 通过使用功能 DAYS360 来计算起止日期间的天数，采用 US（NASD）方法，按每年 360 天来计数. 函数采用的主要方法有以下两种：

- US（NASD）方法：如果起始日期是某个月的第 31 天，那么认为其等同于该月的第 30 天. 如果结束日期是某个月的第 31 天，开始日期早于某月的第 30 天，则结束日期为其下一个月的第 1 天，否则结束日期就等同于该月的第 30 天.
- 欧式方法：开始日期和结束日期发生在某月第 31 天，则将其等同于该月的第 30 天.

单元格 E13 包含计算一年实际天数的计算公式：

=DATE(YEAR(C7)+1,MONTH(C7),DAY(C7))-DATE(YEAR(C7),
MONTH(C7),DAY(C7))

该公式首先利用 DATE 函数得到开始日期后的一年，然后减去开始日期的 DATE 函数值.

图 2.2 显示了短时间内（三天）的投资效果，其中使用三种方法所计算的应付利息是不同的. 这两个日期之间的差距是两天，但在 $\frac{30}{360}$ 天的基础上计算就是三天. 由于使用了不同的年标准天数，在单一利率同为 10% 的情况下，最终得到了三种不同水平的利息.

	A	B	C	D	E	F
4						
5		Amount (PV)	1,000,000.00			
6		Simple Interest Rate {r}	10.00%			
7		Start Date	28-Feb-20			
8		Finish Date	01-Mar-20			
9		360 Day Year	360.0 days			
10						
11			Act/360	30/360	Act/Act	
12		Days	2	3	2	
13		Year	360	360	366	
14						
15		Result	0.0056	0.0083	0.0055	
16						
17		Interest Payable	555.56	833.33	546.45	
18						
19		FV = PV + INT = PV(1 + rt)	1,000,555.56	1,000,833.33	1,000,546.45	
20						
21		PV = FV/(1 + rt).	1,000,000.00	1,000,000.00	1,000,000.00	

图 2.2　例 2

单利可用于计算偿还贷款，也可用于分期付款（美元）或租赁购买合同．这些通常只是结构性存款或近一个时期的支付平衡交易．图 2.3 显示了一个 100 万的五年期贷款，按月偿还其保证金为贷款额的 10%，并以单利 10% 计算贷款利息．

	A	B	C	D	E
4					
5		Amount (PV)	1,000,000.00		
6		Simple Interest Rate {r}	10.00%		
7		Deposit	10.00%		
8		Start Date	28-Feb-20		
9		Period	5.0 years		
10		Payment	Monthly		
11					
12		Net Advance	900000	$C$12: ' =C5-(C5*C7)	
13		Finish Date	28-Feb-25	$C$13: ' =EDATE(C8,C9*12)	
14					
15		Deposit	100,000.00	$C$15: ' =C5*C7	
16					
17		Annual Interest	90,000.00	$C$17: ' =IF(C13<>0,C12*C6)	
18		Total Interest	450,000.00	$C$18: ' =C17*C9	
19					
20		Total Payable	1,450,000.00	$C$20: ' =C18+C5	
21					
22		Net Payable after Deposit	1,350,000.00	$C$22: ' =C20-C15	
23					
24		Monthly Rental	22,500.00	$C$24: ' =(C22)/(C9*D31)	

图 2.3　贷款单利

100 万贷款支付 10% 的保证金后，净贷款额为 90 万，每年的利息应为 90 万的 10%，记为 9 万，因此五年的总利息额为 45 万，总共需要偿还的金额为 135 万．如果分配到 60 个月中偿还，那么每月需偿还 22 500，连带保证金总共需要偿还的金额为 145 万．需要注意的是，无论月付、季付、半年付还是年付，总偿还金额都没有发生变化，这是因为单利计算并没有考虑时间对资产的影响．

单元格 C10 用以确认所使用的数据出自单元格 B29:B32（见图 2.4）。

	A	B	C	D	E	F	G	H
27								
28		List						
29		Monthly	12	1	$D$29: ' =MATCH(C10,B29:B32,0)			
30		Quarterly	4	Monthly	$D$30: ' =OFFSET(B28,D29,0)			
31		Semi-annual	2	12	$D$31: ' =OFFSET(C28,D29,0)			
32		Annual	1					

图 2.4 查找功能

单元格 D29 中的 MATCH 函数在输入的周期选择中找到索引位置．OFFSET 功能将索引号重新转换为选定的周期和每年的付款次数．

2.2 复利

与单利不同，复利需要考虑未偿还资本和投资的时间价值．复利意味着不仅对初始投资计息，还要对前期所获得的利息计息．对于资本的时间价值计算是许多金融应用的基础，如投资分析、债券、期权等．资本的时间价值可以分为：

- 单一现金流的时间价值．
- 多现金流或贴现现金流，如项目现金流．

一般来说，利率主要由三部分组成：

- 无风险利率．无风险利率是指在没有风险或风险很小的情况下，投资者投资所能得到的利率．例如，10 年期的政府债券就是典型的无风险利率．
- 风险溢价．风险溢价是指高于无风险利率的报酬，是投资者放弃已确定的收入，从而进行风险高于政府债券的投资所能够得到的风险补偿．
- 通货膨胀溢价．通货膨胀溢价是指由于通货膨胀对实际收益的蚕食，使得投资者需要获得对实际购买力损失的补偿．

在上一节中，应付款项与付款期间无关，但复利计算与此不同，不同的支付间隔将导致不同的结果．复利计算中常用的术语是：

N——定期还款次数

I——定期利息

PV——现值或资本价值

PMT——定期支付

FV——未来价值或终值

绘制投资的时间轴或者已知和未知参数的网格，通常都有利于更好地理解现金流．图 2.5 是现值为 1000，年度名义利率为 14%，季度支付定期利率为 3.5% 的投资时间轴．所有的金融模型都使用统一的现金流记号：现金支出记为负，现金收入记为正．

此外，也可使用包含已知和未知参数的标本网格替代时间轴，如表 2.1 所示．

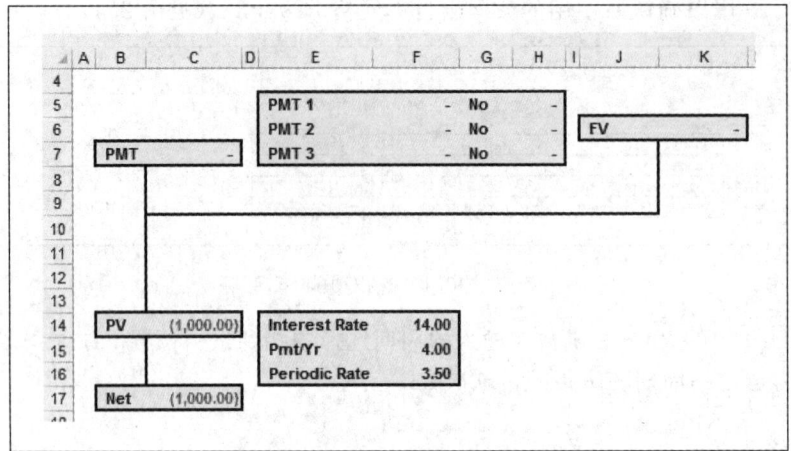

图 2.5 时间轴

表 2.1

项目	输入	注释
N	12	
支付间隔	3	季度租金
I	14%	
PV	−1000	
PMT	?	
无初始租金	1	
FV	0	
预付/欠款	1	1=预付，0=欠款

终值

终值（或未来价值）是指存款随着时间推移按照复利增长所得到的金额，其计算公式为：

$$FV = PV\left(1 + \frac{I}{Y}\right)^N$$

$\frac{I}{Y}$＝定期付款年利率

N＝复利周期数

图 2.6 使用了终值公式和 FV 函数．负现值产生了正的终值：

$$FV = 1000 * (1 + 0.833\%)^{\wedge}12 = 1511.07$$

现值

通过对终值公式的变换，可以由确定的终值计算出现值（见图 2.7）．现值是未来的现

金流对当前价值的贴现,其计算公式为:

$$PV = \frac{FV}{\left(1+\dfrac{I}{Y}\right)^N}$$

在上述示例中,如果以1511.07作为现值,以3.5%的周期性利率倒推12个周期,其结果显然是1000. 在电子表格中同时使用现值公式和PV函数可得到所需结果(见图2.8).

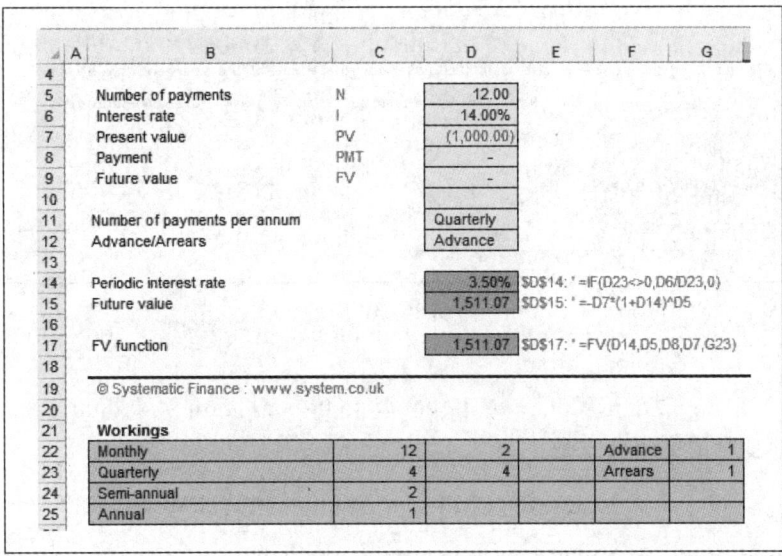

图 2.6　终值

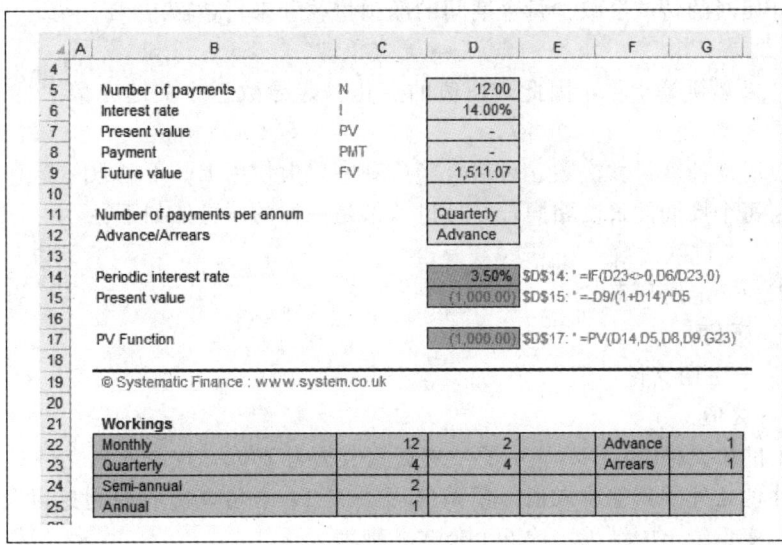

图 2.7　现值

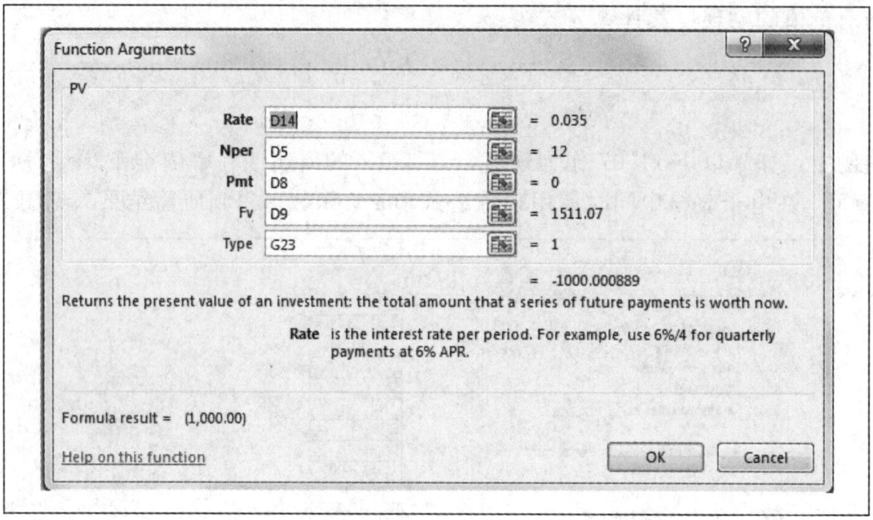

图 2.8 PV 函数

其他变量

求解其他变量的完整公式是：
$$O = \text{PV} + (1+IS)\text{PMT}\left[\frac{1-(1+I)^{-N}}{I}\right] + \text{FV}(1+I)^{-N}$$

其中 S 是一个付款指示，它用来标记付款是在每个周期的开始还是结束时发生的，以便区别是在周期开始还是结束时收到付款. 在一个周期开始还是结束时收到的付款是有区别的. 例如，开始时的付款会减少每个期间的净预付款和未付金额.

$$I = 定期利率$$

由于公式的结果必须等于零，因此，现值的变化一定导致五个关键变量中另一个的变化，才能保证结果为零.

虽然可以手动计算付款次数、付款金额或利率，但使用 Excel 中的内置函数更为简单. 这些函数假定每个周期的长度相同，并且付款都是一样的. 具体如下：

- NPER——付款次数
- RATE——定期利率
- PV——现值
- PMT——定期支付
- FV——终值

图 2.9 中的单元格 E5:E12 显示了一笔贷款金额为 1000、按季度来支付、共 12 个周期的贷款中除终值之外的其他输入值. 模型使用条件 IF 语句算出周期利息以及结论中针对输入部分中零变量给出的结果. 这五个公式分别为：

```
=NPER(PERIODICINTRATE,PAYMENT,PRESENT_
VALUE,FUTURE_VALUE,PAYMENT_TOGGLE)

=RATE(NUMBER_OF_PAYMENTS,PAYMENT,PRESENT_VALUE,
FUTURE_VALUE,PAYMENT_TOGGLE)*100*(12/PAYMENT_
FREQUENCY)
```
— *the rate has to be multiplied back to an annual rate*

```
=PV(PERIODICINTRATE,NUMBER_OF_PAYMENTS,PAYMENT,
FUTURE_VALUE,PAYMENT_TOGGLE)

=PMT(PERIODICINTRATE,NUMBER_OF_PAYMENTS,PRESENT_
VALUE,FUTURE_VALUE,PAYMENT_TOGGLE)

=FV(PERIODICINTRATE,NUMBER_OF_PAYMENTS,PAYMENT,
PRESENT_VALUE,PAYMENT_TOGGLE)
```

由模型得到的结果为 99.98. 上述模型可以在已知四个输入变量的情况下计算第五个变量. 假设支付款为 90, 那么到期时未偿还的遗留的终值是多少? 因为 12 笔 90 的支付款不足以偿还这笔季度利率为 3.5% (年利率 14%) 的贷款.

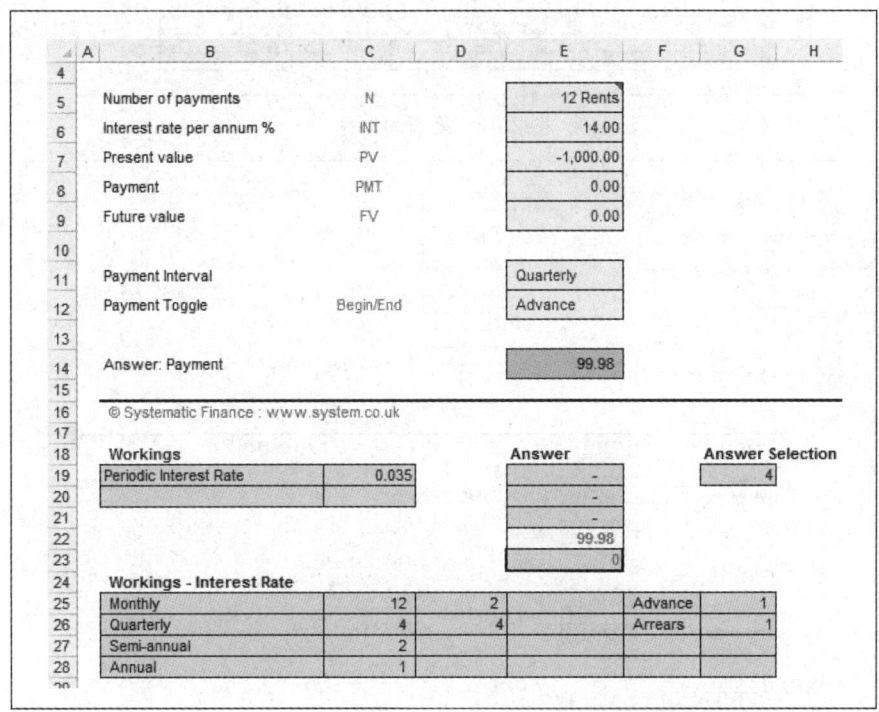

图 2.9　货币的时间价值 (TVM) 计算器

由图 2.10 可以看到, 在单元格 B19:B22 中并没有与此对应的结果, 计算得到的终值是 150.90. 更进一步, 还可以计算在每期支付 90 的情况下, 偿还 1000 贷款所需的周期数 (见图 2.11). 计算得出的支付次数为 13.70, 它并不是一个整数. 由于初始的公式不能改变, 因此计算需要一定的灵活性. 如果仅改变了支付值而不改变其他变量, 那么解出的支付次数也就是偿还贷款所需的支付期数.

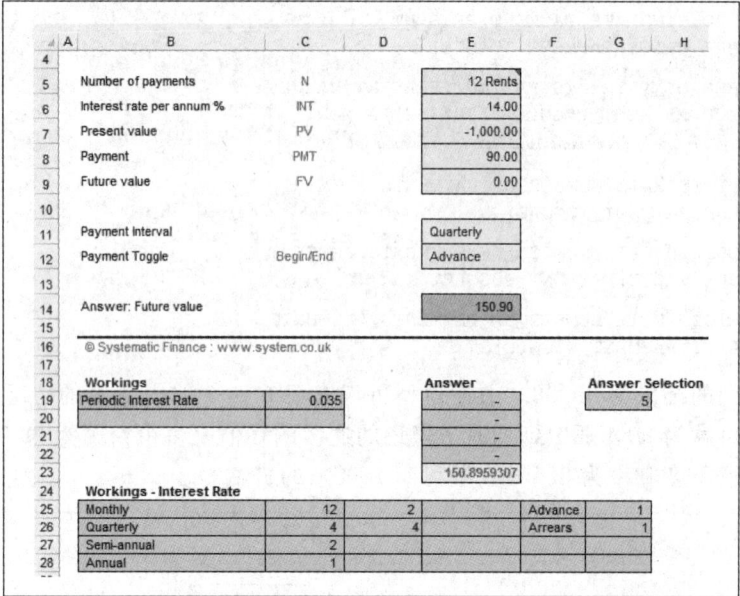

图 2.10 终值的计算

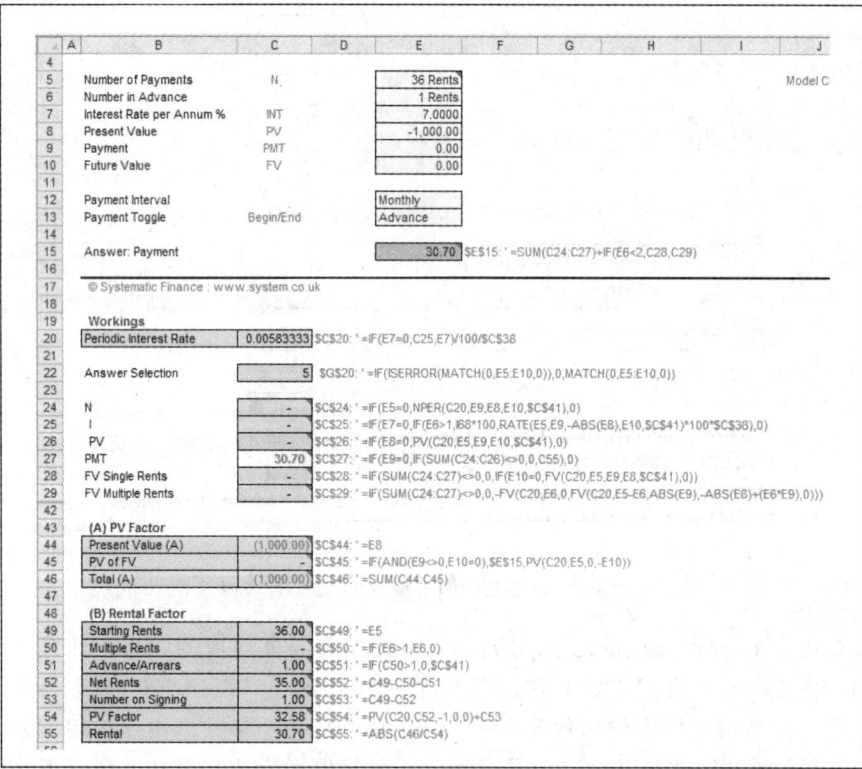

图 2.11 周期数计算

2.3 多次付款

如果租金相同且签约时有一或零笔租金，则上述示例效果很好．每月租金通常是3＋33或6＋30，以获得更高的保证金来弥补增加的信贷风险．这意味着保证金包括三笔或六笔月平均租金，然后是下个月开始的首次定期租金．如果有剩余或最终付款，则应在到期日到期，而不是在定期租赁后直接付款．因此，在最终付款到期之前，6＋30将产生五个零期．

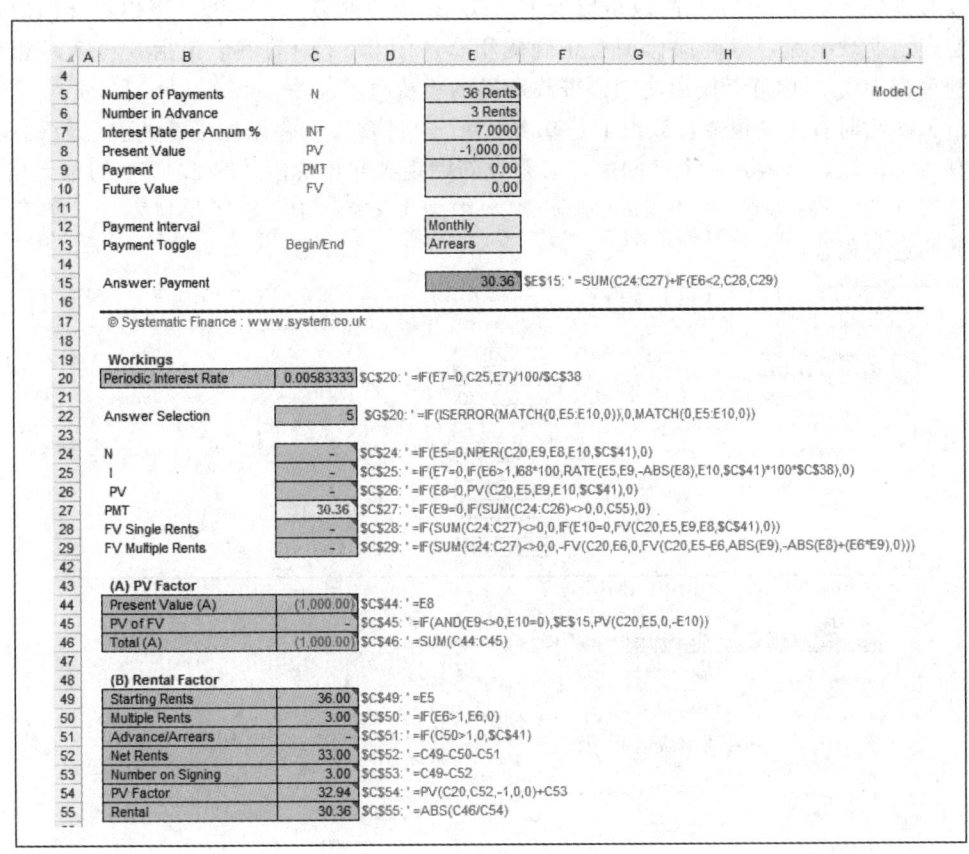

图2.12 零终值的3＋33结构

在接下来的两个示例中，签约时有三笔月租金，这就给简单计算器带来了问题，无处安放多笔租金．资本价值实际上就是有效的金额减去签约时应付的三笔租金的金额，但你不知道租金．这是一个循环论证，你可以用Goal Seek或Solver来解决．然而，有一种使用租赁因子的数学方法可以直接解决．该方法被称为$1方法，包括以下几个阶段（见图2.11）：

- 计算你在租赁开始时所知道的一切净流出量．这包括成本、税项折旧及其他已知现金流．

- 计算最终残值或最终付款（如果适用）．
- 按所需费率计算净残值的现值．
- 现值以及你知道的任何其他现金流，例如，成本．
- 将所有现值相加，形成PV因子（A）．
- 计算未知的定期租赁付款的PV，让每次支付等于1美元．
- 如果在签约时提前支付了多笔租金，需要事先将数值添加到PV因子中．这就是租赁因子（B）．

你可以通过将PV因子（A）除以租赁因子（B）来计算付款（PMT）．当你这样做时，你需要检查定期现金流，以确保你拥有正确的租金．图2.12中的例子包括3＋33月租金结构，利率为10％．你可以使用此网格查找所需的租赁付款．

由于签约时有三笔租金，该因子是基于33个未付款项，并添加了签约时已收的三笔．如果有最后付款，这就是一个已知值，必须重新贴现到起始阶段．图2.13中的单元格C45显示终值（150）的现值，并从1000起始资本中减去该值．PV因子保持不变，但除法导致较低的定期租金．

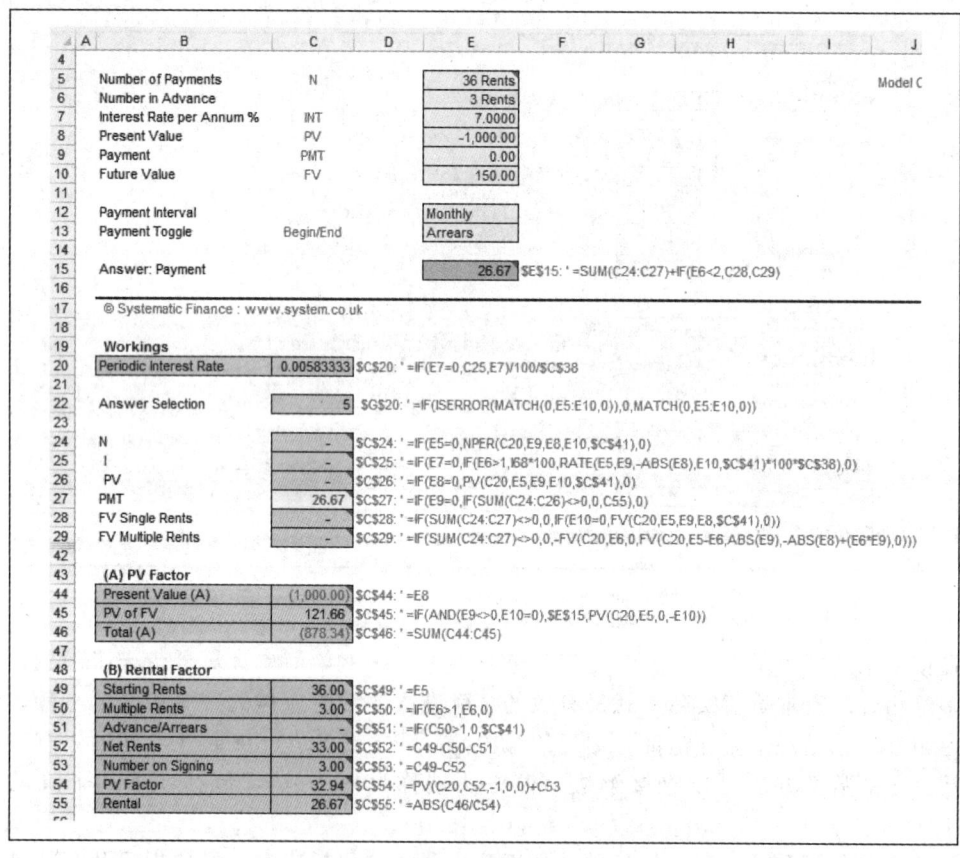

图2.13 3＋33结构与最后付款

图 2.14 绘制了签约时有三笔租金的现金流，其中包括 33 笔定期租金和三周年的终值. 利率回至 7%.

	A	B	C	D	E	F	G	H	I	J
56										
57		Formulas	$C$70: ' =C5 $D$70: ' =IF(B70=E5+1,1,0)							
58			$C$71: ' =IF(B71<=E5-$C$53+1,1,0)							
59			$D$71: ' =IF(B71=E5+1,1,0)							
60			$E$70: ' =-IF(C26<>0,ABS(C26),ABS(E8))							
61			$F$71: ' =IF(E9<>0,E9,$C$55)*C71							
62			$G$71: ' =IF(AND($E$9<>0,$E$10=0,$C$26=0),IF($C$25<>0,0,$E$15),ABS($E$10)*D71)*D71							
63			$H$71: ' =SUM(E71:G71)							
64			$I$68: ' =IF(ISERROR(IRR(H70:H130)*$C$38),0,IRR(H70:H130)*$C$38)						Model Check: No Errors	
65			$I$70: ' =H70						IRR 7.0000%	
66			$I$71: ' =H71-FV($C$20,1,0,I70)							
67			$J$70: ' =PV($C$20,1,0,-J71)+H70							
68								Check	7.000%	
69		Period	Rents	FV	Capital	Rents	FV	Total	FV	PV
70		1	3	0	(1,000.00)	80.00	-	(920.00)	(920.00)	(0.00)
71		2	1	0		26.67	-	26.67	(898.70)	925.37
72		3	1	0		26.67	-	26.67	(877.28)	903.95
73		4	1	0		26.67	-	26.67	(855.73)	882.40
74		5	1	0		26.67	-	26.67	(834.06)	860.72
75		6	1	0		26.67	-	26.67	(812.26)	838.92
76		7	1	0		26.67	-	26.67	(790.33)	817.00
77		8	1	0		26.67	-	26.67	(768.28)	794.94
78		9	1	0		26.67	-	26.67	(746.09)	772.76
79		10	1	0		26.67	-	26.67	(723.78)	750.44
80		11	1	0		26.67	-	26.67	(701.34)	728.00
81		12	1	0		26.67	-	26.67	(678.76)	705.43
82		13	1	0		26.67	-	26.67	(656.05)	682.72
83		14	1	0		26.67	-	26.67	(633.22)	659.88
84		15	1	0		26.67	-	26.67	(610.24)	636.91
85		16	1	0		26.67	-	26.67	(587.14)	613.80
86		17	1	0		26.67	-	26.67	(563.90)	590.56
87		18	1	0		26.67	-	26.67	(540.52)	567.19
88		19	1	0		26.67	-	26.67	(517.01)	543.67
89		20	1	0		26.67	-	26.67	(493.36)	520.02
90		21	1	0		26.67	-	26.67	(469.57)	496.24
91		22	1	0		26.67	-	26.67	(445.65)	472.31
92		23	1	0		26.67	-	26.67	(421.58)	448.24
93		24	1	0		26.67	-	26.67	(397.37)	424.04
94		25	1	0		26.67	-	26.67	(373.03)	399.69
95		26	1	0		26.67	-	26.67	(348.54)	375.20
96		27	1	0		26.67	-	26.67	(323.90)	350.57
97		28	1	0		26.67	-	26.67	(299.13)	325.79
98		29	1	0		26.67	-	26.67	(274.21)	300.87
99		30	1	0		26.67	-	26.67	(249.14)	275.81
00		31	1	0		26.67	-	26.67	(223.93)	250.59
01		32	1	0		26.67	-	26.67	(198.57)	225.23
02		33	1	0		26.67	-	26.67	(173.06)	199.73
03		34	1	0		26.67	-	26.67	(147.41)	174.07
04		35	0	0		-	-	-	(148.27)	148.27
05		36	0	0		-	-	-	(149.13)	149.13
06		37	0	1		-	150.00	150.00	(0.00)	150.00
31		Total	36	1	(1,000.00)	959.96	150.00	109.96		

图 2.14 现金流

2.4 不同的利率

由于每个周期的利率发生变化，所以正常的 PMT 公式将不起作用，这时你就必须依次计算每笔租金. 处理这种复杂问题的方法有很多种：

- 公式
- IPMT 和 PPMT 函数
- PMT 函数

- 因子

在本例中（见图 2.15），我们引入了起始资本并计算了定期利息．这是一个季度的例子，所以利率除以四．年金计算为：

$$\frac{已提出的资本}{[1-(1+定期利率)^{\wedge}(-未付租金数)]}$$

支付的资本仅仅是年金减去利息．减少的资本结转到下一期，该过程重复进行．对该模型的检验是，不管输入的利率是多少，资本都会降到零．

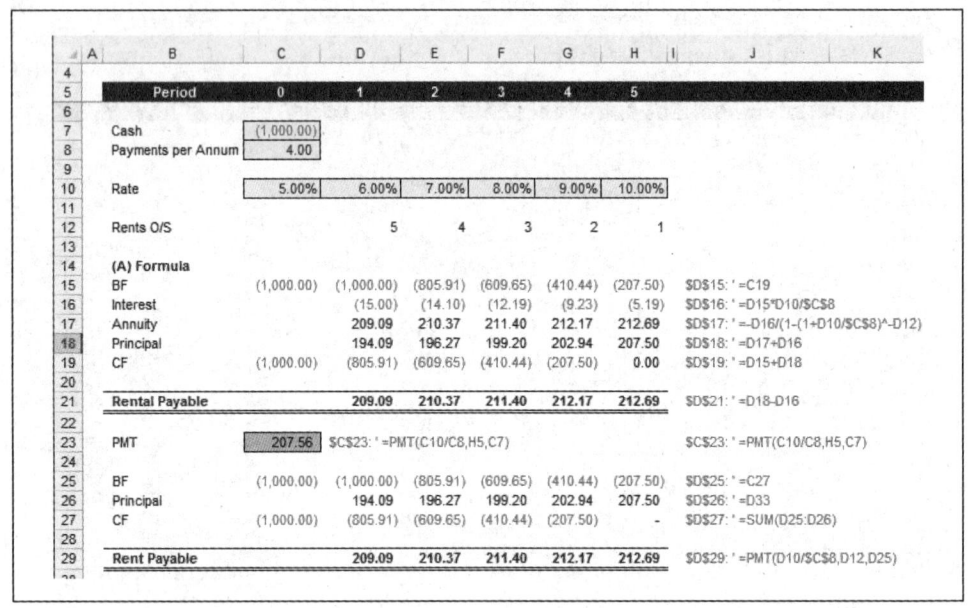

图 2.15 公式

另一种方法，你可以使用 IPMT 及 PPMT 函数，根据减少资本和未付款数来查找应付利息和本金（见图 2.16）．PMT 函数通过求解总租金可以达到相同的结果．你可以使用 2.1 节中的利息计算来提取利息和本金．

D 部分采用本章前面的因子法，求出一个可分为未偿还资本的租赁因子．在第一阶段，你按定期利率贴现五个"1"以形成租赁因子，然后分成 1000 的初始资本．重复该过程以求得其他的租赁．

每个方法生成相同的答案，所以你可以使用第一个方法中的非函数方法，也可以混合使用其他三个过程的函数和利率计算方法．

2.5 名义利率和实际利率

前面提到的利率都是名义利率或名义年利率．这意味着由 3.5% 的季度利率可以得出年利率为 14%，即按 3.5% 乘以每年四次支付计算．如果实际支付或者收取的收益率取决于当年的复利期数，那么就称利率为实际利率或者实际年利率（EAR）．由于要对复利的期数进行必要的调整，所以利率会随着月度、季度、半年度和年度支付的改变而有所不同. 请注意，图 2.17 中混合了名义利率和实际利率，按季度支付的 14%不能有相同的名义利率和实际利率.

	A	B	C	D	E	F	G	H	I	J	K
4											
5		Period	0	1	2	3	4	5			
30											
31		(B) IPMT and PPMT									
32		Int		15.00	14.10	12.19	9.23	5.19		$D$32: ' =IPMT(D10/$C$8,1,D12,D25)	
33		Prin		194.09	196.27	199.20	202.94	207.50		$D$33: ' =PPMT(D10/$C$8,1,D12,D25)	
34		FV		(805.91)	(609.65)	(410.44)	(207.50)	-		$D$34: ' =D25+D33	
35		Rental		209.09	210.37	211.40	212.17	212.69		$D$35: ' =SUM(D32:D33)	
36											
37		(C) PMT Function									
38		BF	(1,000.00)	(1,000.00)	(805.91)	(609.65)	(410.44)	(207.50)		$D$38: ' =C40	
39		Principal		194.09	196.27	199.20	202.94	207.50		$D$39: ' =D42+D43	
40		CF	(1,000.00)	(805.91)	(609.65)	(410.44)	(207.50)	(0.00)		$D$40: ' =SUM(D38:D39)	
41											
42		Interest		(15.00)	(14.10)	(12.19)	(9.23)	(5.19)		$D$42: ' =D38*D10/$C$8	
43		Rental		209.09	210.37	211.40	212.17	212.69		$D$43: ' =PMT(D10/$C$8,D12,D15)	
44											
45		(D) Factors									
46		BF	(1,000.00)	(1,000.00)	(805.91)	(609.65)	(410.44)	(207.50)		$D$46: ' =C48	
47		Principal		194.09	196.27	199.20	202.94	207.50		$D$47: ' =D50+D52	
48		CF	(1,000.00)	(805.91)	(609.65)	(410.44)	(207.50)	0.00		$D$48: ' =SUM(D46:D47)	
49											
50		Interest		(15.00)	(14.10)	(12.19)	(9.23)	(5.19)		$D$50: ' =D46*D10/$C$8	
51		PV Factor		(4.78)	(3.83)	(2.88)	(1.93)	(0.98)		$D$51: ' =PV(D10/$C$8,D12,1,0)	
52		Payment		209.09	210.37	211.40	212.17	212.69		$D$52: ' =D46/D51	

图 2.16　函数和因子

	A	B	C	D	E	F	G	H
4								
5		Number of payments	N		0 Rents			
6		Interest rate per annum %	INT		14.00			
7		Present value	PV		-1,000.00			
8		Payment	PMT		90.00			
9		Future value	FV		0.00			
10								
11		Payment Interval			Quarterly			
12		Payment Toggle	Begin/End		Advance			
13								
14		Answer: Number of payments			13.70			
15								
16		© Systematic Finance : www.system.co.uk						
17								
18		Workings			Answer		Answer Selection	
19		Periodic Interest Rate	0.035		13.70		1	
20					-			
21					-			
22					-			
23					0			
24		Workings - Interest Rate						
25		Monthly	12	2		Advance	1	
26		Quarterly	4	4		Arrears	1	
27		Semi-annual	2					
28		Annual	1					

图 2.17　计算周期数

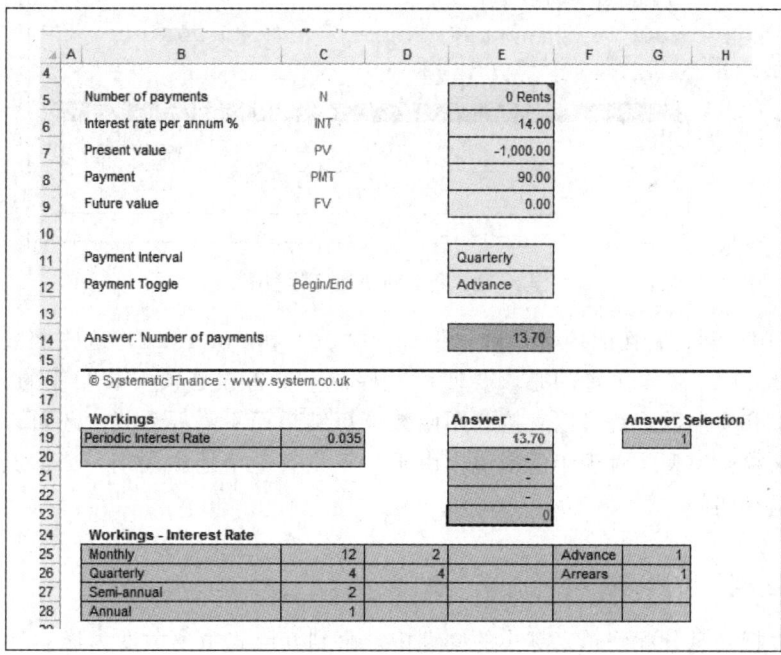

从名义利率到实际利率的转化公式是：

$$\left[\left(1+\frac{名义利率}{C}\right)^{\wedge} C\right]-1$$

其中 C 是复利周期数.

从实际利率确定名义利率的公式是：

$$\left[(1+实际利率)^{\wedge}\left(\frac{1}{C}\right)-1\right]*C$$

这里 C 仍是复利周期数.

图 2.18 中的示例使用 14% 作为名义利率来计算实际利率并返回结果. 由公式，按季度支付，名义利率为 14% 的贷款的实际利率为：

$$\left[\left(1+\frac{14\%}{4}\right)^{\wedge}4\right]-1=14.752\%$$

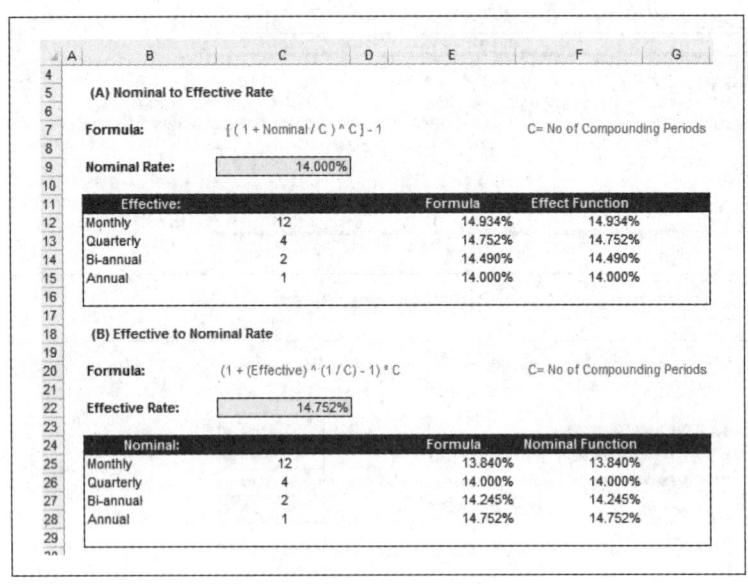

图 2.18 名义利率和实际利率

Excel 有用于利率转换的内置函数，例如 EFFECT 和 NOMINAL，这些函数显示在工作表上（见图 2.19）. 需要注意的是，要使用这些函数，首先必须安装相应的分析工具库. 只要输入利率和周期数，就可以直接利用函数计算结果而不需要公式. 还可以通过正向和逆向的运算来检验模型. 对于年付来说，由于一年只有一个还款周期，因此其名义利率和实际利率总是相同的.

2.6 连续贴现

我们可以把利息分配到越来越小的周期中，直到其形式由离散变为连续（见图 2.20）. 其中的数学关系为：

公式：1＋实际利率 ＝ e^ 名义利率

其中 e＝2.718 281 828，即自然对数函数的底数，由 Excel 中的函数 EXP（自然对数函数 LN 的反函数）运算得到.

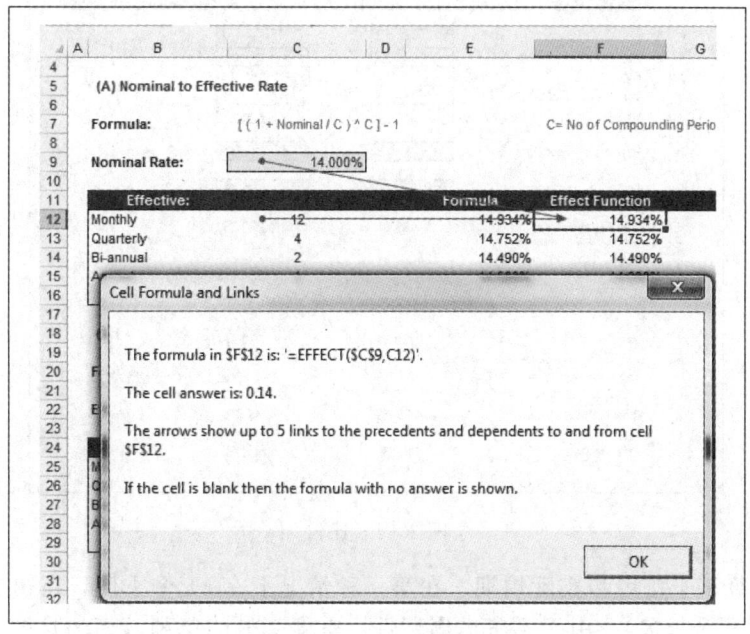

图 2.19　EFFECT 函数

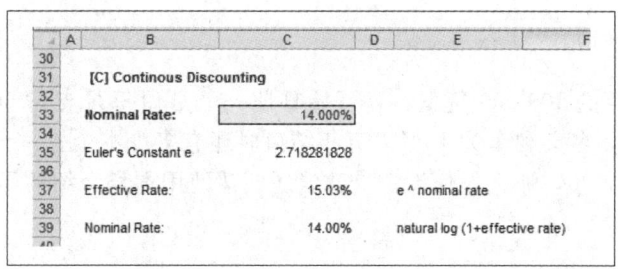

图 2.20　连续贴现

14％的连续实际利率为 15.03％，而由 EFFECT 函数得到的月实际利率为 14.9％. 连续贴现方法的使用源于期权定价，如今已应用于大多数的金融计算.

2.7　转换和比较

理解现金流非常重要，因为不同的时间周期会误导人们对现金流的看法. 图 2.21 中的示例比较了一笔在周期开始进行支付的季度交易和一笔在周期结束时进行支付的月度交易. 每种情况下，名义利率都为 14％，使用 PMT 函数对 N、I、PV、FV 以及每年的周期数和预付/欠款转换进行计算，可以得到定期支付的金额.

	Quarterly	Monthly	Variance
N	12	36	
I	14.00%	14.00%	
PV	(1,000.00)	(1,000.00)	
FV	0	0	
Periods per Annum	4	12	
Begin	1	0	
Periodic Interest Rate	3.50%	1.17%	
PMT	99.98	34.18	
Total Payable	1,199.81	1,230.39	(30.58)
Net Advance	900.02	965.82	(65.81)
Effective Period	2.75	3.00	(0.25)
Charges	199.81	230.39	(30.58)
Simple Interest Rate	8.07%	7.95%	0.12%
Nominal Rate	14.00%	14.00%	-
Effective Rate	14.75%	14.93%	(0.18%)

图 2.21　比较

单利的计算基于费用和实际周期. 在第一种情况下有 11 个季度，在第二种情况下有 36 个月（认为租金拖欠）. 由于不考虑周期性，季度交易的单利较高. 月度交易的实际利率高于季度交易，这是因为月度交易需要 12 个复利周期，而季度交易仅有 4 个.

2.8　习题

- 一份为期五年的 100 000 贷款，自开始日期一个月后每月支付 60 000. 贷款偿还额为每月 2000，名义利率为 10%. 五年结束时还有多少本金？
- 如果终值是 5000，那么如何设定贷款偿还？请使用本章介绍的函数构建电子表格.

2.9　小结

本章回顾了单利、名义利率、实际利率和简单年现金流的基本构建模块，并介绍了如何使用 Excel 中的基本函数（如 FV、PMT、PV、RATE 和 NPER）进行简便的计算. 不同的利率也可以通过 EFFECT 和 NOMINAL 等函数实现转换.

第3章 现金流

前一章讨论了单一现金流,本章将展示如何对更复杂的现金流进行建模,并计算现值或内部收益率。如果对未来的现金流进行预测,那么你需要知道当前的价值以比较潜在收益和可能的风险。这是基于这一关键假设,即今天的1美元在未来某个时期价值超过1美元,而且每个项目的收入都应高于固有成本。本章中的模型使用简单的网格,通过计算价值或收益率来说明时间对单个现金流的影响。

3.1 净现值

对于一个初始值是1000,以固定利率10%增长的投资,模型生成了一个现金流网格。其中,投资周期数为5,期满残值为100。网格使用简单的IF语句形成现金流直到期满为止:

=IF(E12<=$C$9,SUM(D14:D15)*(1+$C$7/100),0)

净现金流就是以上各现金流之和。贴现因子计算公式为:

$$\frac{现金流}{(1+定期利率)^N}$$

N=复利周期数

因此计算的第三个周期的贴现因子为:

$$\frac{1}{(1+10\%)^3} = 0.7513$$

使用该因子进行乘法运算可以得到现金流,进而由净现金流形成净现值(见图3.1)。当前的现金流没有贴现,因此乘数为1。

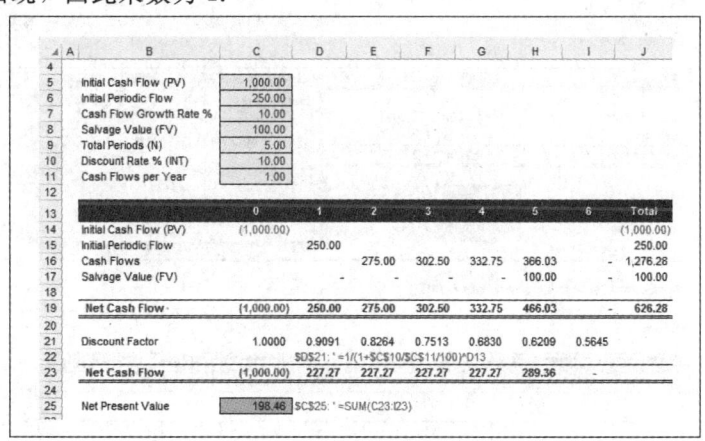

图3.1 净现值

更简便的方法是使用 NPV 函数（见图 3.2），这样不仅可以减少代码数量，也可以降低错误出现的概率．选择利率和未偿还现金流．此处得到的结果为 1198，之后加入当前的现金流得到净现值．如果将所有的现金流包括进来，Excel 假定第一笔现金流也要贴现，而之后的现金流都将在下一个周期出现．

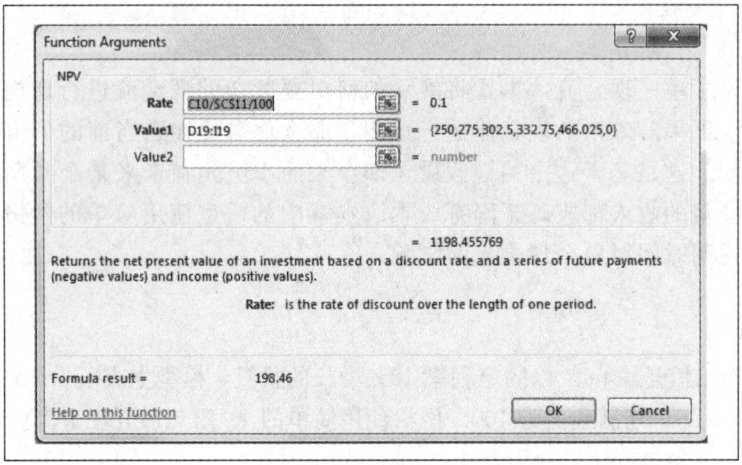

图 3.2 NPV 函数

净现值大于初始投资，因此内部收益率必须高于 10% 的贴现率，其内部收益率就是净现值等于零的比率．净现值将根据贴现率而变化：随着贴现率的升高，净现值会下降．

工作表中包含一个简单的数据表，用于显示利率变动带来的影响（见图 3.3）．

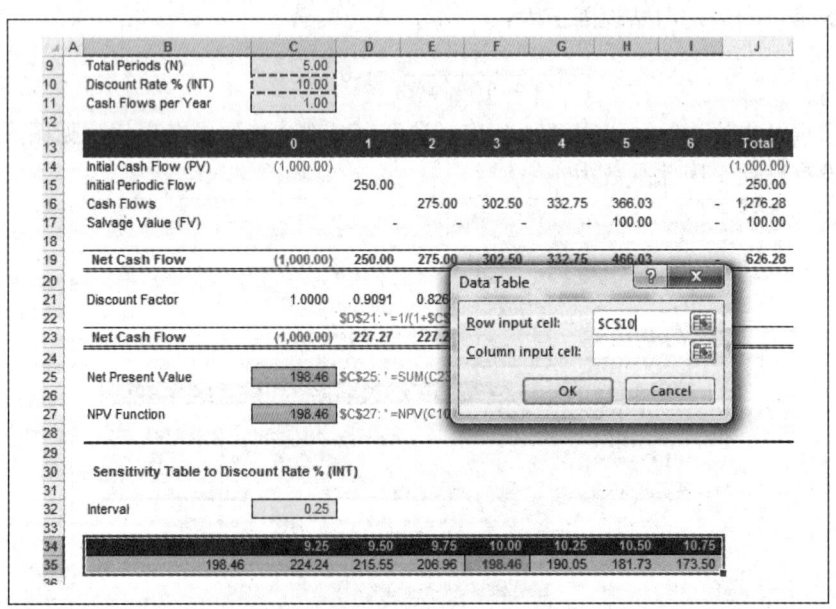

图 3.3 数据表

数据表是一个内置的敏感性函数（见图3.4）. 通过菜单上的Data（数据）→Data Tools（数据工具）→What-If Analysis（假设分析）访问. 单变量网格也按照上述方法通过各变量生成, 结果显示在下一行的左侧. 选定$B$33至$I$34的全部单元格（$B$33：$I$34）, 在Data Table对话框中输入变量$C$10（即利率）. Excel将在单元格$C$34：$I$34中完成计算, 并显示依据不同贴现率计算出的净现值结果.

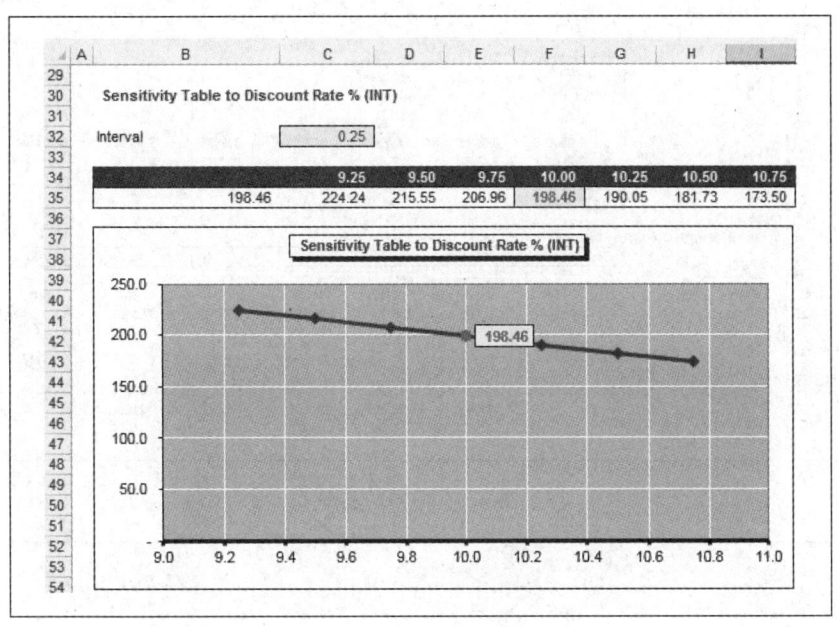

图3.4 敏感性图

3.2 不同的利率

NPV2表提供了更复杂的示例, 以显示在每一周期贴现率变化时如何计算净现值. 图3.5中的A部分说明了包含第一个现金流的错误, 其中周期0通常假定为今天. 正确的净现值为198.46.

在贴现率变化时, 你需要计算一个累积因子. 第19行以1开头, 并在下一个周期将其乘以1加上定期利率. 下一个定期采用此因子并将其乘以1加上下一个定期利率, 依此类推. 因此, 贴现现金流是现金除以每一周期的因子. 净现值是贴现现金流的和. 该示例的净现值较低, 为190.43, 因为每个周期的利率都在上升.

或者, 你也可以从最后的现金流中逆推. 如下面的部分（D）所示. 在最后一个周期, 你会找到最终现金流的现值, 这将成为下一个最后一个现金流的未来价值. 逆推会累积到净现值（图3.6）. 请注意, 你必须小心这些迹象：现金流和未来价值均为负数, 以便达到正的净现值.

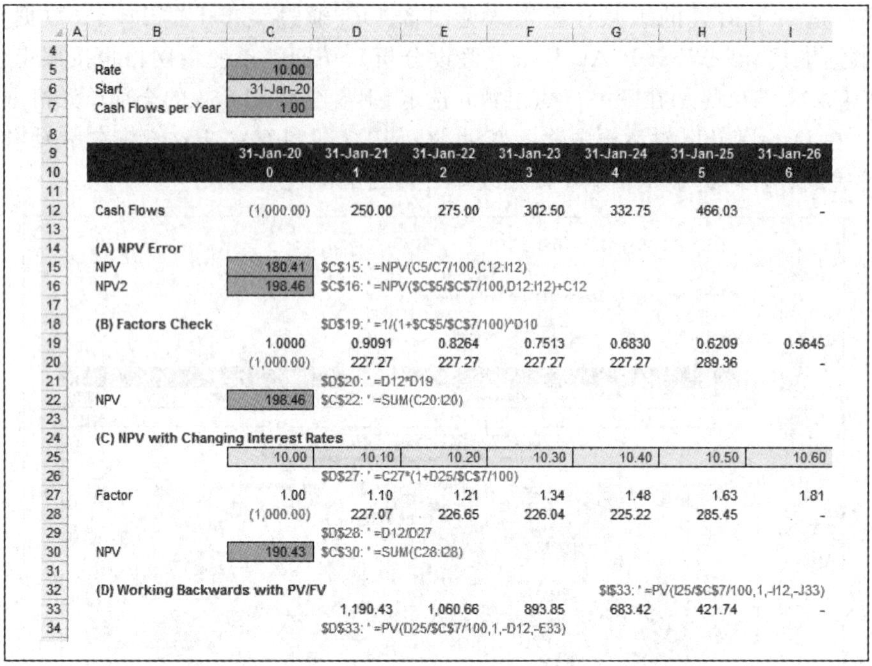

图 3.5 不同的利率

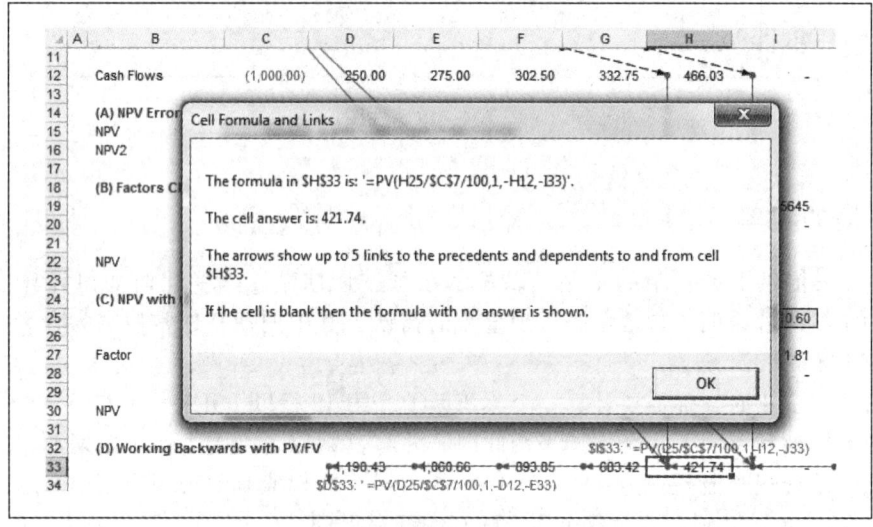

图 3.6 现金流的现值

3.3 内部收益率

在净现值已知的情况下,还可以选择计算内部收益率.这是净现值变为负值之前可以承受的最大比率.或者说,这是使净现值为零的比率.

通过计算不同假设比率的净现值，可以用以下公式得到内部收益率：

$$IRR = 正比率 + \left(\frac{正 NPV}{正 NPV + 负 NPV} \times 比率范围 \right)$$

图 3.7 的示例中，以 10% 和 20% 的比率分别进行计算，得出净现值为 198.46 和 −77.78。使用公式得出调整值为 7.18%，把该调整值与较低的比率相加得到内部收益率。调整值的计算方法为：

=($E$19/(ABS($E$19)+ABS($E$20)))*(($D$20-$D$19))

同样，Excel 有一个计算内部收益率的内置函数 IRR，比上述计算更简单（见图 3.8）。其中表示利率的"guess"栏留作空白，因为其默认值为 10%。由于此处是单一现金流，只有一种方式从正现金流转向负现金流，所以得到的结果也是唯一的。如果存在多个正负现金流的组合，那么可能会得到多个不同的结果。

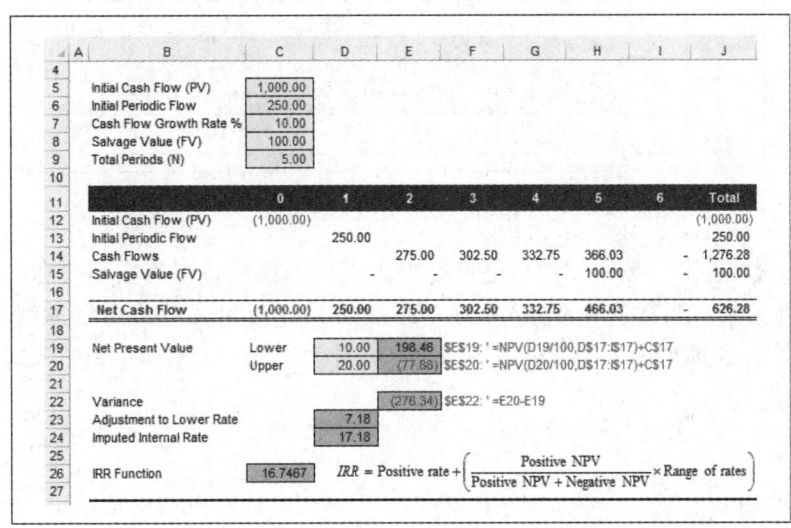

图 3.7　IRR

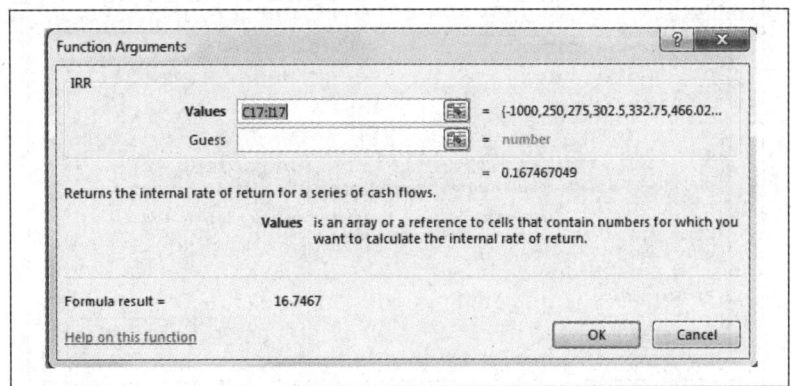

图 3.8　IRR 函数

另一种方法是绘制利率和净现值的曲线图（见图 3.9）。从图中可以看出，当利率为 16.75%时，净现值为零。数据表中同时展示了在利率高于或者低于 16.75%时，相应的净现值的大小。

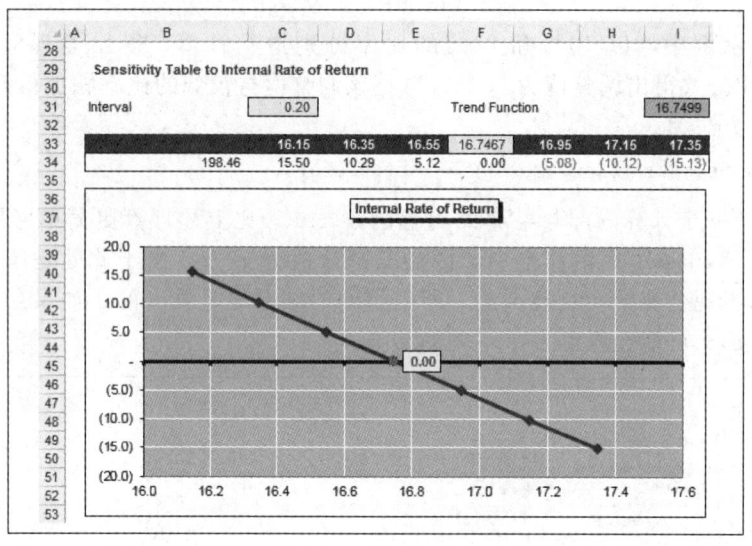

图 3.9　IRR 的敏感性分析

使用 TREND 函数（见图 3.10）也可以得到正确的结果，因为在利率和净现值之间存在一个逆线性关系。调整序列的输入顺序，已知的 Y 序列和 X 序列分别为利率和净现值。用新的 X 值表示所需要的令净现值为零的利率，并使用最小二乘简单回归公式计算：

$$Y = mx + b$$

$m=$斜率

$b=$截距

$x=$新的 x

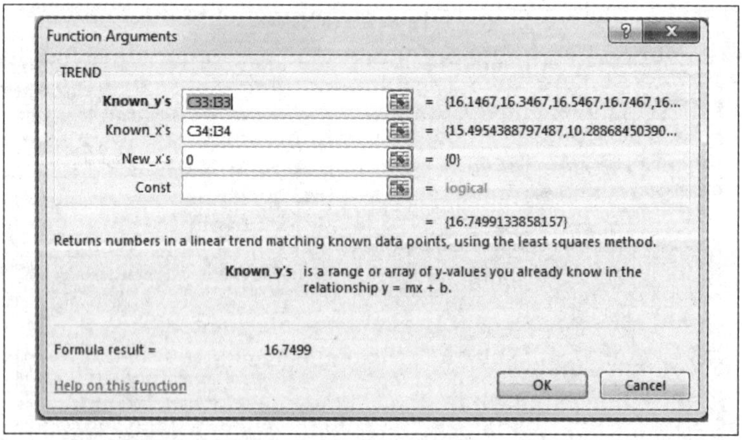

图 3.10　TREND 函数

图 3.11 中的示例显示了现金流在正负值之间发生了两次改变. 这也就意味着, 如敏感性表中所展示的那样会出现多个结果. 趋势线两次穿过正负值, 说明 IRR 由图表得出的两个可能的结果并不完全可靠. 所以, 更好的方法是使用已知的贴现率, 并将现金流贴现到净现值, 这样有利于你对两组现金流的结果进行排序或比较. 在单独使用 IRR 时应注意, 因为它假设所有周期长度相同, 所有现金都按时收到, 并将按内部利率进行再投资.

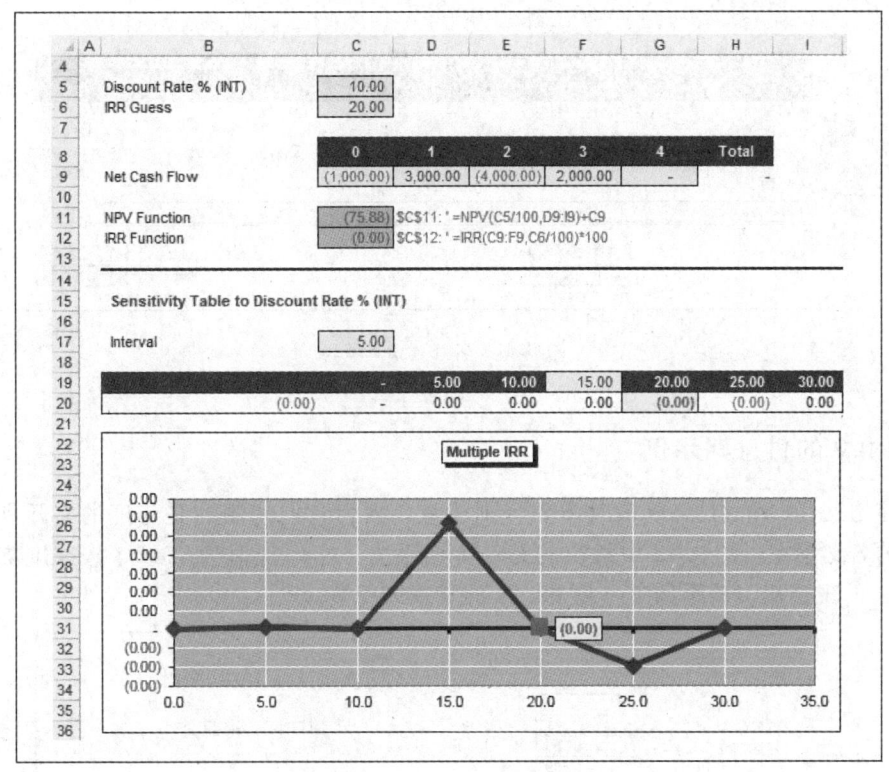

图 3.11 多重 IRR 结果

当利率下降时可能无法维持这个利率.

3.4 XNPV 和 XIRR

Excel 中还包含其他净现值和内部收益率函数, 可以用于不平衡付息期计算. 标准函数假设每个周期（如一个月）都具有相同的长度, 但这样的情况非常少. 这意味着默认每月为 30 天, 每年为 360 天. 但是, 年度支付可能包含闰年, 而月度周期则可能穿插着 28、29、30 和 31 天的月份.

图 3.12 中的示例使用 XNPV 和 XIRR 函数计算净现值和内部收益率. 需要注意的是, 这些功能都在分析工具库中, 使用前必须按照安装说明进行安装. 否则, 在使用过程中会出现报错.

使用标准函数时得到的结果为 16.75％ 和 198.46. 而使用逐日函数计算的结果一般来说会低于标准函数给出的结果.

	A	B	C	D	E	F	G	H	I	J
4										
5		Initial Cash Flow (PV)	1,000.00							
6		Start Date	1-Jan-2020							
7		Interval	12.00							
8		Initial Periodic Flow	250.00							
9		Cash Flow Growth Rate %	10.00							
10		Salvage Value (FV)	100.00							
11		Total Periods (N)	5.00							
12		Discount Rate % (INT)	10.00							
13										
14			1-Jan-20	1-Jan-21	1-Jan-22	1-Jan-23	1-Jan-24	1-Jan-25	1-Jan-26	
15			0	1	2	3	4	5	6	Total
16		Initial Cash Flow (PV)	(1,000.00)							(1,000.00)
17		Initial Periodic Flow		250.00						250.00
18		Cash Flows			275.00	302.50	332.75	366.03	-	1,276.28
19		Salvage Value (FV)		-	-	-	-	100.00	-	100.00
20										
21		Net Cash Flow	(1,000.00)	250.00	275.00	302.50	332.75	466.03	-	626.28
22										
23		XIRR	16.73	$C$23: ' =XIRR(C21:I21,C14:I14)*100				IRR Function		16.75
24		XNPV	198.07	$C$24: ' =XNPV(C12/100,C21:I21,C14:I14)				NPV Function		198.46

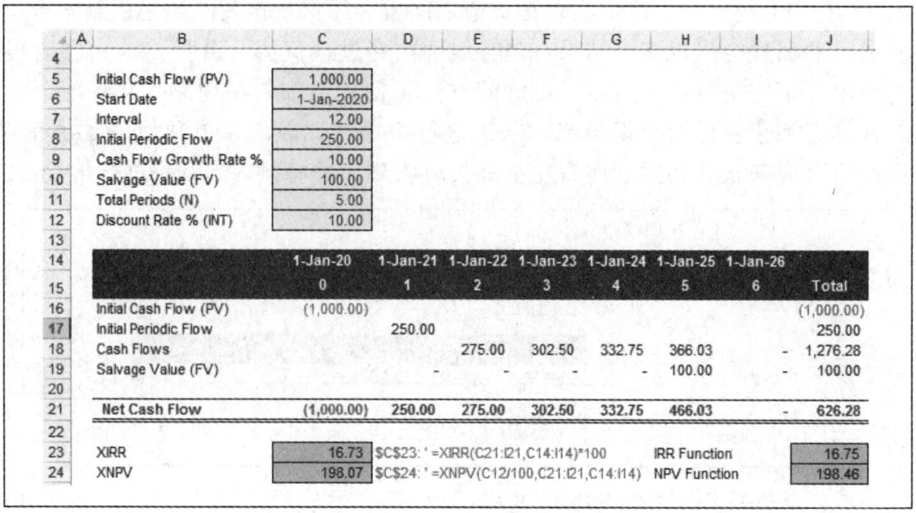

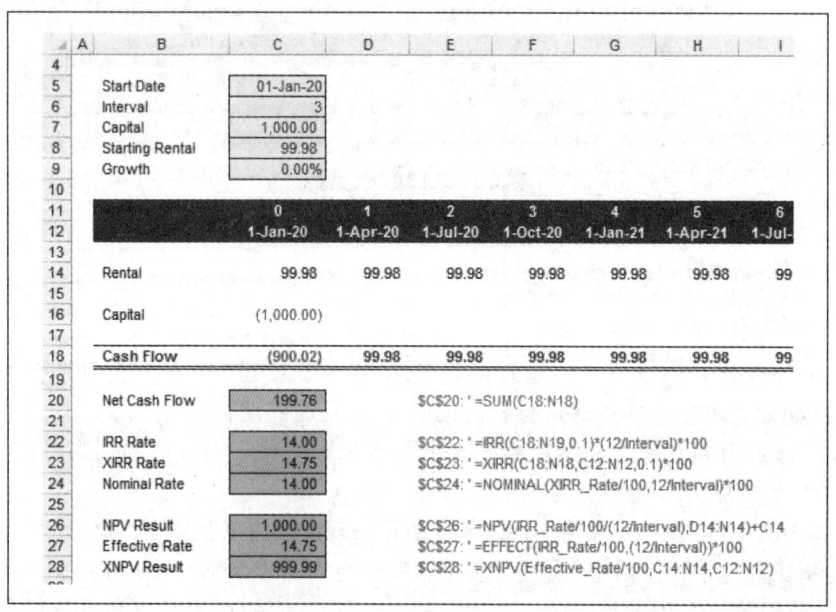

图 3.12　XNPV 和 XIRR

3.5　XNPV 的付息期示例

在使用 XNPV 和 XIRR 函数时需要特别注意，因为它们使用的是年度的实际利率而不是定期的名义利率. 图 3.13 中给出的是一个期限为三年，现值为 1000，按季度支付且利率为 14%的现金流. 该示例是一项 99.98 的贷款或租赁.

	A	B	C	D	E	F	G	H	I
4									
5		Start Date	01-Jan-20						
6		Interval	3						
7		Capital	1,000.00						
8		Starting Rental	99.98						
9		Growth	0.00%						
10									
11			0	1	2	3	4	5	6
12			1-Jan-20	1-Apr-20	1-Jul-20	1-Oct-20	1-Jan-21	1-Apr-21	1-Jul-
13									
14		Rental	99.98	99.98	99.98	99.98	99.98	99.98	99
15									
16		Capital	(1,000.00)						
17									
18		Cash Flow	(900.02)	99.98	99.98	99.98	99.98	99.98	99
19									
20		Net Cash Flow	199.76		$C$20: ' =SUM(C18:N18)				
21									
22		IRR Rate	14.00		$C$22: ' =IRR(C18:N19,0.1)*(12/Interval)*100				
23		XIRR Rate	14.75		$C$23: ' =XIRR(C18:N18,C12:N12,0.1)*100				
24		Nominal Rate	14.00		$C$24: ' =NOMINAL(XIRR_Rate/100,12/Interval)*100				
25									
26		NPV Result	1,000.00		$C$26: ' =NPV(IRR_Rate/100/(12/Interval),D14:N14)+C14				
27		Effective Rate	14.75		$C$27: ' =EFFECT(IRR_Rate/100,(12/Interval))*100				
28		XNPV Result	999.99		$C$28: ' =XNPV(Effective_Rate/100,C14:N14,C12:N12)				

图 3.13　XNPV 周期性示例

由 IRR 函数计算的收益率为 14%,其数值与输入的利率值完全相同. XIRR 函数的收益率为 14.75%,这是一个实际利率. 而 NOMINAL 函数将这一利率又降至 14%. 类似地,XNPV 函数使用实际利率计算出的净现值与现值 1000 非常接近. 需要注意的是,在 XNPV 函数中,包括了开放现金流在内的全部现金流,而在 NPV 函数中,只包括了剩余现金流.

3.6 修正的内部收益率

修正的内部收益率试图克服内部收益率自身的缺陷. 本节使用独立的融资和再投资率来处理多个正负值现金流. 采用与多重 IRR 表中相同的数据,令融资利率为 10%,再投资率为 5%,得到的结果为 4.02%(见图 3.14). 根据净现值,可以对项目或者贷款进行分级. 例如,杠杆租赁需要使用这种更高级的内部收益率函数来衡量,因为不知道所收到的租金是否能够按照初始租赁的利率进行再投资.

函数的完整方程为:

$$\left(\frac{-\text{NPV}(\text{rrate},\text{values}[\text{positive}])*(1+\text{rrate})^n}{\text{NPV}(\text{frate},\text{values}[\text{negative}])*(1+\text{frate})}\right)^{\frac{1}{n-1}} - 1$$

图 3.15 中的表格显示了 MIRR 函数随融资和再投资利率的变动情况. 最高利率在表的右下方,而最低的利率在表的左上角.

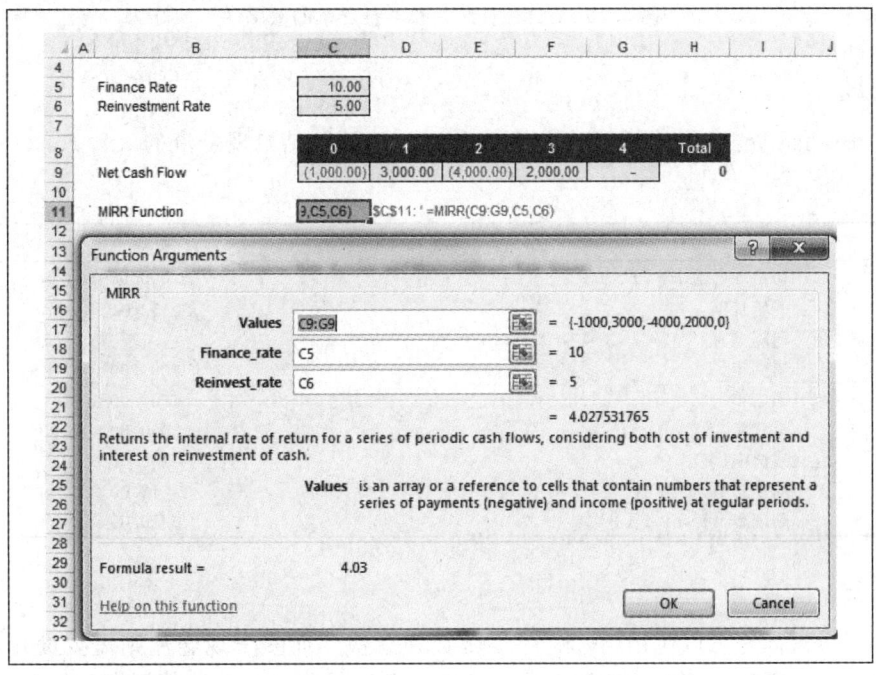

图 3.14 MIRR 函数

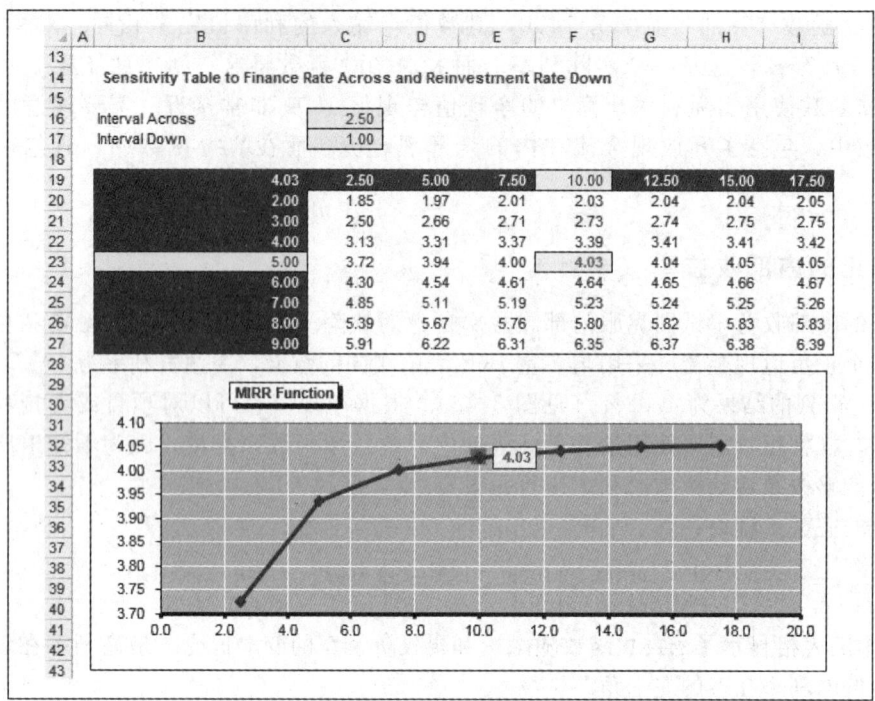

图 3.15 MIRR 对财务和再投资率的敏感性

3.7 习题

一笔 10 万的贷款的支付和输入如下表所示. 请计算结果现金流的 XNPV、XIRR、NPV 和 IRR.

项目	明细
初始现金流（PV）	10 000.00
开始日期	2015-01-01
间隔（月）	6
第一年	1000.00
第二年	1500.00
第三年	2000.00
残值（FV）	100.00
周期总数（N）	12.00
贴现率（INT）（%）	10.00

3.8 小结

单一现金流问题可以使用 PV 和 PMT 函数来解决，而多个现金流则需要使用净现值、内部收益率和修正的内部收益率等函数. 可以使用简单的公式计算等周期问题，也可以应用 XNPV 或者 XIRR 函数来计算不同的输入日期和现金流问题. 使用这些函数，可以根据现金流评估现值或内部收益.

第4章 债券计算

债券是政府或跨政府机构（如世界银行或主要的金融公司）所发行的一种中长期证券，主要用于替代银行融资. 债券是在几百年前，为了解决战争和政府融资而被创造出来的. 发展到今天，它在整个金融市场中发挥着举足轻重的作用. 其期限一般是 5 到 15 年，如果是政府机构发行还可能会更久. 时间上限的确定主要取决于投资者的接受程度，而不是根据任何规则来计算，因为债券投资是存在风险的，如违约风险、收益风险等. 关于债券的数学计算主要涉及定价、收益率和各种风险度量.

4.1 概述

尽管债券的种类繁多，但是大部分债券的利息、票息以及本金，都是在债券到期或者其他约定的时间进行支付和偿还. 大多数债券都以固定利率发行，但有时也存在浮动利率. 它是从资本市场借款，可以在银行的介入之外独立进行. 债券是一种担保形式，这使得它可转让，同时发行人需要保留一份关于购买者的登记信息. 可转让意味着债券可以依据供给和需求的价格进行交易. 发债方将票息形式的利息连同本金一起支付给债券持有人. 因此，形式最简单的债券也包括了一系列不同的现金流，其计算可以使用前两章提供的构建模块.

债券的具体示例如下：
- 在国内发行并在当地销售的本币债券.
- 欧洲债券——发行人在本国之外销售的债券.
- 英国政府债券. 它通常被称为金边债券，大多数为每半年支付一次票息，其利息采用实际（ACT/ACT）计息方式.
- 美国国债. 票息为半年期，债券期限为 2 年、5 年、10 年和 30 年不等. 联邦机构也发行债券，例如，联邦国民抵押贷款协会（FNMA，即"房利美"）、联邦住房抵押贷款协会（FHMC，即"房地美"）、学生贷款营销协会（SLMA，即"萨利梅"）和政府国民抵押贷款协会（GNMA，即"吉利美"）. 这些债券的利息通常采用 $\frac{30}{360}$ 计息方式.

债券市场使用的特定词汇有：
- 发行日期：最初的债券发行日期.
- 结算：计算定价或收益的日期.
- 到期：归还本金和支付最终票息的日期.
- 赎回价值：票面价值一般为 100.

- 票息%：债券存续期内的固定利率.
- 年票息：一般每年支付一次（年度）或两次（半年度）.
- 基准：见下文.
- 到期收益率：固有利率，基于当前的市场利率可能在存续期内有所变化.
- 价格：基于到期收益率的债券价格，即一系列现金流的现值.

周期和年的计算有不同的基准. 到目前为止，债券的价格实际上是所有现金流（票息和本金）的现值，可以使用一般的现金流贴现技术，在能够反应感知风险的利率基础上计算得出. 价格和贴现率之间存在反比关系，当贴现率上升时，现值会下降. 因此，随着利率上升，债券价格会下跌. 在对债券进行定价时，有如下假设：

- 一轮周期，而不是其他借贷工具使用的实际天数. 货币市场工具使用精确的天数进行单利计算.
- 单个周期被认为是固定的.
- 定价是关于现金流净现值的复合计算.

如果定价需要票息到期的日期，这是没有任何问题的. 价格可以简单地认为是票息和本金的现值. 期间，卖方希望在存续期内收到应计票息，而买方则仅支付未来付款的现值. 价格可以表述为：

- 净价——票息和本金的现值（脏价含应计票息）.
- 脏价——净价加上应计利息（所有现金流的净现值）.

使用单利计算，可以得到应支付的票面利息. 如果自周期开始有 30 天，并且假定一年有 360 天，那么利息就应该用 $\frac{30}{360}$ 乘以票面利率来计算. 第一期时间可能短于票面周期，这取决于购买的日期，但是之后的票息将按每年、半年或者某些情况下按季度支付. 支付日期都是相同的，例如半年期债券在 1 月 17 日和 7 月 17 日支付，而不是按照具体的天数计算日期.

日和年的规则不同，它们广泛应用于各种 Excel 函数中. 其方法是确定月和年的具体天数.

	实际的	实际天数
日	30（欧洲）	31 日改为 30 日
	30（美国）	如果第二天是 31 日而首日不是 30 日或者 31 日，那么 31 日不必为 30 日
年	365	假设一年 365 天
	360	假设一年 360 天
	实际的	包括闰年在内的实际天数

在 Excel 函数中使用的组合如下：

0：US（NASD）30/360

1：实际/实际

2：实际/360

3：实际/365

4：欧洲 30/360

Excel 中用于债券定价和收益计算的一系列函数（包含在 Excel 和分析工具库中的）如下：

ACCRINT	定期支付利息的债券的应计利息
ACCRINTM	到期支付利息的债券的应计利息
COUPDAYBS	票息起始日期至结算日期间的天数
COUPDAYS	包含结算日期在内的票息期天数
COUPDAYSNC	结算日期至下一个票息日期间的天数
COUPNCD	结算日期后的下一个票息日期
COUPNUM	结算日期与到期日之间可以支付的票息数量
COUPPCD	结算日期前的票息日期
CUMIPMT	两期之间支付的累计利息
CUMPRINC	两期之间贷款的累计本金支付
ODDFPRICE	第一期为奇数的债券每 100 美元面值的价格
ODDFYIELD	第一期为奇数的债券的收益
ODDLPRICE	最后一期为奇数的债券每 100 美元面值的价格
ODDLYIELD	最后一期为奇数的债券的收益
PRICE	定期支付利息的债券每 100 美元面值的价格
PRICEDISC	贴现债券每 100 美元面值的价格
PRICEMAT	到期支付利息的债券每 100 美元面值的价格
TBILLEQ	短期国库券的债券等效收益
TBILLPRICE	国库券每 100 美元面值的价格
TBILLYIELD	国库券收益
YIELD	定期支付利息的债券的收益
YIELDDISC	贴现债券的年收益，如国库券
YIELDMAT	到期支付利息的债券的年收益

4.2 现金流

文件 MFMaths3e_04 包含债券计算工具．名为"Price"的表可用来计算示例债券的现金流．其规则如下：

$$\text{收入} = \text{正值}$$
$$\text{支出} = （\text{负值}）$$

图 4.1 所示的是一只票面利率为 10%，还剩余 10 个半年票息的债券．它是一个简单的净现值函数，其价格使用 10% 的收益率来计算．由于函数需要一个定期利率，因此其利率按照每年的票息数等分．

单元格 H6：=NPV($H$7,Price!$H$14:$H$63)

D列用于计算各现金流的贴现,并将它们加上1000. 现金流是9个定期支付的50加上一个定期支付的50与本金1000. 定期名义利率为10%除以2或5. 因此,第二个周期内的单元格D15的贴现值为:

$$(\$C18)*\frac{1}{(1+\$H\$7)^{\wedge}B18}$$

$$\frac{50}{(1+5\%)^{\wedge}2}=45.35$$

由于票面利率和贴现率相同,所以价格为100. 需要注意的是,在每个周期末,本金100连同票息和利息将被偿还. 通过使用第2章中确认现金流价值的TVM计算器(见图4.2),可以证明这一点.

	A	B	C	D	E	F	G	H
4								
5		Face/Par Amount Of Bond		1000		Summary		
6		Coupon Interest Rate Per Year		10.00%		Price / Value of Bond		1,000.00
7		Years To Maturity		5.0		Rate / Period		5.00%
8		Required Return / Discount Rate		10.00%		Net Present Value		1,000.00
9		Number of Coupons pa		2.0		IRR		10.00%
10						Total Periods		10.0
11								
12		Period	Interest Cash Flows	Discounted Interest Cash Flows	Principal Cash Flows	Discounted Principal Cash Flows	Sum Of Discounted Cash Flows	Cash Flows For Calculation of IRR
13		0			(1,000.00)	(1,000.00)	(1,000.00)	(1,000.00)
14		1	50.00	47.62	-	-	47.62	50.00
15		2	50.00	45.35	-	-	45.35	50.00
16		3	50.00	43.19	-	-	43.19	50.00
17		4	50.00	41.14	-	-	41.14	50.00
18		5	50.00	39.18	-	-	39.18	50.00
19		6	50.00	37.31	-	-	37.31	50.00
20		7	50.00	35.53	-	-	35.53	50.00
21		8	50.00	33.84	-	-	33.84	50.00
22		9	50.00	32.23	-	-	32.23	50.00
23		10	50.00	30.70	1,000.00	613.91	644.61	1,050.00
64								
65		Total	500.00	386.09	-	(386.09)	(0.00)	500.00

图4.1 简单债券

	A	B	C	D	E
4					
5		Number of payments	N		5 Rents
6		Interest rate per annum %	INT		10.00
7		Present value	PV		0.00
8		Payment	PMT		50.00
9		Future value	FV		1,000.00
10					
11		Payment Interval			Semi-annual
12		Payment Toggle		Begin/End	Arrears
13					
14		Answer: Present value			1,000.00
15					

图4.2 TVM计算器

因为不存在信用风险，所以可以直接估计现金流的值．除了信用风险以外，以下三种情况也会给现金流估计带来困难．

- 当债券可以转换为股份或者股票时，不能确定转换和交易特权．
- 变化的票息而不是确定的票息降低了确定性．例如浮动利率债券（FRN），其票息在每个付息期按某一利率（如 LIBOR 保证金）来重新确定．
- 嵌入式期权．例如，其提前赎回特征和偿债基金条款会导致现金流的长度无法确定．这样的期权往往需要赎回金额大于到期日金额作为补偿．它保证了发行人在期权行权时不会有过高金额的支付．

图 4.1 中的贴现率指定为 10%，现实中的利率应该是一个无风险利率（如 10 年期政府债券）与投资者愿意承担的可识别风险的溢价组合．非政府债券具有额外的信用风险溢价，其收益计算公式为：

$$\text{非政府债券的收益率} = \text{无风险债券的收益率} + \text{感知风险溢价}$$

4.3 零息债券

由于零息债券不支付利息，因此仅有的现金流为发行数量和偿还本金．所以，债券必须按照高贴现率定价，以补偿借贷期间票息的缺失．零息债券在一定程度上降低了不确定性，因为没有票息的再投资并且最终的本金是已知的．图 4.3 中是一个 10% 的零息债券，其有效的计算为 $\dfrac{1000}{(1+5\%)^{10}}$ 或 613.91．

	A	B	C	D	E	F	G	H
5		Face/Par Amount Of Bond		1000		Summary		
6		Coupon Interest Rate Per Year		0.00%		Price / Value of Bond		613.91
7		Years To Maturity		5.0		Rate / Period		5.00%
8		Required Return / Discount Rate		10.00%		Net Present Value		613.91
9		Number of Coupons pa		2.0		IRR		0.00%
10						Total Periods		10.0
12		Period	Interest Cash Flows	Discounted Interest Cash Flows	Principal Cash Flows	Discounted Principal Cash Flows	Sum Of Discounted Cash Flows	Cash Flows For Calculation of IRR
13		0			(1,000.00)	(1,000.00)	(1,000.00)	(1,000.00)
14		1	-	-				-
15		2	-	-				-
16		3	-	-				-
17		4	-	-				-
18		5	-	-				-
19		6	-	-				-
20		7	-	-				-
21		8	-	-				-
22		9	-	-				-
23		10	-	-	1,000.00	613.91	613.91	1,000.00
65		Total		-	-	(386.09)	(386.09)	

图 4.3 零息债券

4.4 收益

之前的章节根据给定的收益来计算市场价格. 由此, 我们也可以按其他思路完成相同的计算, 并且能够由价格得出收益 (见图 4.4). 这些估计与净现值和内部收益率贴现相似. 由于无期权债券的现金流是固定的, 因此收益率的任何改变都会在定价中反映出来.

	A	B	C	D	E	F	G	H
4								
5		Face/Par Amount Of Bond		1,000.00		Summary		
6		Coupon Interest Rate Per Year		10.00%		Yield to Maturity		10.00%
7		Years To Maturity		5.0		Rate / Period		5.00%
8		Coupons per Annum		2.0				
9		Required Return / Discount Rate		10.00%		Current Yield		10.00%
10		Price / Value of Bond		1,000.00		Capital Gains Yield		(0.00%)
11						Effective Annual Rate		10.25%
12		Total Number of Periods		10.00		Net Present Value		1,000.00
13						IRR		10.00%
14								
15		Period	Interest Cash Flows	Discounted Interest Cash Flows	Principal Cash Flows	Discounted Principal Cash Flows	Sum Of Discounted Cash Flows	Cash Flows For Calculation of IRR
16		0			(1,000.00)	(1,000.00)	(1,000.00)	(1,000.00)
17		1	50.00	47.62	-	-	47.62	50.00
18		2	50.00	45.35	-	-	45.35	50.00
19		3	50.00	43.19	-	-	43.19	50.00
20		4	50.00	41.14	-	-	41.14	50.00
21		5	50.00	39.18	-	-	39.18	50.00
22		6	50.00	37.31	-	-	37.31	50.00
23		7	50.00	35.53	-	-	35.53	50.00
24		8	50.00	33.84	-	-	33.84	50.00
25		9	50.00	32.23	-	-	32.23	50.00
26		10	50.00	30.70	1,000.00	613.91	644.61	1,050.00
67								
68		Total	500.00	386.09	-	(386.09)	(0.00)	500.00

图 4.4 收益

模型中的现金流内部收益率为 10%, 但是基于半年现金流的实际利率为 10.25%.

4.5 赎回收益

图 4.5 和图 4.6 所示的电子表格计算了债券存续至期满的现金流和收益, 并确定其价格为 1000, 收益率为 10%. 该债券在两年半或五个票息之后可以赎回, 所提供的价格为 1016, 相当于 10.25% 的内部收益率. 这是由单元格 H13 的内部收益率所确定的.

4.6 价格和收益关系

价格与收益之间的关系略呈曲线或凸函数, 并不完全是线性的. 较高的价格关联较低的收益. 当债券收益增加时, 价格则按递减的比率降低. 相反, 当债券收益降低时, 其价格以递减的比率升高. 这个凸度是正的, 也即债券价格上升的速度要快于下降的速度.

图 4.7 给出了价格与收益之间的权衡以及二者关系的凸度. 其中第 22~25 行的表格给出了收益价格矩阵. 第 24 行显示了收益率与 10% 之间的差异, 而第 25 行显示的是一个数据点与其右侧数据点的差异. 表格底部是针对第 23 行和第 24 行数据生成的曲线图.

第4章 债券计算

	A	B	C	D	E	F	G	H
4								
5		Par / Face Value Of Bond		1,000.00		Summary		
6		Coupon Interest Rate pa		10.00%		Yield To Call		10.25%
7		Years To Maturity		10		Current Yield		10.00%
8						Capital Gains Yield		0.25%
9		Current Price Of Bond		1,000.00		Yield To Maturity		10.00%
10		Call Price Of Bond		1,016.00		Current Yield		10.00%
11		Years To First Call		5		Capital Gains Yield		(0.00%)
12		Coupons per Annum		2		Rate / Period		5.00%
13						Effective Annual Rate		10.49%
14		Total Periods		20.00				
15								
16		Period	Interest Cash Flows	Discounted Interest Cash Flows	Principal Cash Flows	Discounted Principal Cash Flows	Sum Of Discounted Cash Flows	Cash Flows For Calculation of IRR
17		0				(1,000.00)	(1,000.00)	(1,000.00)	(1,000.00)
18		1	50.00	47.62	-	-	47.62	50.00
19		2	50.00	45.35	-	-	45.35	50.00
20		3	50.00	43.19	-	-	43.19	50.00
21		4	50.00	41.14	-	-	41.14	50.00
22		5	50.00	39.18	-	-	39.18	50.00
23		6	50.00	37.31	-	-	37.31	50.00
24		7	50.00	35.53	-	-	35.53	50.00
25		8	50.00	33.84	-	-	33.84	50.00
26		9	50.00	32.23	-	-	32.23	50.00
27		10	50.00	30.70	-	-	30.70	50.00
28		11	50.00	29.23	-	-	29.23	50.00
29		12	50.00	27.84	-	-	27.84	50.00
30		13	50.00	26.52	-	-	26.52	50.00
31		14	50.00	25.25	-	-	25.25	50.00
32		15	50.00	24.05	-	-	24.05	50.00
33		16	50.00	22.91	-	-	22.91	50.00
34		17	50.00	21.81	-	-	21.81	50.00
35		18	50.00	20.78	-	-	20.78	50.00
36		19	50.00	19.79	-	-	19.79	50.00
37		20	50.00	18.84	1,000.00	376.89	395.73	1,050.00

图 4.5 赎回收益

	A	B	C	J	K	L	M	N
15								
16		Period	Interest Cash Flows	Discounted Interest Cash Flows	Principal Cash Flows	Discounted Principal Cash Flows	Sum Of Discounted Cash Flows	Cash Flows For Calculation of IRR
17		0			(1,000.00)	(1,000.00)	(1,000.00)	(1,000.00)
18		1	50.00	47.62	-	-	47.62	50.00
19		2	50.00	45.35	-	-	45.35	50.00
20		3	50.00	43.19	-	-	43.19	50.00
21		4	50.00	41.14	-	-	41.14	50.00
22		5	50.00	39.18	-	-	39.18	50.00
23		6	50.00	37.31	-	-	37.31	50.00
24		7	50.00	35.53	-	-	35.53	50.00
25		8	50.00	33.84	-	-	33.84	50.00
26		9	50.00	32.23	-	-	32.23	50.00
27		10	50.00	30.70	1,016.00	623.74	654.43	1,066.00

图 4.6 赎回现金流收益

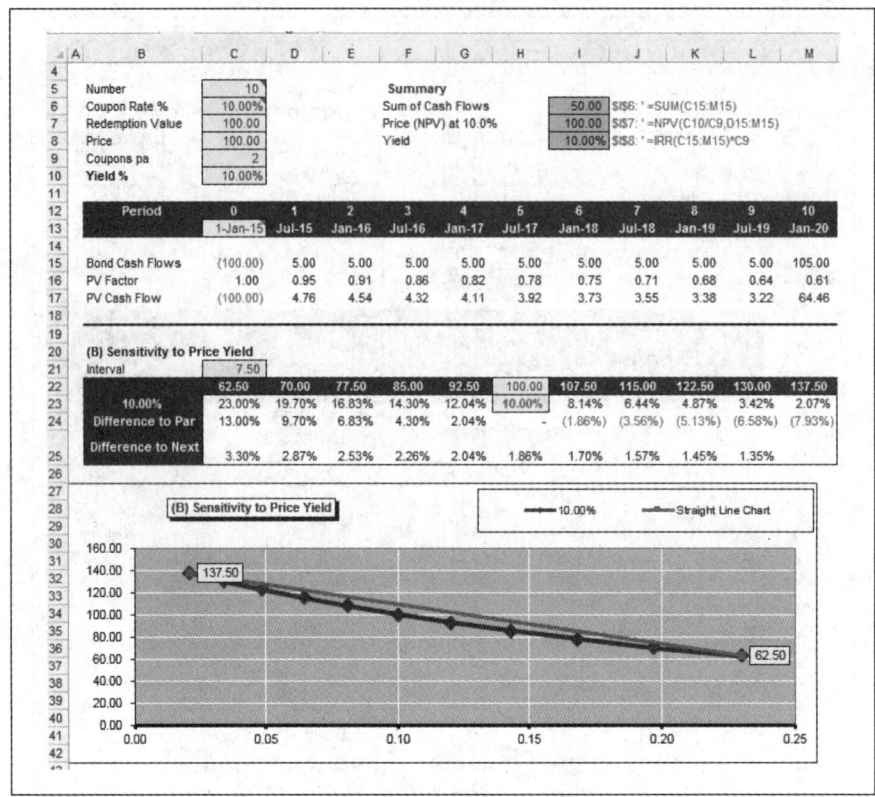

图 4.7 价格收益关系

4.7 收益曲线定价

图 4.8 中的示例使用收益曲线给债券定价。$B$11：$D$21 范围内的表格给出了利率和周期，D 列使用 LOOKUP 函数插入半年期债券的正确利率。在实践中，收益曲线描绘的是零息债券和投资风险溢价的利率。公式的第一部分用来检查所计算的周期数是否小于全部周期的个数：

```
=IF(B25<=$D$7*$D$9,LOOKUP((B25+1)/$D$9,$B$12:$B$21,
$D$12:$D$21),0)
```

每一个付款期都按照各自使用的利率进行贴现，其公式为：

$$\frac{\text{现金流}}{(1+\text{利率})^{\text{周期数}}}$$

```
Cell E25: =($C25)*(1/((1+(D25/$D$9))^B25))
```

图 4.9 中的示例与利率为 10% 的债券价格进行了比较。RATE 函数能够选择一个现值作为贴现现金流的总和来投资，并将票面价值作为终值。此处得到的结果为 9.91% 对应 10% 的输入目标利率。需要注意的是，RATE 函数得出的定期利率在此处必须乘以 2，因为所计算的债券是半年期的：

```
单元格 I9: =RATE(D7*D9,D5*D6/D9,-I8,D5,0)*D9
```

第 4 章 债券计算

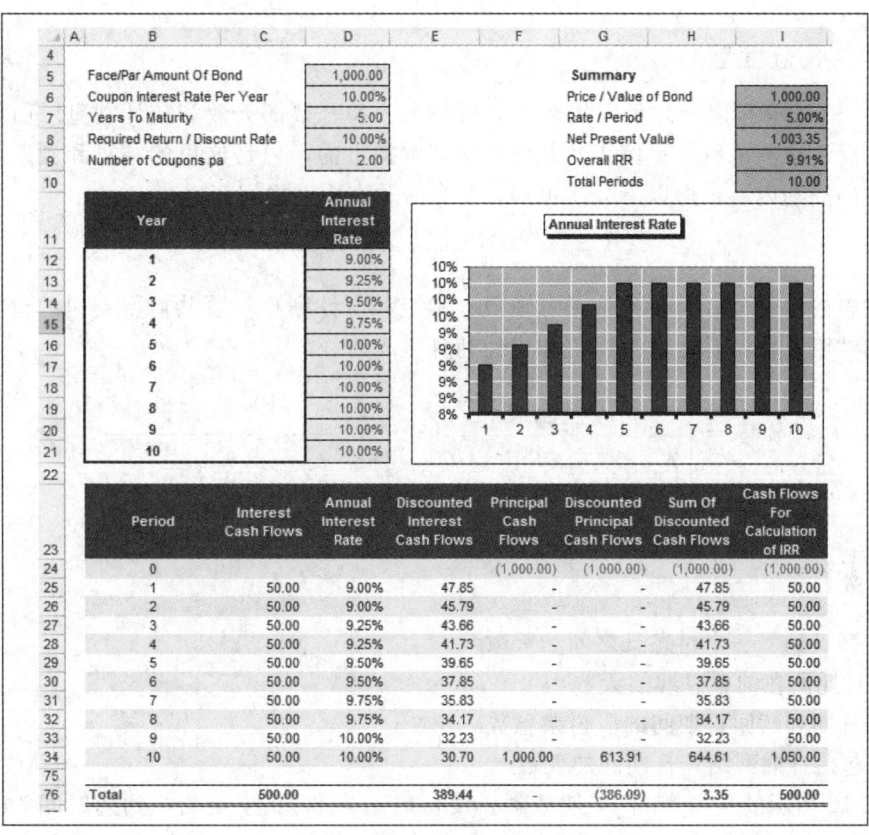

图 4.8 收益曲线

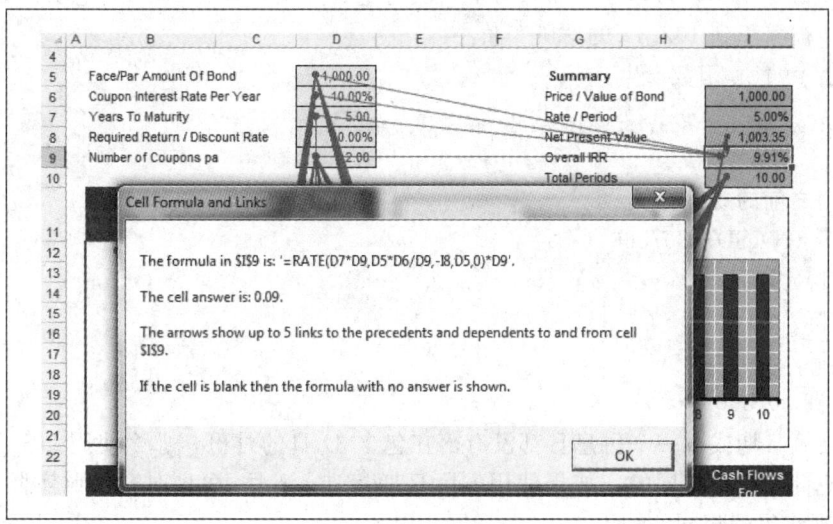

图 4.9 RATE 函数

4.8 其他收益度量

在 Excel 中有很多函数可以用来计算价格、收益、票面天数和应计利息. 而债券函数表可用以展示这些函数. 示例仍然是前面章节中提出的，但是这里的结算和到期日不落在某个确定的周期内. 根据以下公式可知，利息必须在周期之间产生：

$$\frac{\text{结算日期和下一个付息日之间的天数}}{\text{票息期天数}}$$

因此，完整的定价公式必须包括票息现值、本金和应计利息. 总共需要支付的价格，即通常所说的"脏"价，是由"净"价和应计利息组成的.

$$\text{价格} = \left[\frac{\text{赎回}}{\left(1+\frac{\text{收益}}{\text{频率}}\right)^{\left(N-1+\frac{DSC}{E}\right)}}\right] + \left[\sum_{k=1}^{N}\frac{100\times\frac{\text{利率}}{\text{频率}}}{\left(1+\frac{\text{收益}}{\text{频率}}\right)^{\left(k-1+\frac{DSC}{E}\right)}}\right] - \left(100\times\frac{\text{利率}}{\text{频率}}\times\frac{A}{E}\right)$$

$DSC=$ 结算日到下一个付息日之间的天数
$E=$ 结算日期所在的票息期的天数
$N=$ 结算日期和赎回日期间的应付票息数
$A=$ 票息起始日期到结算日期间的天数

图 4.10 所示的是一个 10 年期债券，发行时间为 2020 年年初，到期时间为 2033 年，结算日期为 2025 年 4 月 1 日. 该模型计算得到的净价为 99.96，并作为票息和本金的现值. 如果以每年 360 天为基准，那么自上一次付息日开始，共有 91 个付息日. 因此，每个票息的一半被累积到 102.47 的"脏"价中.

净价由 PRICE 函数产生：

```
单元格C19: =PRICE($C$7,$C$8,$C$10/100,$C$11/100,$C$9,
 $C$41,$F$46)
```

日期仍使用之前的规则标注：

0   US（NASD）30/360
1   实际/实际
2   实际/360
3   实际/365
4   欧洲 30/360

如果假定结算日期或下一个付息日都没有落在包含 31 日的月份，那么使用 US 或者欧洲标准得到的应计利息是相同的. 如果使用实际日期标准，2 月 29 日时，按照实际/实际和实际/365 规则将得到相同的结果.

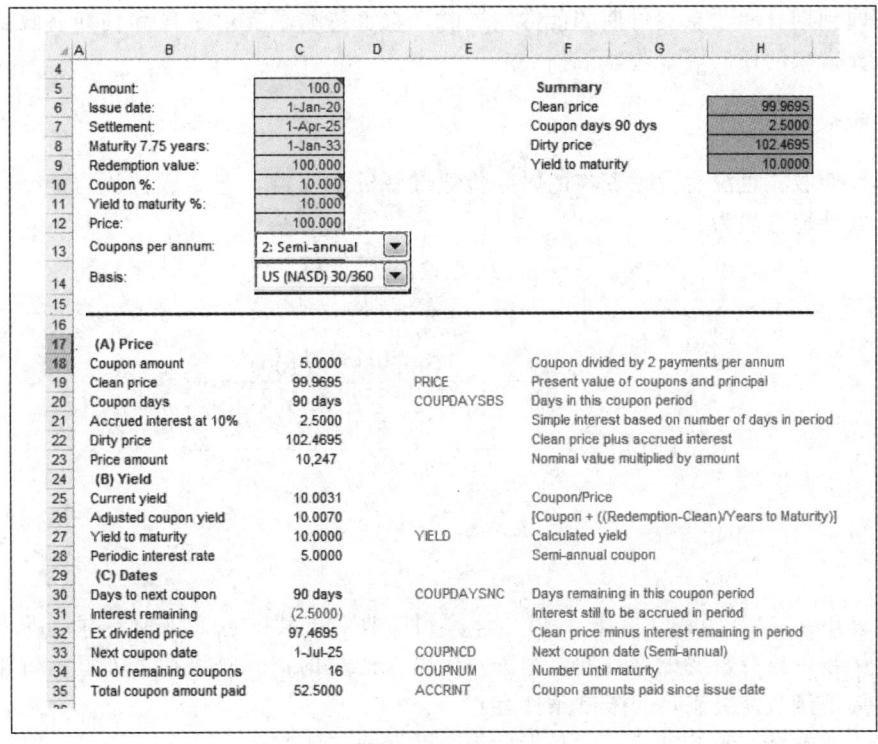

图 4.10 债券函数

4.9 收益度量

有多个剩余票息的债券,可以提供以下三种收入来源:
- 定期利息支付.
- 返还的本金和在出售时的资本收益或损失.
- 获得票息的再投资收入,但是再投资失败会导致更低的收益.

因此,投资收益的估计具有多种不确定性. 债券收益部分包括以下三种常用度量:
- 本期收益.
- 简单到期收益(YTM).
- 收益.

本期收益

本期收益是一个简单的度量,其计算方法为:

$$\text{本期收益} = \frac{\text{票息率}}{\left[\frac{\text{净价}}{100}\right]}$$

由此可得, $\dfrac{10\%}{[96.9595/100]} = 10.0031\%$. 该方法忽略了资本的时间价值,因此不适用于比较具有不同到期日和票息支付期的债券. 同时, 它也忽略了支付金额和到期后收到的本金之间的差异带来的任何资本收益或损失.

简单到期收益

简单到期收益也没有考虑资本的时间价值或者资本收益, 它一般被认为是调整后的票息收益. 其计算方法为:

$$\frac{\left[票息 + \frac{(赎回 - 净价)}{到期年限}\right]}{净价}$$

$$\text{YTM} = \frac{\left[10\% - \left(\frac{(99.9695 - 100)}{\left(\frac{1-1-33-1-4-25}{365.25}\right)}\right)\right]}{99.9695}$$

$$\text{YTM} = 10.0070\%$$

到期收益

可以使用 YIELD 函数 (见图 4.11) 计算到期收益, 其中包括了债券存续期内的全部现金流. 函数中还有需要根据日期规则进一步输入的数据, 同时将在下方显示每年的票息数量. 使用该函数需要满足的限制条件有:

- 债券必须持有至到期日, 并且期间没有赎回或其他变动.
- 所有现金流按照统一的利率贴现, 即收益曲线是平坦的, 但在现实中几乎不存在这种情况.
- 假定所有现金流都是即时收到、没有延误的, 并且以相同的利率进行即时再投资.

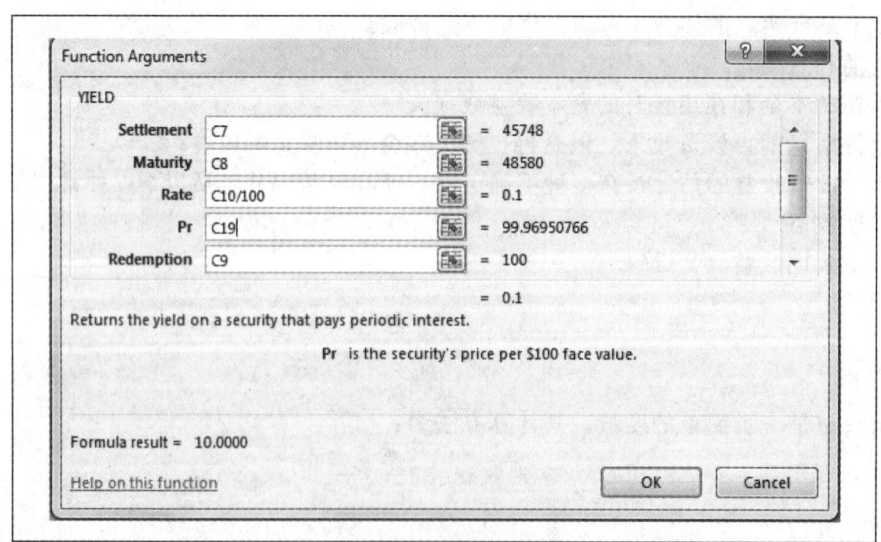

图 4.11 YIELD 函数

计算公式为：

$$收益 = \frac{\left(\frac{赎回}{100} + \frac{利率}{频率}\right) - \left(\frac{票面价值}{100} + \left(\frac{A}{E} \times \frac{利率}{频率}\right)\right)}{\frac{票面价值}{100} + \left(\frac{A}{E} \times \frac{利率}{频率}\right)} \times \frac{频率 \times E}{\text{DSR}}$$

A：票息起始日期到结算日期间的天数（应计天数）
DSR：结算日期到赎回日期间的天数
E：票息期天数

图 4.12 中的图表反映了不同收益度量间的关系．如果价格低于票面价值，那么顺序依次为即时收益、到期收益和调整的票息收益．如果价格高于票面价值，那么顺序相反．

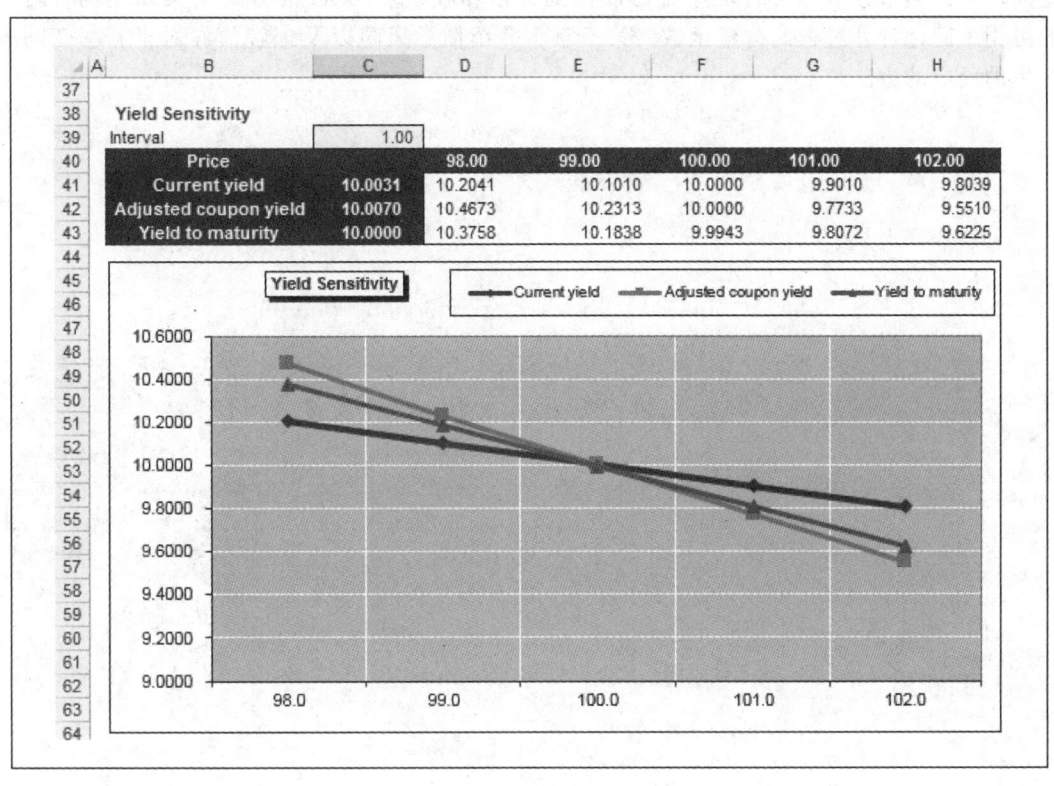

图 4.12　收益和价格

4.10　习题

两只债券分别具有如下表所示的特征．计算每只债券的价格，并使用 Excel 中的数据表检验收益以 1% 的比率升高或降低时，相关价格的变动，以此确认对于收益的变化更为敏感的债券．

定期	6 年	10 年
票息利率（%）	10.00	9.75
赎回价值	100.00	100.00
每年票息	1	1
收益率（%）	9.50	9.50

4.11 小结

债券计算通过使用单利方法完成定价、应计利息以及票息和本金的合成. 使用基础构建模块，并通过分析相关的现金流可以得到价格和收益. Excel 的分析工具库还拥有附加的可用于简化计算过程的构建函数. 第 5 章将介绍债券风险以及理解债券对于利率变动所产生的反应的方法.

第 5 章 债 券 风 险

5.1 风险

债券分析可以看作是风险与收益之间的权衡. 由于投资价值受多种因素影响,且票息支付的价值通常是固定不变的,所以投资者在投资之前需要了解潜在的风险. 但是,风险因素在投资期间也可能发生变化,因此投资者需要决定是否持有、减少或增加投资. 风险有多种,其中包括:

- 利率变动带来的风险.
- 票息和本金的再投资风险.
- 收益曲线风险.
- 预付和赎回风险.
- 违约和降级造成的信用风险.
- 流动性风险.
- 汇率风险.
- 通货膨胀风险.
- 宏观和外部风险.

利率

债券是由一系列的现金流组成的,当利率升高或者通货膨胀蚕食掉未来现金流的真实价值时,其价值会相应降低. 如果市场利率升高,那么现存债券的票息价值就会降低. 在自由贸易市场中,较低的票息对投资者来说缺乏足够的吸引力,所以它们的价值不得不降至一个市场价值. 与此相对的是,当利率降低时,这种关系是相反的.

当市场收益率降至票息率以下时,债券价格会升高至票面价值之上,债券将按照其溢价进行交易. 当收益率和票息率相同时,债券将按票面价值交易. 当市场收益率升高至票息率之上时,债券将按照贴现进行交易.

收益变化的方向和大小会对债券价格产生影响,其中的两个关键因素如下:

- 期限. 与短期债券相比,一个存续期较长的债券对利率的变化更为敏感.
- 票面利率的影响. 票面利率较低的债券具有更多的利息风险,因为很小的变动就会对其产生较大的影响.

再投资风险

在第 4 章中已经讨论过这一点,收益的计算假设所有的票息都能按照收益率进行再投资．实际上，再投资利率会随着收益的减少而降低．这意味着票面利率高的债券更具风险，因为投资者无法确定其再投资利率．票息的真正价值会被通货膨胀和不确定性蚕食．因此，投资者更希望能平衡再投资和价格风险．

收益曲线风险

一般来说，收益曲线是到期期限和到期收益之间的关系．利率的期限特征是指利率在每一个付息日可能会发生变化．收益曲线可以是平坦的，也可以是上升或者下降的，这会对固定的债券现金流产生影响．

预付和赎回风险

嵌入式期权会影响定价，因为不确定性的存在使得未来现金流难以预测．由于可赎回债券可以在到期之前回购，债券持有人在提前赎回时会失去潜在的收益．没有任何终止权力的债券的价值降低了嵌入看涨期权的价值．对于发行人来说，当收益下降时，看涨期权更有价值．当收益率升高至接近票面利率时，可赎回债券接近回购价格，并且没有进一步的升高．

违约和降级造成的信用风险

违约和降级造成的信用风险包括违约风险、信用利差或降级风险．违约风险指的是发行人无法履行其义务，例如无法支付周期利率或违反其他条款．在违约事件中，发行人信用评级的变化会使得从过去得出的回收率发生改变，但仍然假定投资者会失去大部分投资．

- 信用利差指的是在无感知风险的利率上的溢价，例如 10 年期政府债券之上的溢价．由于投资者需要更大的风险回报，理性投资者应该获得更大的收益．
- 降级风险指的是债券被评级机构重新认定为具有更高风险的投资．其增加了对收益的需求，还降低了债券的价值．当然，评级机构也可能给予其更高的评估，那样的话，结论就会与此相反．

评级注释

图 5.1 总结了美国主流评级机构给出的评级，这些评级反映了违约发生的可能性．如果一个债券的评级为 AAA，那么在一年时间内，其评级很可能仍然保持 AAA．图中偏下部分的评级在给定的时间期限内发生违约的可能性较高．评级机构根据初始评级得出迁移的可能性：未来 12 个月，AAA 评级的债券极有可能保持 AAA 评级，但较低评级的债券的比例要低得多．

流动性

成熟市场中，某些债券比其他债券具有更大的流动性．债券交易商给出报价和要价，并且随着流动性下降两个价格之间的价差也会扩大．当然，在债券的整个生命周期内，流动性会不断发生变化．这实际上是一个交易成本，必须被视为持有债券成本的一部分．

汇率

如果我们使用外币支付债券的票息和本金，那么在兑换成本币时，其现金流价值可能会增加或者减少．如果本币对外币升值，那么支付价值将减少，反之亦然．

Explanation	S&P	Fitch	Moodys	Quality	Grade
Prime - highest safety	AAA	AAA	Aaa	High	Investment
High Quality	AA+	AA+	Aa1		
	AA	AA	Aa2		
	AA-	AA-	Aa3		
Upper medium credit	A+	A+	A1		
	A	A	A2		
	A-	A-	A3		
Lower medium credit	BBB+	BBB+	Baa1		
	BBB	BBB	Baa2		
	BBB-	BBB-	Baa3		
Speculative - low quality	BB+	BB+	Ba1	Lower	Speculative
	BB	BB	Ba2		
	BB-	BB-	Ba3		
Highly speculative		B+	B1		
	B	B	B2		
		B-	B3		
Very high risk - poor quality	CCC+	CCC+	Caa	Low	Highly Speculative or Default
	CCC	CCC			
May be in default soon	CC	CC	Ca		
	C	C	C		
No interest being paid	CI				
Default	D	DDD			
		DD			
		D			

图 5.1 评级注释

通货膨胀

由于购买力会被未来的通货膨胀所蚕食，对未来支付的真正价值也会产生同样的影响．如果票息为 10%，通货膨胀率为 4%，那么真实的收益率仅有 6%．在收益评估中必须考虑到这种价值损失．

宏观与外部风险

投资过程中会发生许多无法控制或者无法预见的外部事件，包括会影响发行人能力或支付意愿的政策风险、监管变化、资本转移或自然灾害等．对于企业债券来说，其不可控风险还包括企业重组，如收购、兼并和出售等．

5.2 久期

利率风险是主要的债券风险，本章的剩余部分将集中讨论久期和凸性风险的度量．简单的债券到期日并不是一个合适的指标，这是因为债券的现金流在持有至到期日都会发生．期限较长的债券还会有更高的风险，这是因为投资者在较长的期限内，可能会期望收益率发生变化．久期是最广泛使用的债券波动性度量指标，它还试图衡量债券对利率变化的反应．因此，久期提供了一个衡量未来现金流风险的指标，可以用来比较不同的债券，其定义也可以理解为加权平均到期日或者现金流的加权平均到期年限.

收益、到期日和票面利率都会影响久期. 当未来的现金流价值减少时, 久期会随着收益的不断增加而降低. 一般来说, 到期期限越长, 久期越高. 因此, 一个低息债券的久期会高于高息债券的. 综上所述:

$$长期限、低票息、低收益 = 高久期$$

久期计算公式为:

$$久期 = \frac{(\sum 现金流的现值 \times 周期数)}{价格}$$

图 5.2 给出了使用示例.

	A	B	C	D	E	F	G	H	I
4									
5		Amount:			100.0		Summary		
6		Issue date:			1-Jan-20		Clean price		99.9695
7		Settlement:			1-Apr-25		Coupon days 90 dys		2.5000
8		Maturity 4.75 years:			1-Jan-30		Dirty price		102.4695
9		Redemption value:			100.000		Yield to maturity		10.0000
10		Coupon %:			10.000		Duration		3.8039 yrs
11		Yield to maturity:			10.000		Modified duration		3.6228 yrs
12		Price:			100.000		Bi-annual convexity		16.8542
13		Coupons per annum:		2: Semi-annual			% Change per 1%		(3.5385)
14		Basis:		US (NASD) 30/360			Revised price (5) 11.00%		96.4321
15									
16									
17		(A) Price							
18		Coupon amount			5.0000		Coupon divided by 2 payments per annum		
19		Clean price			99.9695		Present value of coupons and principal		
20		Coupon days	90 days				Days in this coupon period		
21		Accrued interest at 10%			2.5000		Simple interest based on number of days in coupon period		
22		Dirty price			102.4695		Clean price plus accrued interest		
23		Price amount			10,247		Nominal value multiplied by amount		
24		(B) Yield							
25		Current yield			10.0031		Coupon/Price		
26		Adjusted coupon yield			10.0095		[Coupon + ((Redemption-Clean)/Years to Maturity)] / [Clean]		
27		Yield to maturity			10.000		Calculated yield		
28		Periodic interest rate			5.0000		Bi-annual coupon		

图 5.2 债券示例

久期表给出了使用 DURATION 函数, 通过建立现金流来计算久期的过程 (见图 5.3). 现金流的现值分别乘以其付息期数并相加, 然后再除以价格.

单元格 G5 和 G6 中的结果是相同的. 其公式为:

=DURATION(Settlement_Date,Maturity_Date,Coupon/100,Yield_to_Maturity/100,Pmt_Year,Basis)

计算用的是天数/年规则. 由于不是输入变量, 所以单元格公式需要使用 EDATE 函数找到到期日, 例如单元格 C11:

=IF(EDATE(C10,Interval)<=Model!$D$8,EDATE(C10,12/Interval),"-")

如果债券不附带票息 (即零息债券), 那么久期就是其到期期限. 久期可以被应用到任意一组现金流中来得到平均到期期限. 如果有现金流的收入或支出, 那么可以通过获得相同久期的现金流来对其进行平衡. 在发行日期和到期日之间的某些点上, 损失的利息回报和从较高价格债券中获得的资本会相互抵消. 如果投资者设计了一个如下投资组合:

	A	B	C	D	E	F	G
4							
5		Duration Cash flows			DURATION Function		3.8039
6					Sum/Price		3.8039
7							
8		Period	Date	Cashflow	PV	Weighting	Duration
9			1-Apr-25	-			
10		0.50	1-Jul-25	5.0000	4.8795	0.0476	0.0238
11		1.50	1-Jan-26	5.0000	4.6471	0.0454	0.0680
12		2.50	1-Jul-26	5.0000	4.4259	0.0432	0.1080
13		3.50	1-Jan-27	5.0000	4.2151	0.0411	0.1440
14		4.50	1-Jul-27	5.0000	4.0144	0.0392	0.1763
15		5.50	1-Jan-28	5.0000	3.8232	0.0373	0.2052
16		6.50	1-Jul-28	5.0000	3.6412	0.0355	0.2310
17		7.50	1-Jan-29	5.0000	3.4678	0.0338	0.2538
18		8.50	1-Jul-29	5.0000	3.3026	0.0322	0.2740
19		9.50	1-Jan-30	105.0000	66.0528	0.6446	6.1238
20		10.50		-	-	-	-
21		11.50		-	-	-	-
22		12.50		-	-	-	-
23		13.50		-	-	-	-
24		14.50		-	-	-	-
25		15.50		-	-	-	-
26		16.50		-	-	-	-
27		17.50		-	-	-	-
28		18.50		-	-	-	-
29		19.50		-	-	-	-
30		20.50		-	-	-	-
31		21.50		-	-	-	-
32		22.50		-	-	-	-
33		23.50		-	-	-	-
34		24.50		-	-	-	-
35				150.0000	102.4695	1.0000	7.6078

图 5.3 久期计算

- 资产现值等于负债现值.
- 资产久期等于负债久期.

收益的变化会造成债券价格多大的改变呢？图 5.4 所示表中的简单公式计算了在收益改变 1% 的基础上价格的变动情况. 其中，票面利率为周期利率而不是年利率. 具体公式为：

$$\text{公式} = -\text{久期} * \text{价格} * \left[\frac{1}{(1+\text{定期票面利率})}\right] * 0.01$$

该公式只是一个近似公式，因为大规模数据的实际变化会产生一条曲线而非直线. 它近似地等于收益变化对价格的斜率.

使用 SLOPE 函数，可以计算出斜率，例如模型表中的第 33 行：

=-SLOPE(Model!C51:I51,Model!C47:I47)

对久期做进一步的改动，可以得到模型表的修正久期（也称作波动）. 相关的 Excel 函数为 MDURATION，使用的公式如下：

$$\text{修正久期} = \frac{\text{久期}}{\left[1+\left(\frac{\text{收益}}{\text{年票息数量}}\right)\right]}$$

修正久期对于计算 1% 的收益变化引起的价格变动十分有用，公式为：

$$-\text{脏价} * \text{收益变化} * \text{修正久期}$$

其中修正久期为 3.6228 年

	B	C	D	F
16				
17	(A) Price			
18	Coupon amount		5.0000	Coupon divided by 2 payments per annum
19	Clean price		99.9695	Present value of coupons and principal
20	Coupon days	90 days		Days in this coupon period
21	Accrued interest at 10%		2.5000	Simple interest based on number of days in coupon period
22	Dirty price		102.4695	Clean price plus accrued interest
23	Price amount		10,247	Nominal value multiplied by amount
24	(B) Yield			
25	Current yield		10.0031	Coupon/Price
26	Adjusted coupon yield		10.0095	[Coupon + ((Redemption-Clean)/Years to Maturity)] / [Clean]
27	Yield to maturity		10.0000	Calculated yield
28	Periodic interest rate		5.0000	Bi-annual coupon
29	(C) Duration			
30	Duration		3.8039 yrs	Maturity: 4.75 years
31	Modified duration		3.6228 yrs	Duration / [1+(Yield / No of Coupons)] = Slope of series
32	SLOPE		(3.7229)	Slope function
33	Alternative duration formula		3.6243	(Upper price - lower price)/(2 * bond price*Δ Yield)
34	(D) Dates			
35	Next coupon date		1-Jul-25	Next coupon date (Bi-annual)
36	No of remaining coupons		10.00	Number until maturity

图 5.4　价格变动

图 5.5 中的敏感性表显示了第 21 行的实际变化，并且在债券价格随着收益改变时，它也会发生改变. 由于关系的曲率或凸性，计算的变化量与实际变化量不同.

	B	C	D
5	Yield to maturity	10.00	$C$5: '=IF(Model!D11=0,Model!D27,Model!D11)
6	Settlement:	1-Apr-25	$C$6: '=Settlement_Date
7	Dirty price	102.47	$C$7: '=Model!I8

Sensitivity table to Yield across Settlement date down

	B	C	D	E	F	G	H	I
11	102.47	7.00	8.00	9.00	10.00	11.00	12.00	13.00
12	1-Oct-23	117.46	112.16	107.17	102.47	98.03	93.84	89.89
13	1-Apr-24	116.48	111.55	106.89	102.47	98.29	94.32	90.57
14	1-Oct-24	115.47	110.91	106.58	102.47	98.56	94.84	91.30
15	1-Apr-25	114.43	110.25	106.27	102.47	98.84	95.38	92.07
16	1-Oct-25	113.34	109.56	105.94	102.47	99.14	95.95	92.90
17	1-Apr-26	112.22	108.85	105.60	102.47	99.46	96.56	93.77
18	1-Oct-26	111.07	108.10	105.24	102.47	99.79	97.21	94.71
20	1-Apr-25	114.43	110.25	106.27	102.47	98.84	95.38	92.07
21	Change per 1%	4.17	3.98	3.80	3.63	3.46	3.31	

Sensitivity Chart to Dirty price: Yield Across

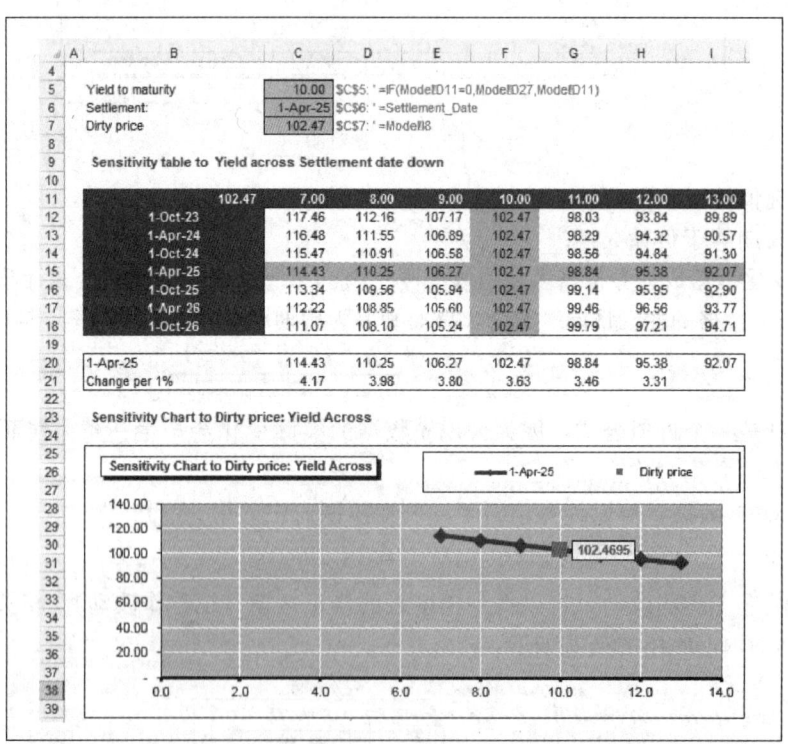

图 5.5　凸性表

模型表中还有一个久期的改进公式,即收益率每增加或减少1%,你预期价格会发生的变化:

$$久期 = \frac{(上限价格 - 下限价格)}{(2 * 价格 * 收益)}$$

$$= \frac{(106.27 - 98.84)}{(2 * 100 * 1\%)} = 3.715$$

5.3 凸性

久期和修正久期并不能完全解释价格和收益之间的关联,而凸性提供了一个预测价格的方法. 实际变化依赖于曲率,即凸性. 模型表中有大量关于凸性的计算公式.

价格变化的一般公式为:

$$\Delta 价格 = -修正久期 * \Delta 收益 + \left(\frac{凸性}{2}\right) * \Delta 收益^2$$

图 5.6 中给出了数据表和简单近似结果之间的误差. 当误差较大时,公式(1)的精确度就会降低.

$$久期 * 价格 * \left[\frac{1}{(1+利率)}\right] * 变动$$

	A	B	C	D	E	F	G	H	I
4									
5		Change per 1%			(3.6217)		Duration * Price * [1/1+Int] * 1.00%		
6		% Change per 1%			(3.6228)		Change*(Par/Price)		
7		Revised price (1) 11.00%			96.3478		Price+Change		
8									
9		Change per 1%			(3.6206)		Percentage change		
10		% Change per 1%			(3.6217)		Price * Modified duration * Δ yield		
11		Revised price (2) 11.00%			96.3489		Price+Change		
12									
13		Convexity			8.4293		(UP - LP - 2 * Price) / (2 * Price*Δ Yield)^2		
14		Convexity effect			0.0008				
15		Duration effect			(3.6243)		As above		
16		Sum Combined Effect			(0.0354)		-D * Δ Yield + C * (Δ Yield) ^2		
17		Revised price (3) 11.00%			96.4306		Price+Change		
18									
19		Convexity formula (A)			17.2757		Formula: [(ΔP t-1 /P) + (ΔP t+1 /P)] * 10^8		
20		% Change per 1%			(3.5364)		Variance to simple formula: 0.0864		
21		Revised price (4) 11.00%			96.4342		Price+Change		
22									
23		Periodic convexity formula (B)			67.4169		PV convexity cash flow		
24		Bi-annual convexity			16.8542		Periodic = annual /(N periods ^ N periods)		
25		% Change per 1%			(3.5385)		Variance to simple formula: 0.0843		
26		Revised price (5) 11.00%			96.4321		Price+Change		
27									
28		Data table change per 1%			(3.5914)		Variance to simple formula: 0.0314		
29		Revised price (6) 11.00%			96.3792		Actual Price		96.3421	(0.0363)

图 5.6 凸性

公式 1

第一个公式被用来近似求解在简单线性关系的假设下发生的小幅变动. 该公式计算在

1%的收益变化的基础上价格的变动情况. 其中, 票面利率为周期利率而不是年利率. 以下为 1%变动的公式:

$$公式 = -久期 * 价格 * \left[\frac{1}{(1 + 周期票面利率)}\right] * 0.01$$

=-Model!$D$30*Model!$D$19*(1/(1+(Model!$D$27/
Model!$C$58)))*Model!C44

由公式得出, 对于 1%的收益增加, 结果是 -3.6217 或 3.62%. 得到修订的价格 (1) 为 96.34.

公式 2

修正久期也可以用于计算 1%的收益变化引发的价格变动, 使用的公式为:

$$-脏价 * 收益变化 * 修正久期$$

得到的结果几乎与之前公式计算出的结果相同. 同样, 该公式也需要假设线性关系, 并且随着变化的加大将变得越来越不准确.

公式 3

由模型表中第 33 行的久期公式得到改进的凸性公式为:

$$凸性 = \frac{(上限价格 - 下限价格 - 2 * 价格)}{(2 * 价格 * \Delta 收益)\char`^2}$$

$$价格变动 = -D * \Delta 收益 + C * (\Delta 收益)\char`^2$$

$$上限价格 = 价格 + X 基点$$

$$下限价格 = 价格 - X 基点$$

$$\Delta 收益 = X 基点的收益变化$$

计算得出凸性为 8.4293, 与公式 2 得出的久期有效结合后, 得到一个稍高的结果 96.4306. 因此, 债券不会按照简单的线性公式减少. 虽然凸性本身并没有什么特殊的含义, 但它对于不同债券之间的比较十分有用, 这是因为一个较高的数值意味着其价格波动性较高.

公式 4

下面这个凸性公式使用了近似:

$$C = 10^8 \left[\frac{P_{d+1}}{P_d} + \frac{P_{d-1}}{P_d}\right]$$

这包括计算正负 100 个基点的价格变化. 其计算过程在模型表底部的数据表 (见图 5.7) 中完成. 凸性计算如下:

单元格 D19: =(((Model!C84/Model!D19)+(Model!E84/
Model!D19))*10^8)

于是, 单元格 D20 中计算价格变动的公式为:

$$\Delta 价格 = -修正久期 * \Delta 收益 + \left(\frac{凸性}{2}\right) * \Delta 收益\char`^2$$

```
=(-Model!$D$31*(Model!$C$44/100)+0.5*D19*
(Model!$C$44/100)^2)*100
```

	A	B	C	D	E	F
80						
81		Convexity Workings - Formula 4				
82			9.99	10.00	10.01	11.00
83			99.9695	100.0066	99.9695	99.9324	96.34212484
84		Change		0.0371		(0.0371)	(3.5903)
85		%		0.0371		(0.0371)	(3.5914)
86		(4) Variances					
87		Data table to convexity				(0.0550)	
88		Data table to simple formula				0.0314	
89		Convexity to simple formula				0.0864	

图 5.7　模型表中的凸性计算

由曲率计算出的最终结果为 96.4342，不同于简单线性公式计算出的 96.34。

公式 5

模型中（见图 5.8）表的底部同时包含了现金流中全部的凸性公式，并使用以下公式建立了列表：

$$凸性 = \frac{1}{P} \cdot \frac{\Delta^2 P}{(\Delta y)^2} \cdot \sum_{t=1}^{y} t \cdot (t+1) \frac{\frac{C_t}{(1+y)^t}}{P}$$

	A	B	C	D	E	F	G	H	I
7									
8		Period	Date	Cashflow	PV	Weighting	Duration		Convexity
9			1-Apr-25	-					
10		0.50	1-Jul-25	5.0000	4.8795	0.0476	0.0238		0.0324
11		1.50	1-Jan-26	5.0000	4.6471	0.0454	0.0680		0.1543
12		2.50	1-Jul-26	5.0000	4.4259	0.0432	0.1080		0.3428
13		3.50	1-Jan-27	5.0000	4.2151	0.0411	0.1440		0.5876
14		4.50	1-Jul-27	5.0000	4.0144	0.0392	0.1763		0.8795
15		5.50	1-Jan-28	5.0000	3.8232	0.0373	0.2052		1.2099
16		6.50	1-Jul-28	5.0000	3.6412	0.0355	0.2310		1.5712
17		7.50	1-Jan-29	5.0000	3.4678	0.0338	0.2538		1.9568
18		8.50	1-Jul-29	5.0000	3.3026	0.0322	0.2740		2.3606
19		9.50	1-Jan-30	105.0000	66.0528	0.6446	6.1238		58.3218
20		10.50		-	-	-	-		-
21		11.50		-	-	-	-		-
22		12.50		-	-	-	-		-
23		13.50		-	-	-	-		-
24		14.50		-	-	-	-		-
25		15.50		-	-	-	-		-
26		16.50		-	-	-	-		-
27		17.50		-	-	-	-		-
28		18.50		-	-	-	-		-
29		19.50		-	-	-	-		-
30		20.50		-	-	-	-		-
31		21.50		-	-	-	-		-
32		22.50		-	-	-	-		-
33		23.50		-	-	-	-		-
34		24.50		-	-	-	-		-
35				150.0000	102.4695	1.0000	7.6078		67.4169
36									
37						Price:			102.4695
38						Annual Convexity			16.8542
39						% Change per 1%			(3.5385)

图 5.8　久期表中的凸性计算

权重列由 E 列中的现值除以底部的现金流总和得到，久期为付息期数乘以权重．周期的凸性为：

$$周期 + 下一周期 * 权重 * \left(\frac{1}{(1+周期收益)}\right)^{\wedge}2$$

单元格 I11：=B11+B12*F11*(1/(1+(Model!$D$27/Pmt_Year/100))/^2)

在列表的底部，付息期凸性的结果（见图 5.9）依照上述公式相加：

单元格 I35：=SUM(I10:I34)

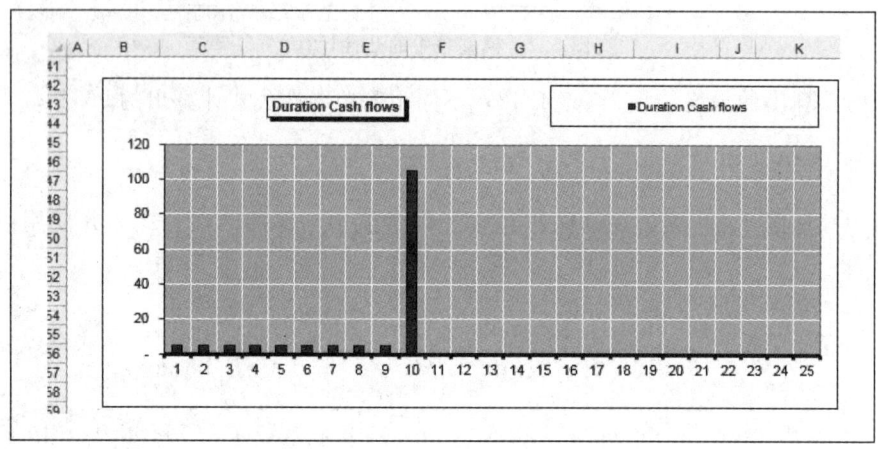

图 5.9　久期现金流量

年利率为总和除以（年平均支付^年平均支付）．计算得出凸性为 16.8542，使用以下公式得出债券价格的变动：

$$\Delta 价格 = -修正久期 * \Delta 收益 + \left(\frac{凸性}{2}\right) * 收益^{\wedge}2$$

价格变动的结果为（3.5385），修正的值为 74.8675．

公式 6

在列表中同样包含了用于比较计算数值的数据表，并且结果为 74.8878．

5.4　比较

凸性表使用 PRICE 函数计算了每个到期收益（表左侧）对应的债券价格．函数公式如下：

单元格 E37：=PRICE(Model!$D$7, Model!$D$8, Model!$D$10,B37, Model!$D$9, Model!$C$58, Model!$F$63)
=PRICE(Settlement,Maturity,Coupon,Yield,Redemption, Frequency,Basis)

F 列重复公式 2(一脏价 * 收益变化 * 修正久期) 作为久期并乘以收益变化, 得到仅依赖于久期的简单变动率, 然后乘以现有的价格. I 列使用公式 5 得到变动率并加至 J 列. 可以看到差异很小并且接近当前的到期收益, 但是由于凸性, 当你离现有价格越来越远时, 其差异会变得越来越明显 (见图 5.10).

Yield to maturity	Change in yield	Actual change %	Clean price	Price * Modified duration * Δ yield	Revised price (2) 11.00%	Difference (2)	Periodic convexity formula (B)	Revised price (5) 11.00%	Difference (5)
6.00	(4.0000)	16.3388	116.3033	14.4911	114.4562	1.8472	15.8394	115.8041	0.4992
6.50	(3.5000)	14.1236	114.0888	12.6797	112.6453	1.4435	13.7120	113.6774	0.4114
7.00	(3.0000)	11.9604	111.9263	10.8683	110.8345	1.0918	11.6268	111.5927	0.3336
7.50	(2.5000)	9.8479	109.8144	9.0569	109.0237	0.7908	9.5836	109.5502	0.2642
8.00	(2.0000)	7.7848	107.7519	7.2455	107.2128	0.5391	7.5826	107.5498	0.2021
8.50	(1.5000)	5.7697	105.7374	5.4342	105.4020	0.3354	5.6238	105.5916	0.1458
9.00	(1.0000)	3.8013	103.7696	3.6228	103.5912	0.1785	3.7070	103.6754	0.0942
9.50	(0.5000)	1.8785	101.8474	1.8114	101.7803	0.0671	1.8325	101.8014	0.0460
10.00	-	-	99.9695	-	99.9695	0.0000	-	99.9695	0.0000
10.50	0.5000	(1.8353)	98.1348	(1.8114)	98.1587	(0.0239)	(1.7903)	98.1797	(0.0449)
11.00	1.0000	(3.6285)	96.3421	(3.6228)	96.3478	(0.0057)	(3.5385)	96.4321	(0.0900)
11.50	1.5000	(5.3807)	94.5904	(5.4342)	94.5370	0.0534	(5.2445)	94.7266	(0.1361)
12.00	2.0000	(7.0930)	92.8786	(7.2455)	92.7262	0.1525	(6.9085)	93.0632	(0.1845)
12.50	2.5000	(8.7665)	91.2057	(9.0569)	90.9153	0.2904	(8.5302)	91.4419	(0.2362)
13.00	3.0000	(10.4020)	89.5707	(10.8683)	89.1045	0.4661	(10.1099)	89.8627	(0.2921)
13.50	3.5000	(12.0007)	87.9725	(12.6797)	87.2937	0.6788	(11.6474)	88.3257	(0.3532)
14.00	4.0000	(13.5633)	86.4103	(14.4911)	85.4828	0.9275	(13.1428)	86.8308	(0.4205)

图 5.10 汇总表

此表还有两个说明图. 第一个描绘的是由公式 2 和公式 5 得出的实际与预期金额变化 (见图 5.11). 凸性公式 5 能比基于久期的公式更准确地跟踪实际价格变动, 周期凸性与实际变化密切相关.

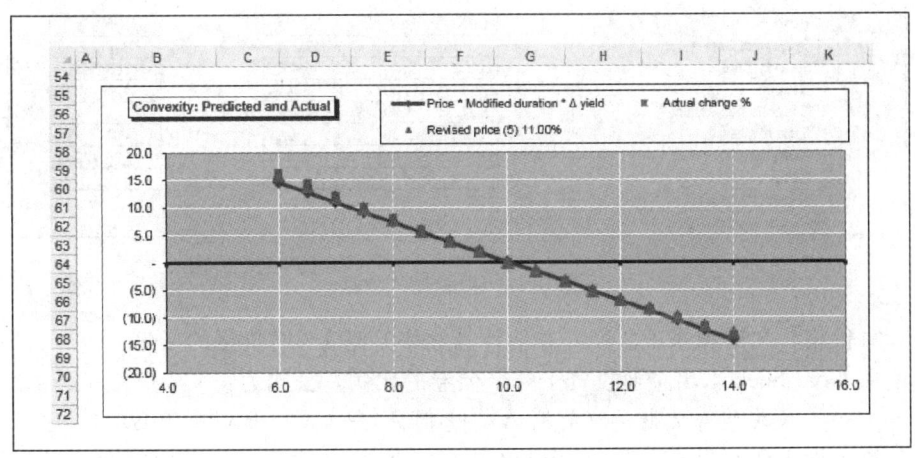

图 5.11 凸性表

图 5.12 描绘了差异率相对于预期价格变动的情况. 基于久期的公式的准确率从收益率 10% 开始便逐渐下降. 相反, 以现金流凸性为基础的公式 4 更加精确.

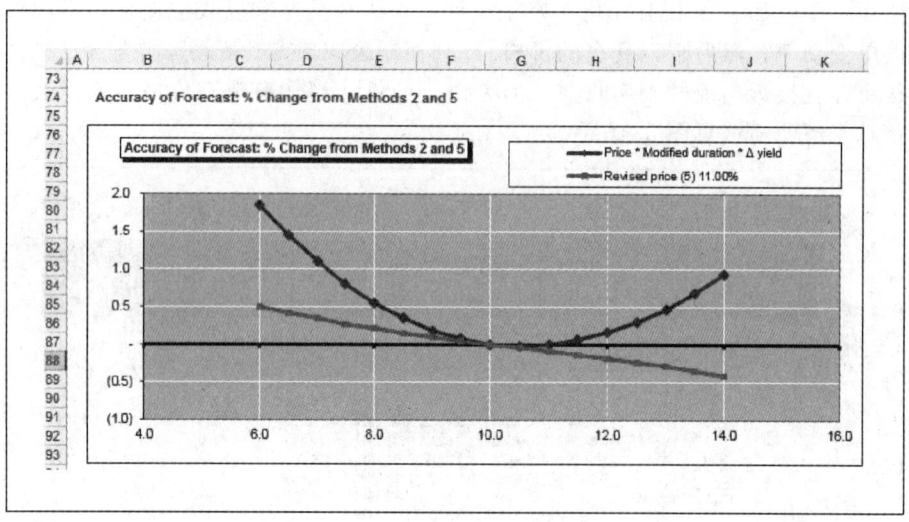

图 5.12　实际价格的差异率

5.5　习题

在 3.25 年内需要的资金为 100 000. 目前利率为 8%，企业希望将一些资金投资于债券，当债券到期时金额将升至 100 000. 有两个债券可供选择（见图 5.13）.

		A	B	C
5	Bond	A	B	C
6	Settlement Date	31/12/2020	31/12/2020	31/12/2020
7	Maturity Date	30/06/2024	31/05/2025	30/03/2024
8	Coupon	10.00	3.00	0.00
9	Coupons per Annum	1.00	1.00	1.00
10	Yield to Maturity	8.00	8.00	8.00
11	Redemption	100.00	100.00	100,000.00
12	Basis	0	0	0

图 5.13　习题输入数据

- 计算价格、久期和修正久期，并估计当利率升高 1% 时价格的变化.
- 使用 Goal Seek 求出企业投资于每个债券的比例，公式为：
  投资组合久期 = （久期 A * 比例 A）+（久期 B * 比例 B）
- 计算当输入利率为 8% 时，使用 100 000 在 3.25 年中进行投资的现值.
- 计算投资于每个债券的现值比例.
- 用总金额除以价格找出总计需要多少债券.

5.6 小结

除了利率变动之外,在债券投资中还存在很多类型的风险,包括再投资风险、收益曲线风险、预付和赎回风险、信用风险、流动性风险、汇率风险、通货膨胀和外部风险等. 久期是评估债券价值因利率变化而变动的重要度量,但是仅依赖于久期的度量变得越来越不准确. 因为在计算过程中需要考虑价格与收益关系的凸性,需要进一步的凸性度量以更加精确地预测变化的价格. 本章介绍了简单和改进的久期公式以及一些凸性的度量方法.

第6章 浮动利率证券

6.1 浮动利率

浮动利率证券是固定收益工具，其票面利率或利率根据短期利率指数而变化。其他术语还包括浮动利率债券、浮动利率存款证明或可变利率债券。浮动利率比固定票息复杂得多，一般来说，浮动利率在利率上升时对放贷人更有利，因为它们能减轻一些风险。

浮动利率证券假定投资人的收益是与一个指数挂钩的票息，该指数在证券存续期内会发生变动。该指数可以是季度或半年度的，例如三个月的 LIBOR（London InterBank Offer Rate，伦敦银行间同业拆借利率）指数。英国银行家协会（British Bankers Association）是短期利率中使用最广泛的基准利率或参考利率，是指银行在伦敦银行间市场上从其他银行借入资金的利率。其他银行同业拆借利率包括欧元 LIBOR、美元 LIBOR、英镑 LIBOR 和日元 LIBOR。

浮动利率工具是一种固定收益工具，它的票息随着指定的参考利率而波动。FRN（Floating Rate Note，浮动利率债券）是由企业或机构借款人发行的浮动利率工具。典型的 FRN 一般约为五年期，常用的参考利率是三个月和六个月 LIBOR，如短期国库券收益率、最优惠利率或联邦基金利率。CMO（Collateralized Mortgage Obligation，抵押贷款债券）的结构有时也具有浮动利率票息。

对于 FRN，票息利率通常在每次支付利息时重置。典型的做法为在季度开始时以三个月 LIBOR 作为利率，并在季度结束时以该利率支付利息。票息由参考利率加上固定利差得出，其依赖于发行人的信用质量以及证券结构的具体情况。而设定浮动利率上下限则会对利差造成影响。例如，一只 FRN 可能以最高 7.5%、最低 1.5% 的浮动利率发行。

对单一的交易对手进行信用风险评估，需要考虑以下三个方面的事项。

- 违约风险。违约风险也就是交易对手在该义务的有限期内或者某一特定期限（如一年）内违约的可能性。一年期的计算可称为预期违约频率。
- 信用风险敞口。信用风险敞口指违约事件发生时的未偿还债务余额。
- 回收率。回收率指当违约事件发生时，能够通过破产程序或者其他一些结算方式回收的敞口比例。

债务的信用质量一般指交易对手履行债务的能力，其中包括债务的违约概率和预期回收率。需要注意的是，每个风险包括两个要素：风险敞口和不确定性。对于信用风险，信用敞口代表前一要素，信用质量代表后一要素。

对于投资者而言，持有一个 FRN 类似于投资资本市场工具并持续在其到期后进行再投资. 最重要的区别是 FRN 要求发行人承担长期信贷风险, 这通常反映在 FRN 的利差上. FRN 往往具有稳定的市场价值. 如果浮动利率在每次付息时都重置（通常是这样做的）, 那么 FRN 的久期就是直到下一个付息日的时间.

6.2 利率证券特征

发行

发行债券的组织通常被认定为"发行人"或"借款人". 政府或政府机构（政府债券）、银行和企业（企业债券）是当前最活跃的发行人.

面值

面值是在债券到期日需要支付给投资人的金额. 债券可以按不同的面值发行, 然而浮动利率证券通常只有 100 的单一面值.

票息

票息表示证券发行人定期向证券持有人支付的利息. 票面利率是在债券存续期内向投资者支付的利率, 并且是在发行人开始在市场上发售证券时就确定的. FRN 的票面利率与基准利率呈线性变化, 通常高于银行票据利率, 并且在每个付款日都不相同. 因为我们事先知道票面利息的金额, 所以其资本增益为相关时期的利差, 也被称为每日应计利息. 这与股票分红形成鲜明相比, 股票分红仅在支付前不久才为人所知.

派息频率

票息支付是在证券存续期内定期进行的, 通常是季度或者半年度. FRN 通常按季度支付利息.

收益

收益是投资者在一个证券上获得的回报. 投资者购买证券的价格和持有到期后能获得的付款（票息）决定了收益. 名义收益和到期收益是最重要的收益类型.

到期日

在到期日, 债券的最终票息和票面价值都会返还给投资者. 到期时间可能会有很大不同, 但一般在 2～20 年之间.

购买价格

价格以其面值的百分比表示. 例如, 价格 100 表示其面值的 100%, 价格 99.80 表示其面值的 99.80%, 价格 102.5 表示其面值的 102.5%.

购买价格（也称为总价）是指投资者向发行人支付的总金额．总购买价格等于投资人购买证券的价格乘以证券数量．

购买价格包括以下两个部分：
- 资本价格，是市场根据利率、到期日、等级和信用质量等多个变量估计的价格．
- 证券的应计利息，是证券自上次付息以来所累积的利息．因为利息是定期支付的，所以价格每天会随着利息的增加而提高．如果年票息利率为 6.50%，每 100 金额每日的利息为 1.78，那么随着票息的支付，价格会立即随着支付的票面金额而下降．

6.3 收益估计

用于估计浮动利率证券收益的两种方法为：
- 简单和复合的有效保证金．
- 当前边际收入．

浮动利率证券与一个指数相关联，所以投资者必须关注高于或低于该指数的保证金．更进一步地说，头寸是隐含的票面日期价格，是一个基于市场价格和持有头寸成本的价格估计．这是一种标记市场中浮动利率投资的方法．

有效保证金

有效保证金是指在到期日超过该指数的边际收益总额，包括超过该指数的保证金组合（正或负）和资本增加或折旧（见图 6.1）．其计算公式为：

$$简单的有效保证金 = 保证金 + \frac{(赎回价值 - 价格)}{期限}$$

期限	10 年
保证金	6 个月 LIBOR 的 25 个基点
净价	99.0
赎回	100

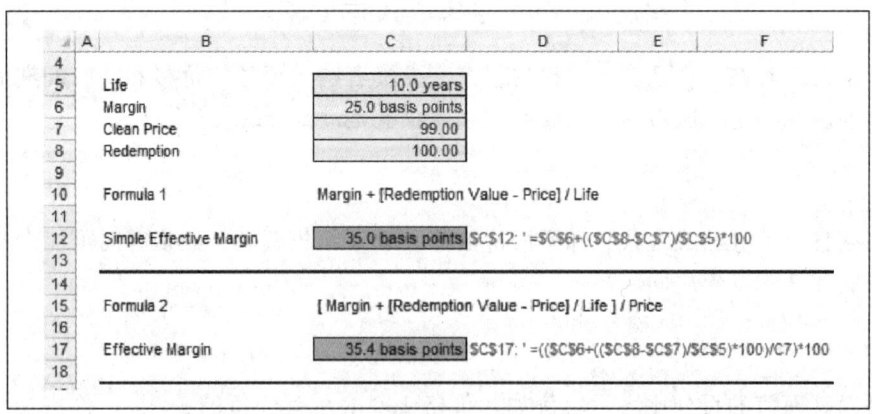

图 6.1 简单的有效保证金

第二个用于 FRN 价格计算的公式为：

$$\text{修正的简单的有效保证金} = \frac{\left[\text{保证金} + \frac{(\text{赎回价值} - \text{价格})}{\text{期限}}\right]}{\text{价格}}$$

其中简单的有效保证金为 35 个基点．因为计算中使用的变量为期限、指数的保证金、价格和票面价值，所以这一结果可以与类似债券进行比较作为评估的基础．有效保证金会随着 LIBOR 上保证金的增大而增加，减少而减少．其中的主要因素是价格，因为保证金会随着价格的下降而升高（见图 6.2）．

	A	B	C	D	E	F
4						
5		Life	10.0 years			
6		Margin	25.0 basis points			
7		Clean Price	97.00			
8		Redemption	100.00			
9						
10		Formula 1	Margin + [Redemption Value - Price] / Life			
11						
12		Simple Effective Margin	55.0 basis points	$C$12: ' =$C$6+(($C$8-$C$7)/$C$5)*100		
13						
14						
15		Formula 2	[Margin + [Redemption Value - Price] / Life] / Price			
16						
17		Effective Margin	56.7 basis points	$C$17: ' =(($C$6+(($C$8-$C$7)/$C$5)*100)/C7)*100		
18						

图 6.2　价格下降时的有效保证金

当价格降至 97 时，保证金升高到 55 个基点．与固定利率债券的简单收益计算所不同的是，这种简单的方法并没有把未来现金流的现值带入计算中．使用标准的债券计算，可以将其看作一个固定面值债券来计算，并将其结果与浮动债券的收益相比较．

图 6.3 中的 C 列为一个票息为 8%，价格与赎回相同的债券．D 列估计了一个价格为 99、半年利率为 8.25% 的债券．得到每六个月支付 4.125、总共支付 20 次的票息．

	A	B	C	D	E	F
19						
20			Bond 1	Bond 2		
21		Coupon	8.00	8.25		
22		Margin		25.0 basis points		
23		Price	100.00	99.00		
24		Redemption	100.00			
25		Maturity	10.0 years			
26		Yield	8.00			
27		Coupons per Annum	2.00			
28						
29		Coupon	4.125	$C$29: ' =D21/C27		
30		Yield	8.400	$C$30: ' =RATE(C25*C27,C29,-ABS(D23),C24)*100*C27		
31		Effective Margin	40.0 basis points	$C$31: ' =(C30-C21)*100		

图 6.3　复合的有效保证金

RATE 函数（见图 6.4）可计算出付息期平均收益，然后乘以 2 得到年票面利率．因此，有效保证金为 8.4% 减去指数值 8%．可以用这个数字评估一个潜在的投资，其中的关键因素为价格、保证金、付息期和指数值. 当然, 也可以使用 Excel 中的 YIELD 函数进行计算.

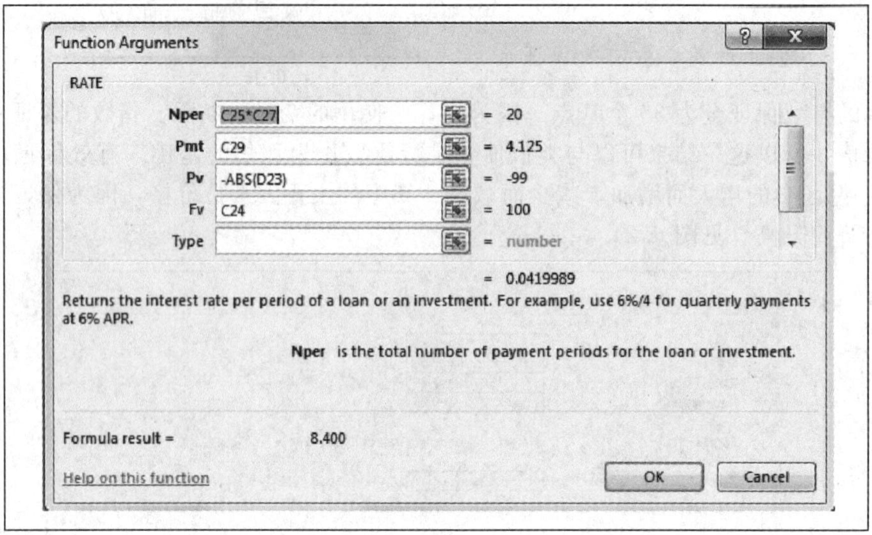

图 6.4 RATE 函数

当前边际收入

当前边际收入 (CMI) 是一个简单的利差数字, 代表了在 LIBOR 进行资金投资的浮动利率证券年收入. 换句话说, 它是投资成本和收益之间的差. 其计算公式为:

$$当前边际收入 = (LIBOR + FRM 保证金) - \left(\frac{价格 * LIBOR}{100}\right)$$

$$CMI = 8.25\% - (99 * 8\%) = 0.33\%$$

价格和 LIBOR 利率是得出当前边际收入的关键因素. 图 6.5 说明了其作用. 例如, 保证金随着 LIBOR 的升高而增加, 但价格却降低. 图 6.5 所示表中的最低保证金出现在最高价格和最低 LIBOR 的情况下.

隐含票面日期价格

隐含票面日期价格是必须出卖证券以达到投资收支平衡的价格水平 (见图 6.6). 它是用于标记当前持有的特定证券交易工具的方法.

其计算公式为:

$$价格 + \left[\frac{\left(\frac{价格 * 天数 A * 成本}{资金}\right)}{360 * 100}\right] - \frac{(息票 * 天数 B)}{360}$$

天数 A = 结算日至下一个付息日的天数
天数 B = 两次付息日间的天数
360 = 根据惯例计算的每年天数

LIBOR	8
FRN Margin	25.0 basis points
Price	99
Current Marginal Income %	0.330

Sensitivity Table to LIBOR Across and Price Down

Interval Across	0.25
Interval Down	0.25

0.330	7.25	7.50	7.75	8.00	8.25	8.50	8.75
98.25	0.377	0.381	0.386	0.390	0.394	0.399	0.403
98.50	0.359	0.363	0.366	0.370	0.374	0.378	0.381
98.75	0.341	0.344	0.347	0.350	0.353	0.356	0.359
99.00	0.323	0.325	0.328	0.330	0.333	0.335	0.338
99.25	0.304	0.306	0.308	0.310	0.312	0.314	0.316
99.50	0.286	0.288	0.289	0.290	0.291	0.293	0.294
99.75	0.268	0.269	0.269	0.270	0.271	0.271	0.272

图 6.5　当前边际收入

Currency	USD	
Coupon	8.25	
LIBOR	8.00	
Purchase Settlement Date	25 May 2020	
Last Coupon	20 May 2020	
Next Coupon	20 Nov 2020	
Price	98.50	
Days in Year	360.0 days	
Days	5.0 days	
(A) Gross Price	98.615	Clean Price + Accrued Interest
Cost of Carrying FRN to Next Coupon Date		
Days to Next Coupon Date	179.0 days	
(B) Cost	3.923	Price * Days * Cost / Basis Days
Days in Period	184.0 days	
[C] Coupon at Next Coupon Date	4.217	Coupon * Days / Basis Days
Implied Coupon Date Price	98.321	A + B - C

图 6.6　隐含的票面日期价格

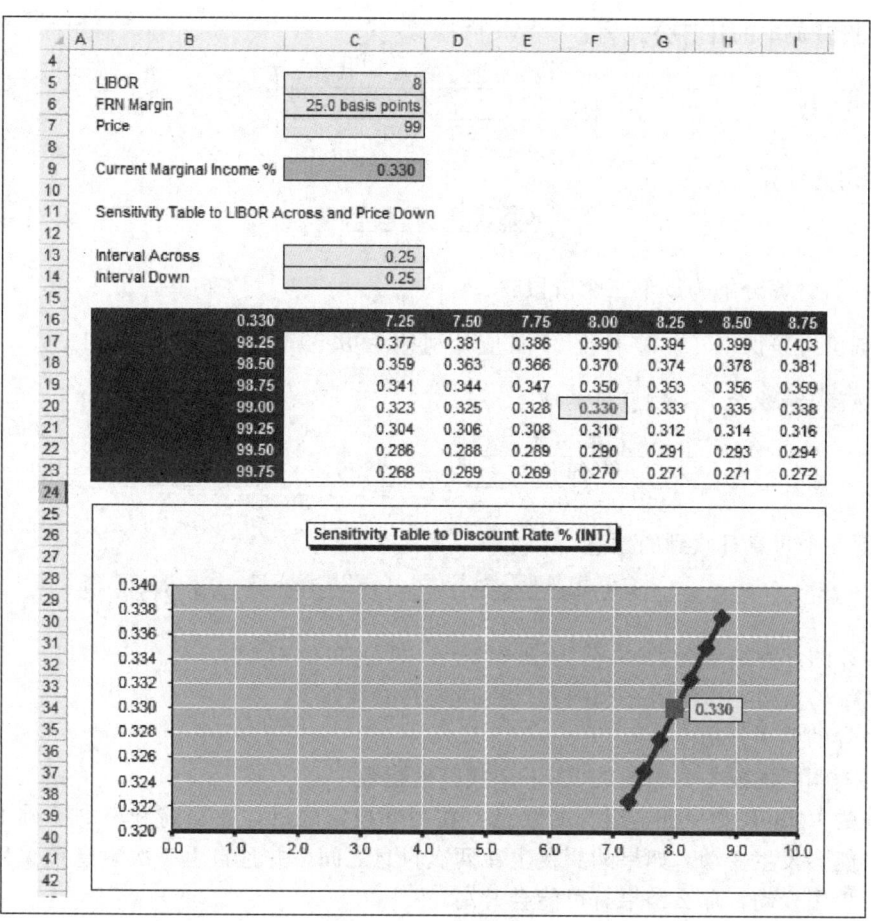

持有投资成本的计算公式为：

$$\left[\frac{\left(\frac{价格 * 天数 A * 成本}{资金}\right)}{360 * 100}\right]$$

其报偿的计算公式为：

$$\frac{(票息 * 天数 B)}{360}$$

Excel 将计算分解为以下三个阶段：

A. 脏价＝净价＋5 月 20 日至 25 日应计利息＝$98.50 + \frac{5 * 8.25}{360} = 98.615$

B. 持有 FRM 至下一付息日的成本

$$成本 = \frac{\left(\frac{价格 * 天数 A * 成本}{资金}\right)}{360 * 100} = \frac{(98.615 * 179 * 8.00)}{36\,000} = 3.923$$

C. 下一个付息日收到的票息

$$报酬 = \frac{(票息 * 天数 B)}{360} = \frac{(8.25 * 184)}{360} = 4.217$$

因此，合计的计算结果为：$98.615 + 3.923 - 4.217 = 98.321$.

对比市场价格，影响潜在利润和投资损失的因素如下.

- 证券的购买价格.
- 寻找购买的成本、当前的 LIBOR 或其他指数.
- 作为 LIBOR 和保证金组合的票息．在利率设定之后，在当前利率的基础上 LIBOR 可能会发生变动．如果购买发生在两次付息之间，并且自上一次票息重置后 LIBOR 发生了变动，那么结果有可能会升高．

6.4 票息剥离

票息剥离是贴现计算的进一步应用，是一种从票面利率和市场利率的差额中获取利润的方式．我们可以按照市场价格购买一个债券，其票息也可以被剥离，被当作零息债券单独售卖．没有票息的债券被称为零息债券．

套利的可能性来源于分别转售每个现金流和债券本身之间的差异．单个利润依赖于售卖一年、两年或三年期等债券的收益曲线．

图 6.7 中所示的是一个 10 年期，票息为 12％，在 11.75％的收益水平上定价为 101.00 的债券．电子表格中的第一部分确定了 11.75％水平上的现金流的现值．第二部分显示了计算收益的输入数据，其中第 25 行为单个贴现因子的计算．其公式为：$\frac{现金流}{(1+利率)^{周期数}}$. 剥离的现金流加上 103.19 得到 1.77 的潜在收益．

实现利润的难度主要在于票息价值的大小，该价值需要使得所付出的时间和精力是值得的．但是收益率的差异也可能会带来潜在的利润．

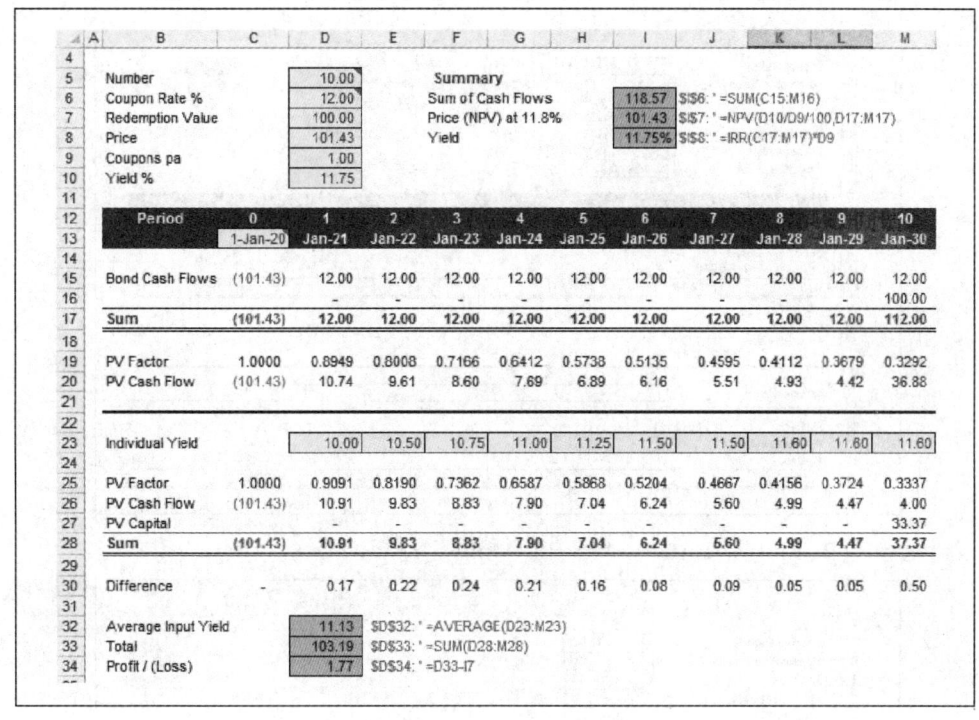

图 6.7 票息剥离

6.5 习题

将票息剥离模型扩展至可以对 20 个付息期进行计算,并在给定情形下计算收益或损失. 模型(见图 6.8)要求使用日期而不是固定的付息期数,并用 IF 语句终止 2027 年 12 月 31 日之后的付息,同时偿还本金.

每个付息期使用的利率如下:

日期	利率	日期	利率
12-20	8.00	12-24	8.00
06-21	8.00	06-25	8.00
12-21	8.00	12-25	8.00
06-22	8.00	06-26	8.00
12-22	8.00	12-26	9.00
06-23	8.00	06-27	9.00
12-23	8.00	12-27	9.00
06-24	8.00		

图 6.9 给出了一部分结果,其中每个票息按照各自的利率进行贴现,并全部相加形成利润.

图 6.8 习题输入数据

	A	B	C	D	E	F	G	H	I	J	K	L
4												
5		Coupon Rate %		10.00				Sum of Cash Flows			73.00	
6		Redemption Value		100.00				Price (NPV) at 9.0%			105.37	
7		Price		102.00				Yield			9.62%	
8		Settlement Date		30-Jun-20								
9		Maturity Date		31-Dec-27								
10		Coupons pa		2.00								
11		Yield %		9.00								
12												
13		Period	0	1	2	3	4	5	6	7	8	9
14			Jun-20	Dec-20	Jun-21	Dec-21	Jun-22	Dec-22	Jun-23	Dec-23	Jun-24	Dec-24
15												
16		Bond Cash Flows	(102.00)									
17												
18		Sum	(102.00)									
19												
20		PV Factor	1.0000									
21		PV Cash Flow	(102.00)									
22												
23												
24		Individual Yield										
25												
26		PV Factor	1.0000									
27		PV Cash Flow	(102.00)									
28		PV Capital										
29		Sum	(102.00)									

图 6.8 习题输入数据

	A	B	C	D	E	F	G	H	I	J	K
4											
5		Coupon Rate %		10.00				Sum of Cash Flows			73.00
6		Redemption Value		100.00				Price (NPV) at 9.0%			105.37
7		Price		102.00				Yield			9.62%
8		Settlement Date		30-Jun-20							
9		Maturity Date		31-Dec-27							
10		Coupons pa		2.00							
11		Yield %		9.00							
12											
13		Period	0	1	2	3	4	5	6	7	8
14			Jun-20	Dec-20	Jun-21	Dec-21	Jun-22	Dec-22	Jun-23	Dec-23	Jun-24
15											
16		Bond Cash Flows	(102.00)	5.00	5.00	5.00	5.00	5.00	5.00	5.00	5.00
17				-	-	-	-	-	-	-	-
18		Sum	(102.00)	5.00	5.00	5.00	5.00	5.00	5.00	5.00	5.00
19											
20		PV Factor	1.0000	0.9569	0.9157	0.8763	0.8386	0.8025	0.7679	0.7348	0.7032
21		PV Cash Flow	(102.00)	4.78	4.58	4.38	4.19	4.01	3.84	3.67	3.52
22											
23											
24		Individual Yield		8.00	8.00	8.00	8.00	8.00	8.00	8.00	8.00
25											
26		PV Factor	1.0000	0.9615	0.9246	0.8890	0.8548	0.8219	0.7903	0.7599	0.7307
27		PV Cash Flow	(102.00)	4.81	4.62	4.44	4.27	4.11	3.95	3.80	3.65
28		PV Capital									
29		Sum	(102.00)	4.81	4.62	4.44	4.27	4.11	3.95	3.80	3.65
30											
31		Difference	-	0.02	0.04	0.06	0.08	0.10	0.11	0.13	0.14
32											
33		Average Input Yield		8.98							
34		Total		106.70							
35		Profit / (Loss)		1.33							

图 6.9 答案

6.6 小结

本章主要介绍了票息随着指标利率的保证金而变动的浮动利率工具,并计算了相关的收益度度量,如有效保证金、当前边际收入和隐含的票息日期价格。票息剥离给出了以利率和收益曲线间差异为基础的隐含利润,是贴现计算更进一步的示例。

第 7 章 摊销和折旧

7.1 摊销

本章介绍摊销贷款或租赁的方法,并将摊销结果与设备折旧方法的结果相比较.

摊销是指在多个周期中按比例分配其初始投资成本来减少资产价值的方法. 可以计算每年的支付金额,并将其分配到资本和利息中. 由于货币时间价值的复利特性,更多的本金会在早期偿还,因此未偿还的余额需要支付更多利息. 实际上,你为未偿还的资本买单. 随着贷款的进程,更少的名义余额的利息需要支付,同时更多的本金能够在每个周期内偿还. 其典型应用包括房屋抵押贷款、银行贷款或融资租赁. 为了解决这些问题,你需要建立一个现金流网格,其中包括周期数、支付租金、支付利息、偿还本金和未偿还余额.

下面的示例是一项资本价值为 100 000,名义利率为 8%,按季度支付的三年期贷款. 签约时支付一次. 由于没有最后的支付,使用 PMT 函数得到每季支付的金额为 9270.55.

贷款的总额为 100 000,减去第一次的租金得到 90 729.45. 为了计算第一个付息期的利息,需要用本金余额乘以付息期利率 $\left(\dfrac{8\%}{每年四次支付}\right)$. 因此,第一个付息期利息为:

$$90\,729.45 * 2\% = 1814.59$$

偿还的本金为 9270.55 与利息之间的差额为 7455.96. 将 7455.96 加入本金中,得到在第一个付息期末还未偿还的本金余额. 然后重复这个过程,从第 1 期末的未偿还本金中计算出第 2 期的利息,以此类推. 经过 12 个付息期后,每个付息期的利息随着本金偿还的增长会降低. 在最后一个付息期,未偿还本金降至零.

需要检验的是总利息是否等于总费用,偿还资本之和是否等于原始资本. 正如在图 7.1 中看到的,利息为 11 246.58,本金为 100 000.

Excel 中的一些函数也可直接用于计算每个付息期的利息或者本金. IPMT 可以计算摊销利息,PPMT 用于计算本金. 这些函数采用与 PMT 和 PV 算法相同的参数,再加上当前的付息期数. 图 7.2 给出的是在第一个付息期内使用 IPMT 函数的输入数据.

N	12						
I	8.0000%						
PV	-100,000.00						
PMT	0.00						
FV	0.00						
Frequency	3						
Begin/End	1		1=Begin, 0=End				
PMT	9,270.55		=PMT(I/(12/Frequency),N,PV,FV,Begin_End)				

	Rental	Int	Capital	Balance	IPMT	PPMT	Balance
0	9,270.55	-	9,270.55	(90,729.45)	-	9,270.55	(90,729.45)
1	9,270.55	1,814.59	7,455.96	(83,273.49)	1,814.59	7,455.96	(83,273.49)
2	9,270.55	1,665.47	7,605.08	(75,668.41)	1,665.47	7,605.08	(75,668.41)
3	9,270.55	1,513.37	7,757.18	(67,911.23)	1,513.37	7,757.18	(67,911.23)
4	9,270.55	1,358.22	7,912.32	(59,998.91)	1,358.22	7,912.32	(59,998.91)
5	9,270.55	1,199.98	8,070.57	(51,928.34)	1,199.98	8,070.57	(51,928.34)
6	9,270.55	1,038.57	8,231.98	(43,696.36)	1,038.57	8,231.98	(43,696.36)
7	9,270.55	873.93	8,396.62	(35,299.73)	873.93	8,396.62	(35,299.73)
8	9,270.55	705.99	8,564.55	(26,735.18)	705.99	8,564.55	(26,735.18)
9	9,270.55	534.70	8,735.85	(17,999.34)	534.70	8,735.85	(17,999.34)
10	9,270.55	359.99	8,910.56	(9,088.77)	359.99	8,910.56	(9,088.77)
11	9,270.55	181.78	9,088.77	-	181.78	9,088.77	-
12	-	-	-	-	-	-	-
	111,246.58	11,246.58	100,000.00		11,246.58	100,000.00	

Period 1: -90,729.45 * 8.00% / 4 1,814.59

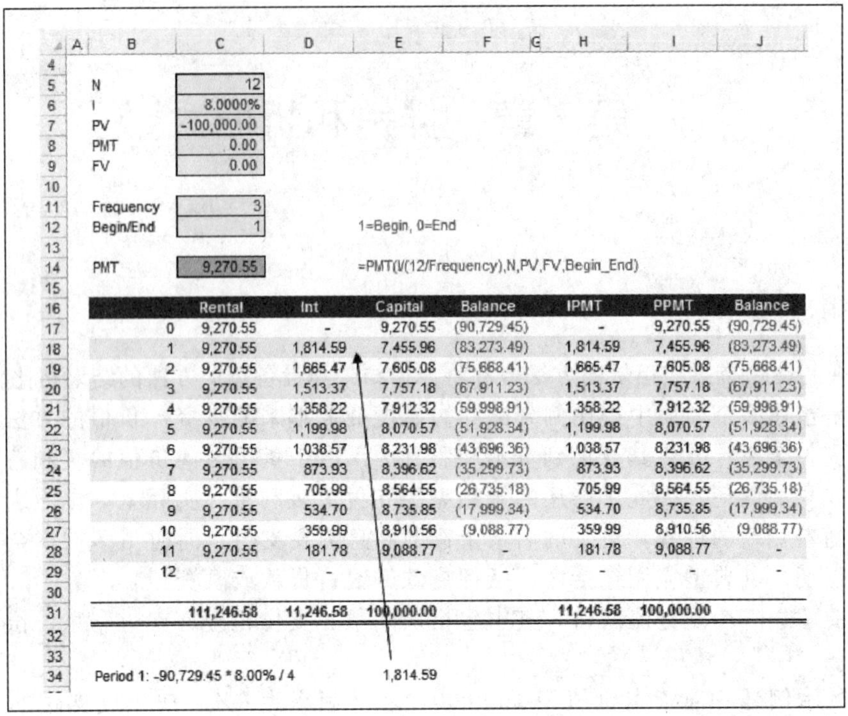

图 7.1 摊销

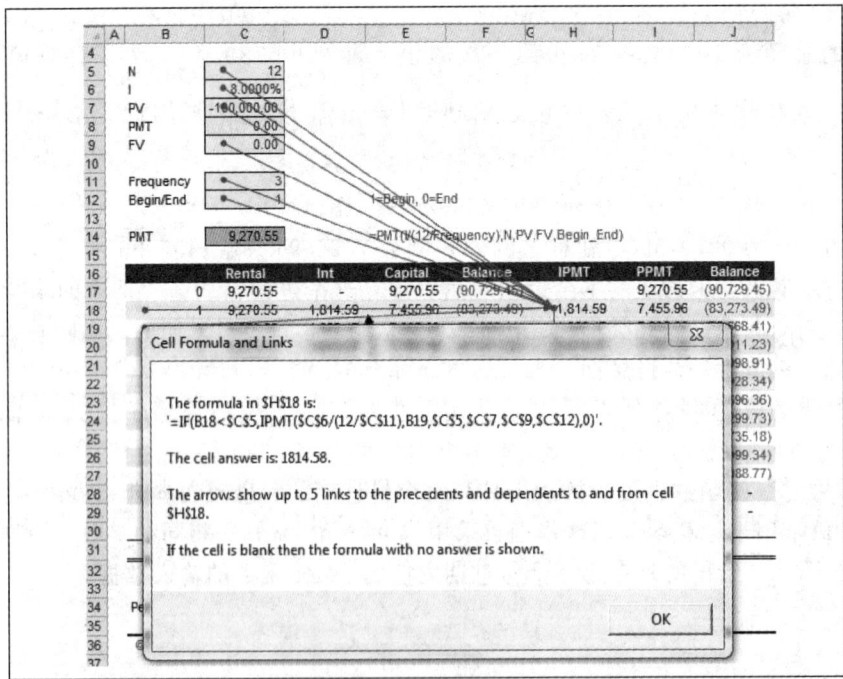

图 7.2 IPMT/PPMT 函数

7.2 完全摊销

初始的计算规模可以被放大. 例如, 图 7.3 显示了一笔 10 年期贷款的摊销情况, 以名义利率 10% 按月度偿还贷款. 最终付款或剩余支付是 20 000. 使用相同的计算方法得出付息期利率下的未偿还本金. 由于在签约时就有一次偿还, 因此, 第一次的资本价值净额为 98 786.24.

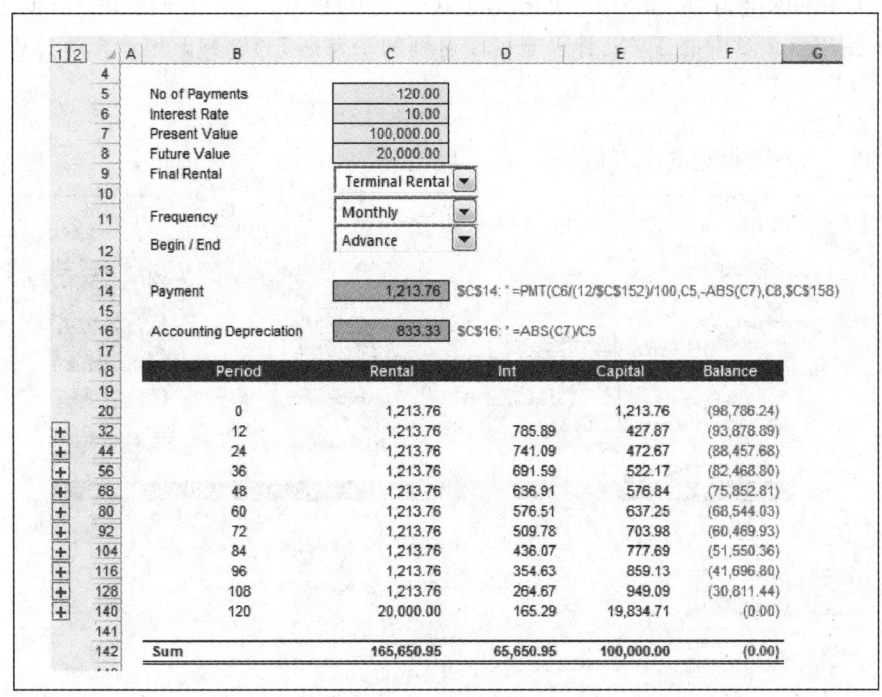

图 7.3 十年期摊销

再次检验"汇总"行, 其中应付总额减去费用等于资本价值. 上面的现金流包含 121 次付款, 并按年份分组以显示摘要.

7.3 延期支付

120 次付款的摊销期可以重新设计为摊销金额更低的付息期, 也可以将后续的偿还分成利息和本金. 如果没有偿还支付, 那么由于为未偿还余额提供资金的持续成本, 未偿还本金就会增加. 本金非但没有减少, 反而因为没有偿还而增加, 因为必须给未偿还余额提供名义上的资金.

每次偿还的金额无法直接计算, 需要使用因子或 $1 方法计算. 然而使用 Solver 或者 Goal Seek 可以直接计算出偿还金额. 具体方法如下:

- 按照现金收入为正、现金支出为负推导出初始资本价值.

- 得出付息期内的现值和支付以及最终价值.
- 将以上数值相加得到已知现值（A）.
- 使用一个现值因子替换摊销金额. 在这种情况下，需要将模型中前 11 次现金流设为 0（1 表示应支付的），接下来直到第 108 次的支付全设为 1，并按照 10%/12 的付息期利率. 将该值记为（B）.
- 计算得到付息期偿还金额为（A）除以（B）.

图 7.4 中的本金为 10 万，下一步是得出在 120 个月中最终应支付的 10 000 的现值（见图 7.5）. 使用第 2 章中的 TVM 计算器可以得到的结果是 7388.14. 该计算的公式为：

$$现值 = \frac{20\,000}{(1+10\%/12)^{20}}$$

图 7.4 中以（A）为标记的净现值为 92 611.86.

Period	Rental	Int	Capital	Balance	Cash Flow
				No of Rental Payments 108.00	**Capital** 100,000.00
				Initial Periods 12.00	**FV** (7,388.14)
				Amount -	**Initial periods**
				Interest Rate 10.00	**Total Known PV** 92,611.86
				Present Value 100,000.00	**Factor** 71.62
				Future Value 20,000.00	**PV with Delay** 64.83
				Final Rental Terminal Rental	**Calculated Rental** 1,428.48
				Frequency Monthly	
				Begin / End Advance	**Rate Confirmation: No Errors** 10.00
0	-		-	(100,000.00)	(100,000.00)
1	-	833.33	(833.33)	(100,833.33)	-
2	-	840.28	(840.28)	(101,673.61)	-
3	-	847.28	(847.28)	(102,520.89)	-
4	-	854.34	(854.34)	(103,375.23)	-
5	-	861.46	(861.46)	(104,236.69)	-
6	-	868.64	(868.64)	(105,105.33)	-
7	-	875.88	(875.88)	(105,981.21)	-
8	-	883.18	(883.18)	(106,864.39)	-
9	-	890.54	(890.54)	(107,754.92)	-
10	-	897.96	(897.96)	(108,652.88)	-
11	-	905.44	(905.44)	(109,558.32)	-
12	1,428.48	912.99	515.49	(109,042.83)	1,428.48
24	1,428.48	859.01	569.47	(102,511.38)	1,428.48
36	1,428.48	799.38	629.10	(95,296.00)	1,428.48
48	1,428.48	733.50	694.98	(87,325.07)	1,428.48
60	1,428.48	660.73	767.75	(78,519.49)	1,428.48
72	1,428.48	580.33	848.15	(68,791.84)	1,428.48
84	1,428.48	491.52	936.96	(58,045.59)	1,428.48
96	1,428.48	393.41	1,035.07	(46,174.06)	1,428.48
108	1,428.48	285.02	1,143.46	(33,059.43)	1,428.48
120	20,000.00	165.29	19,834.71	0.00	20,000.00
Sum	174,275.82	74,275.82	100,000.00	0.00	20,000.00

图 7.4　延期摊销

在 12 月的支付空档期后，共有 108 笔等额月支付需要计算. 图 7.6 将 108 笔支付的值表示为 1，得到计算因子为 71.62，这需要在延长的 12 月中进一步减少. 现金流的现值如下：

第 7 章 摊销和折旧

$$= \text{PV}\left(\frac{\left(\frac{C8}{100}\right)}{\left(\frac{12}{C152}\right)}, C6, 0, -G9, 0\right)$$

$$= \text{PV}\left(\frac{8\%}{12}, 12, 0, -71.62, 0\right)$$

$$= 64.83$$

	A	B	C	D	E
4					
5		Number of payments	N		120 Rents
6		Interest rate per annum %	INT		10.00
7		Present value	PV		0.00
8		Payment	PMT		0.00
9		Future value	FV		20,000.00
10					
11		Payment Interval			Monthly
12		Payment Toggle		Begin/End	Arrears
13					
14		Answer: Present value			(7,388.14)

图 7.5 终值的现值

	A	B	C	D	E
4					
5		Number of payments	N		108 Rents
6		Interest rate per annum %	INT		10.00
7		Present value	PV		0.00
8		Payment	PMT		-1.00
9		Future value	FV		0.00
10					
11		Payment Interval			Monthly
12		Payment Toggle		Begin/End	Advance
13					
14		Answer: Present value			71.62

图 7.6 初始因子

这个计算可以改写为 $=\dfrac{-71.62}{\left[1+\left(\dfrac{10\%}{12}\right)\right]^{\wedge}12}$。

因此，付息期偿还额为：$\dfrac{(A)}{(B)} = \dfrac{92\,611.86}{64.83} = 1428.53$。

以上是一个复杂的计算，模型在 G 列中生成了一个现金流。其基准为 10 万，其后有 11 笔金额为零的支付，120 笔金额为 1428.53 的支付，并有金额为 2 万的最终支付。

模型在单元格 G14 中使用了简单的 IRR 公式用来计算付息期收益，然后将其乘以 100 和每年的支付次数。由于 IRR 是一个迭代公式，所以在公式中需要预估一个收益的输入值：

```
=IRR(G18:G138,C8/100/(12/C152))*(12/C152)*100
="Rate Confirmation: "&IF(ROUND(C8,6)=ROUND(G14,6),
"No Errors","Check Cash Flows")
```

收益被确定为10%且模型显示没有错误．根据偿还和现金流的网格，可以得到摊销情况．如果最初的12个月中未偿还本金增长，那么就要在偿还期内付清，从而使得到期时本金可以完全收回．

7.4 年数总和法

年数总和法或78规则法是对摊销的一个近似，经常用于拥有最终购买选择权的租购（租赁购买或1美元外购）租赁协议（见图7.7）．该方法可以用于利息分配、常规结构的贷款或租赁，并提供与未偿还资本相关的收费金额．

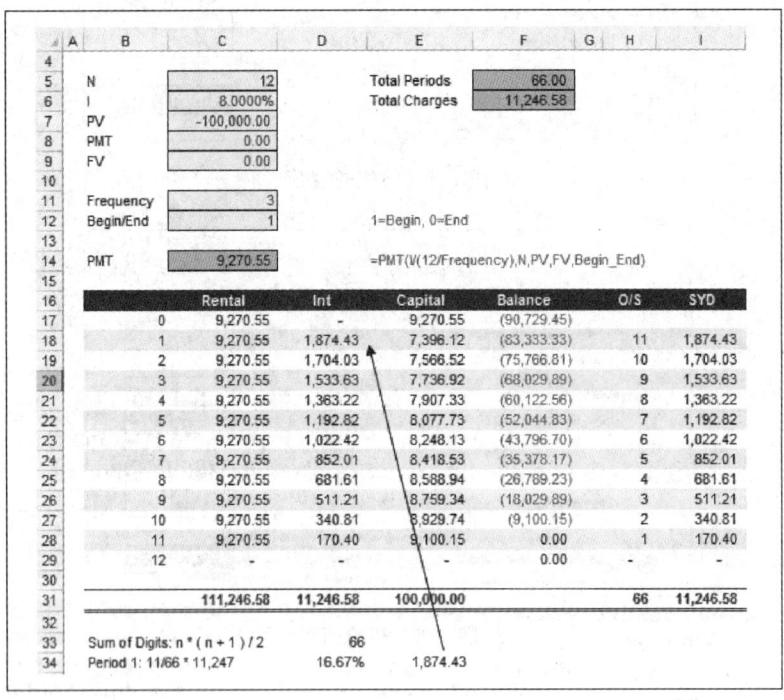

图7.7 年数总和/78规则

该方法的名字源于 $12+11+10+\cdots+1=78$．下面的示例是一个12个季度的交易，其中的11个季度有未偿还的余额．其费用的总额是值为66的因子的总和，费用为11 246.58．因此，第一个付息期为 $\dfrac{11}{66*11\,246.58}$，最后一个付息期为 $\dfrac{10}{66*11\,246.58}$，等等．

有一个快速计算因子的公式是 $\dfrac{N*(N+1)}{2}$，其中 N 表示支付数．正如摊销表中显示的，当支付减去应付利息时，本金就会减少. 再次检查表底部的总计行，它必须等于本金额、费用和总支付金额.

Excel 中的 SYD 函数的存储参数必须计算因子值. 输入成本、残值、总付息期数和当前付息期，会得到与手工计算相同的结果. 成本是指计划分配到每个付息期的金额总数，例如应付利息总额被分配到剩余付息期中.

7.5 直线与余额递减折旧法

除了精算法和年数总和法外，还有许多方法可以在连续付息期内减记固定资产. 直线折旧法是其中最简单的方法. 它将固定资产价值减去残值，然后按照付息期数进行等分，并将其写入每个等付息期中. 尽管可以对此进行手工操作，但 Excel 有一个名为 SL 的函数，其中包含一个残值来自动执行此操作.

固定余额递减法是在固定的比率上计算折旧. DB 使用下述公式来计算一个付息期的折旧. 该方法得到每个付息期的折旧下降金额，可以将此作为在第一个纳税年度的付息期数因子. 图 7.8 中的示例假设了一个在第六个月末的收购，其公式为：

$$因子 = (成本 - 总累计折旧) * 比率$$

其中，$比率 = 1 - \left(\left(\dfrac{折旧}{成本}\right)^{\wedge}\left(\dfrac{1}{使用期限}\right)\right)$，四舍五入到小数点后三位

	A	B	C	D	E	F	G	H	I
5		Initial cost		1,000,000.00					
6		Salvage value		2,000.00					
7		Rounding		3					
8		Lifetime in years		10					
9		Months in year one		6					
11		Period	SL	Balance	DB	Balance	Factor	DB Depreciation	Balance
12		1	99,800.00	(900,200.00)	231,500.00	(768,500.00)	0.23	231,500.00	(769,000.00)
13		2	99,800.00	(800,400.00)	355,815.50	(412,684.50)	0.46	356,047.00	(412,953.00)
14		3	99,800.00	(700,600.00)	191,072.92	(221,611.58)	0.46	191,197.24	(221,755.76)
15		4	99,800.00	(600,800.00)	102,606.16	(119,005.42)	0.46	102,672.92	(119,082.84)
16		5	99,800.00	(501,000.00)	55,099.51	(63,905.91)	0.46	55,135.36	(63,947.49)
17		6	99,800.00	(401,200.00)	29,588.44	(34,317.47)	0.46	29,607.69	(34,339.80)
18		7	99,800.00	(301,400.00)	15,888.99	(18,428.48)	0.46	15,899.33	(18,440.47)
19		8	99,800.00	(201,600.00)	8,532.39	(9,896.10)	0.46	8,537.94	(9,902.53)
20		9	99,800.00	(101,800.00)	4,581.89	(5,314.20)	0.46	4,584.87	(5,317.66)
21		10	99,800.00	(2,000.00)	2,460.48	(2,853.73)	0.23	1,228.38	(4,089.28)
22		11	-	(2,000.00)	853.73	(2,000.00)	-	2,089.28	(2,000.00)
23		12	-	(2,000.00)	-	(2,000.00)	-	-	(2,000.00)
24		13	-	(2,000.00)	-	(2,000.00)	-	-	(2,000.00)
25		14	-	(2,000.00)	-	(2,000.00)	-	-	(2,000.00)
26		15	-	(2,000.00)	-	(2,000.00)	-	-	(2,000.00)
28			998,000.00		998,000.00			998,000.00	

图 7.8 余额递减法

第一个和最后一个付息期的折旧需要分别进行计算. 计算第一个付息期使用的公式为：

$$第一年 = \dfrac{成本 * 比率 * 月数}{12}$$

对于最后一个付息期，DB 使用的公式为：

$$最后付息期 = \frac{((成本 - 自上-付息期的总折旧) * 比率 * (12 - 月数))}{12}$$

上面的例子显示了 DB 函数中所使用的公式，同样的例子也可以手工进行计算，得出的最终残值都为 2000.

7.6 英国余额递减折旧法

英国税务机关使用的是余额递减法，其计算依据是资本余额的固定百分比. 例如，厂房和机器每年的补贴一般为 18%，而土地和建筑物每年的补贴最多为 4%. 为了计算应纳税额，往往用税务抵扣或资本津贴来代替会计折旧.

图 7.9 中的例子表明，每年有 20% 的递减，其中只需将余额乘以 20%，并加到余额结转中. 该折旧曲线是渐近的，从数学上讲永远无法达到零，这种方法产生了一个"尾巴"，核销最终余额的方法是允许在设定年限后包括总余额. 英国税务机关有规定，对于"短寿命"提名资产，四年期内允许全额发放津贴.

	A	B	C	D	E	F	G
4							
5		Initial cost		1,000,000.00			
6		Rate		18.00%			
7		Life		10.00			
8							
9		Period	DB	Balance		Short Life	Balance
10		1	180,000.00	(820,000.00)		180,000.00	(820,000.00)
11		2	147,600.00	(672,400.00)		147,600.00	(672,400.00)
12		3	121,032.00	(551,368.00)		121,032.00	(551,368.00)
13		4	99,246.24	(452,121.76)		99,246.24	(452,121.76)
14		5	81,381.92	(370,739.84)		81,381.92	(370,739.84)
15		6	66,733.17	(304,006.67)		66,733.17	(304,006.67)
16		7	54,721.20	(249,285.47)		54,721.20	(249,285.47)
17		8	44,871.38	(204,414.09)		44,871.38	(204,414.09)
18		9	36,794.54	(167,619.55)		36,794.54	(167,619.55)
19		10	30,171.52	(137,448.03)		167,619.55	-
20		11	24,740.65	(112,707.39)			
21		12	20,287.33	(92,420.06)			
22		13	16,635.61	(75,784.45)			
23		14	13,641.20	(62,143.25)			
24		15	11,185.78	(50,957.46)			
25		16	9,172.34	(41,785.12)			
26		17	7,521.32	(34,263.80)			
27		18	6,167.48	(28,096.31)			
28		19	5,057.34	(23,038.98)			
29		20	4,147.02	(18,891.96)			
30							
31			981,108.04			-	1,000,000.00

图 7.9 英国税务抵扣

图中的 Short life 列包含 IF 语句，用来判断当前付息期数等于总付息期数时是否进入下一个余额：

```
Cell F17: =IF(B19<$D$7,-G18*$D$6,-G18)
```

7.7 双倍余额递减折旧法

其他税制使用带有或不带有转换到直线折旧法选项的双倍余额递减法，相关函数为

DDB. 该方法需要一个因子来表示余额递减比率. 如果该因子被省略，那么其默认值为 2（即双倍余额递减法）.

双倍余额递减法在一个加速比率下得出折旧. 该折旧在第一个付息期最高，并在其后的付息期中逐渐下降. 具体计算公式为：

$$付息期折旧 = ((成本-残值) - 自前一付息期的折旧总额) * \left(\frac{因子}{使用期限}\right)$$

在第一个付息期中，计算结果为 $100\ 万 * \frac{1.8}{10} = 18\ 万$ 或 18%. 82 万的余额被结转并乘以 $\frac{1.8}{10}$, 结果是 14.76 万.

如果不想使用双倍余额递减法，可以更改因子值. 美国税收制度使用双倍余额递减的方法，同时允许在直线折旧高于双倍递减余额时转换为直线折旧. VDB 函数也可以用来计算双倍递减余额，它自身的切换开关（是或否）允许你选择是否改为直线折旧. 图 7.10 提供了两种带有切换开关的函数. F 列通过计算现存余额的直线折旧，说明了为何后续计算时函数继续选择双倍递减余额. 当标志设置为是时，函数在第 6 周期内变为直线，并折旧到 2000 的残值.

图 7.10 DB 和 VDB

7.8 法国折旧方法

在固定资产购买发生在某个付息期的部分时段时，法国会计系统使用比例分摊折旧法. 该方法使用的函数在 Excel 的分析工具库中，如果在计算中报错，则需要使用 Add-Ins

命令确认是否已经安装该工具库.

具体函数为:

AMORDEGRC *AMORtissement DÉGRessif Comptabilité*
AMORLINC *AMORtissement LINeaire Comptabilité*

第一个函数语法为:

AMORDEGRC(成本,购买日期,第一个付息期,残值,付息期,比率,基准)

其中,由于函数需要将日期作为后续计算的参数,所以日期必须是确切的日期而不是付息期. 函数中的变量如下:

资产的购买日期即为购买日期.

第一个付息期指的是第一个付息期期末的日期,例如第一个会计年的结束日期.

付息期是当前付息期.

比率是指折旧率.

基准指与债券函数(见第 4 章)中使用的年限基准一致,具体如下:

0＝360 天(NASD 方法).

1＝实际日期.

3＝一年 365 天(忽略闰年).

4＝一年 360 天(欧式方法).

函数将第一年按比例分配,随后使用因子(10 年期 25%)来注销固定资产. 折旧系数是以 1/折旧百分比计算的. 在示例中,折旧系数为 $\frac{1}{10\%}=10$,因子为:

3 和 4 之间:1.5

5 和 6 之间:2

高于 6:2.5

首个计算结果为 1 000 000 * 25% * NASD 规则下的剩余年限百分比. 在下一年中,余额将结转并乘以 25%. 使用直线法(见图 7.11)在最后一个付息期中注销余额.

现金流使用 EDATE 来得到日期进度. 正确的方法是固定起始日期并乘以自起始日期以来的付息期数.

=EDATE($E$7,B15*$E$11)

AMORLINC 函数是一个按比例分配的直线函数,它在本例中第一年接近 50%,并在随后的付息期中都按相等的比率折旧. 最后一个付息期中包括了第一年的余额. 同样,该函数也有一个切换开关,可以选择月和年两种日期形式:

AMORLINC(成本,购买日期,第一个付息期,残值,付息期,比率,基准)

=AMORLINC($E$5,$E$6,$C$14,$E$8,B14,$E$9,$E$10)

图 7.12 所示为不同方法间的比较. 可以看到,不同方法的选择对相关资产的注销速度有显著影响.

	A	B	C	D	E	F	G	H	I	J
4										
5			Cost			1,000,000.00				
6			Date purchased			30-Jun-20		AMORDEGRC AMORtissement DEGRessif Comptabilite		
7			Year end			31-Dec-20		AMORLINC AMORtissement LINeaire Comptabilite		
8			Salvage value			2,000.00				
9			Depreciation rate			10.00%				
10			Actual basis (see above)			1				
11			Interval			12				
12										
13			Period	Date	AMORDEGRC	Balance	AMORLINC	Balance		Variance
14			0	31-Dec-20	125,683.00	(874,317.00)	50,273.22	(949,726.78)		75,409.78
15			1	31-Dec-21	218,579.00	(655,738.00)	100,000.00	(849,726.78)		118,579.00
16			2	31-Dec-22	163,934.00	(491,804.00)	100,000.00	(749,726.78)		63,934.00
17			3	31-Dec-23	122,951.00	(368,853.00)	100,000.00	(649,726.78)		22,951.00
18			4	31-Dec-24	92,213.00	(276,640.00)	100,000.00	(549,726.78)		(7,787.00)
19			5	31-Dec-25	69,160.00	(207,480.00)	100,000.00	(449,726.78)		(30,840.00)
20			6	31-Dec-26	51,870.00	(155,610.00)	100,000.00	(349,726.78)		(48,130.00)
21			7	31-Dec-27	38,902.00	(116,708.00)	100,000.00	(249,726.78)		(61,098.00)
22			8	31-Dec-28	58,354.00	(58,354.00)	100,000.00	(149,726.78)		(41,646.00)
23			9	31-Dec-29	58,354.00	-	100,000.00	(49,726.78)		(41,646.00)
24			10	31-Dec-30	-	-	47,726.78	(2,000.00)		(47,726.78)
25			11	31-Dec-31	-	-	-	(2,000.00)		
26			12	31-Dec-32	-	-	-	(2,000.00)		
27			13	31-Dec-33	-	-	-	(2,000.00)		
28			14	31-Dec-34	-	-	-	(2,000.00)		
29			15	31-Dec-35	-	-	-	(2,000.00)		
30										
31					1,000,000.00		998,000.00			2,000.00

图 7.11 法国折旧

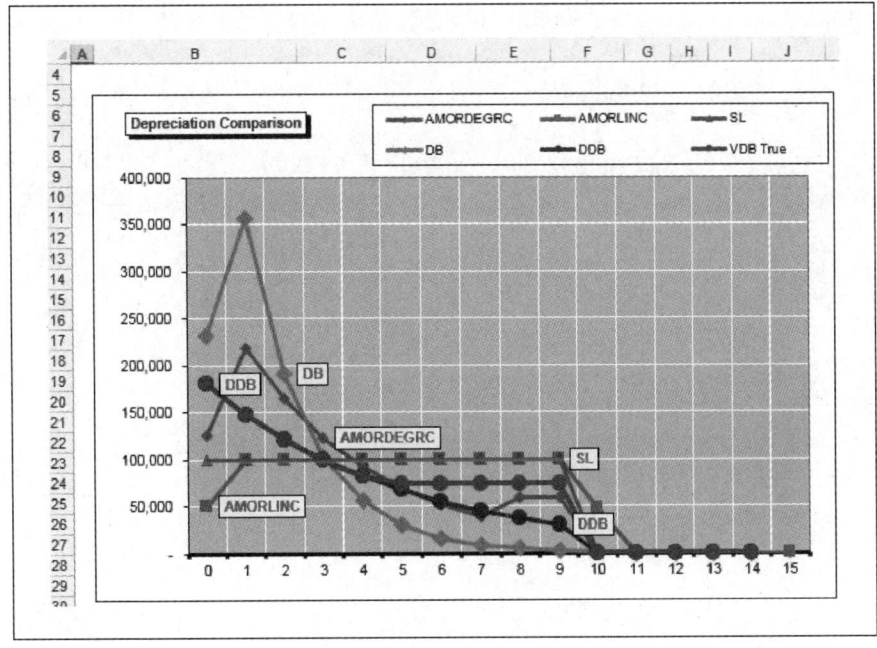

图 7.12 对比

7.9 习题

建立一个利率为 10% 的结构性贷款的摊销模型. 其现金流为：

六次 1000 的签订偿还

六次 1000 的追加月偿还

自初始还款次月开始，60 次 X 的追加偿贷

期满时 20 000.00 的最后偿还

该模型需要使用因子方法找出后续偿还 X 的值和现金流，并使用 IRR 检查最终偿还.

7.10 小结

成功计算摊销和折旧的关键是使用 IF 语句来允许或禁止特殊时期内的期满偿还，从而建立模型. 摊销法和年数总和法可以用于将贷款支付分成利息和本金，以满足财务需要. 此外，还有很多出于财务和税收目的的折旧方法，它们使用一系列余额递减法来有效地处理余额.

第8章 互 换

8.1 定义

互换可以用来管理金融风险,它是交易双方约定在未来某一期限基于某固定金额交换各自持有的资产或现金流的交易形式. 某些人借入固定利率借款却可能更喜欢浮动利率借款,而另一些人可能借入浮动利率借款但却更喜好固定利率借款. 虽然这对于双方来说似乎都是一件奇怪的事情,但是本章将介绍一种对于交易双方都有利的互换交易协定. 自20世纪80年代初推出互换交易以来,市场便迅速扩张,已经形成万亿美元市场. 目前,所有的未偿还利率互换总额已经超过几千亿美元. 美元计价交易大约占所有未偿还利率互换交易的50%.

典型的互换分为:
- 单一货币(利率或者传统债券)互换.
- 交叉货币互换(货币).

利率互换是指双方同意在未来的一定期限内,按照同样的名义本金额,将浮动利率支付与固定利率支付交换(见图8.1). 仍然保持其基本交易并在特定的时期互换现金流. 利率互换的要素如下:
- 作为参考金额的名义本金只用来计算利息支出. 无本金经常易手并且利息现金流可以通过叠加获得.
- 互换合约到期范围通常是2~15年.
- 最常用的浮动利率为LIBOR.

利率互换一般按照特定的固定利率(互换利率)定价,以抵消某些浮动利率指数的隐含远期利率. 也可以按场外市场为利率互换定价,并且以交易的一方向另一方预付现金的方式补偿差价. 像任何商品一样,互换也有出价方和供给方,这由市场需求决定. 出价方指银行做市商为收取LIBOR而支付固定利率. 供给方(the offer side)是指做市商为支付LIBOR而接受的固定利率. 显然,为了产生利润,出价方的互换利率要低于供给方的,其中的差值被称为买卖利差.

互换利差是指在设定互换利率的相关国债之上的利润. 一个10年期互换,出价利率为7.56%,10年期国债收益为7.22%,于是互换利差为34个基点(7.56%-7.22%).

以美元计价的互换利差一般简单地表示为与国债的差值,例如出价为+34,供给为+39.

互换的定价规则与货币市场类似,具体的规则如下表所示:

期限	规则	描述
日	实际	日历中实际天数
	30(欧洲)	将第 31 日改为第 30 日
	30(美国)	如果第二天是 31 日,但第一天不是 31 日或 30 日,那么这一天不会从 31 日变成 30 日
年	365	假设一年中有 365 天
	360	假设一年中有 360 天
	实际	包括闰年在内的实际天数

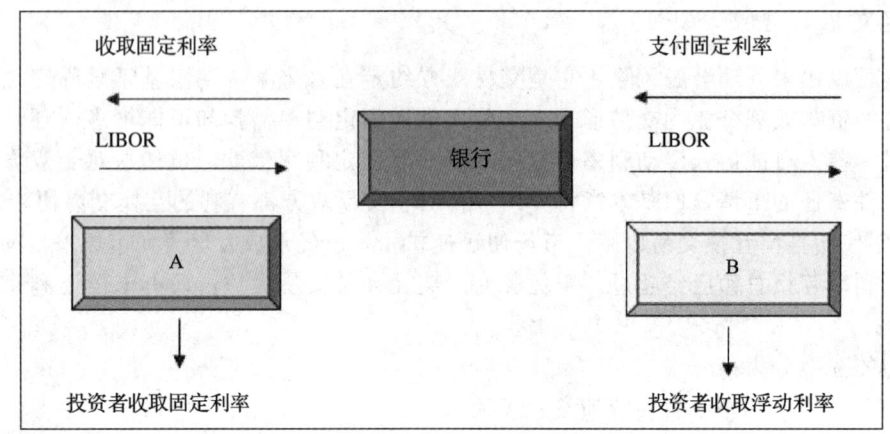

图 8.1 互换双方示意图

各种规则间转换的组合方法为:

- US(NASD) $\dfrac{30}{360}$

- $\dfrac{实际}{实际}$

- $\dfrac{实际}{360}$

- $\dfrac{实际}{365}$

- 欧洲 $\dfrac{30}{360}$

互换定价中一个明显需要克服的困难是在对互换进行定价时,并不能确定未来其中一方的浮动利率支付流. 没有人能够确切地预测出 6 个月的英镑 LIBOR 在未来 6 个月或 12 个月中的变化. 但是,资本市场可以通过关于利率和未来付息期间关系的重要信息来进行定价.

在很多国家,都有一个发行有息政府债券的大规模流动性市场. 这些债券按照付息期利率支付票息,到期时限范围较大. 只有在债券到期时才会返还本金,期间任意给定时间点的市场价值是以当时的利率为基础来确定的.

我们可以画出多种到期时限债券的收益图（下一章中将着重讨论）．该图是描述未来利率和时间的关系的收益曲线．当图中债券的收益曲线与政府债券的曲线相同时，称该图为票面收益曲线．传统票面收益曲线的示例是美国国债收益曲线．还有一种不同于政府债券或者与其利息类似的债券，称为零息债券．零息债券在付息期内不支付利息，按照其面值折扣发行．当按面值赎回时，将要支付的累计折扣表示复利．零息债券在一定期限内的内部收益率（IRR）图称为零息债券收益曲线，本章后面的部分将使用其进行估值．

最终，任何时候都会有一个市场向投资者提供远期利率报价．12 个月远期存款利率是一种由数学方法推导的利率，反映了当前（或现货）利率与远期利率之间的套利关系．因此，12 个月远期利率将始终是精确的利率，从而消除任何套利利润．远期利率会令投资者不在意是先投资 12 个月，再继续 12 个月的再投资，还是以今天的 24 个月定期存款利率投资 24 个月．

至此，我们已经完成了对定价的描述．由于能够按上述方法计算互换下的浮动利率支付，所以当从浮动利率支付中将固定利率支付扣除且每个付息期的净现金流按照零息债券曲线给出的利率贴现时，固定利率支付的金额满足互换的净现值为零．需要注意的是，如果互换下的固定利率支付流被看作是一个假设的固定利率债券，那么上述计算中所产生的实际固定利率则代表了到期时能够支付的票面利率．该结果可以由前几章中的固定利率债券估计方法得出．

一般来说，预付款都是在交易后的两天内完成，而利息的支付则在付息期的最后日期进行．在这一日期时，双方中数额最大的一方进行净支付，而并非双方进行全额支付．浮动利率一般在付息期开始后的两天内确定．

8.2 互换如何降低成本

首先考虑以下内容．

- 一个拥有最高信用评级 AA 的企业与一个具有稍低评级 BB 的企业相比，在相同的条款和条件下，评级高的企业能够以更少的花费获得更多的资金支持．BB 级企业在固定利率借贷时支付的额外的借贷溢价（信用质量利差）要大于浮动利率借贷时的．
- 互换中进行固定利率交易的双方主要是信誉良好的参与者．
- 企业可以通过使用协调信用质量利差的互换来降低其名义资金成本．

以上这些内容是完全一致的，它们描述了在基于比较优势和信息的互换交易技巧中最根本的是要降低借贷成本．本章稍后会给出相关实例．

- 在某些市场中，借款人可能会对名称和信贷质量有更好的了解．
- 当信贷质量下降时，固定利率债券的投资者会比浮动利率债券的投资者需要更高的信用利差．
- 资本市场的运作彼此独立，并被经济供给和需求所约束．一些市场的不同债务可能会出现"头重脚轻"的现象．

此外，还有其他经济学理论，包括比较优势理论和信息不对称或不完全理论.

比较优势理论

互换在特殊和不同的信用市场中提供了"比较优势"，并且在一个市场中得出的优势可以应用到另一个不同市场中得到相同的优势. 如果 AA 级企业在浮动利率市场中具有提高资金的优势，那么就能够得出 BB 级企业在固定利率市场中具有同样的优势.

互换的特性使得任何企业可以在某个市场中利用其优势来获得对双方都有益的市场利率. 国际资本市场是完全可移动的，所有企业都能够在不同的市场中提高资金. 有理论指出，在资本流动存在障碍的情况下，套利可以消除这种市场中存在的任何比较优势，因此，该理论无法解释市场的持续存在.

信息不对称理论

资本市场被认为是高效的，但其中仍然存在着相关信息的不对称. 与其他融资方案相比，一个企业将会且必须要发行短期浮动利率债券，并将这些债券通过互换变成固定利率资金，除非存在以下情况.

- 非公开信息的存在使得其本身的信用质量利差（固定利率和浮动利率债券间的成本差异）在未来将会低于市场预期.
- 期望未来的无风险利率高于市场利率，与市场相比，它与利率变化的关联程度更高（即风险厌恶）.

在这种情况下，企业可能会利用信息的不对称，通过发行短期浮动利率债券和将浮动利率债券互换为固定利率债券来规避未来的风险.

8.3 互换的优势

对于企业来说，互换的优势一般可归结为：
- 降低融资成本.
- 对冲利率风险和管理风险.
- 获得高收益的投资资产.
- 建立无其他获得途径的投资资产类型.
- 实施整体资产或负债管理策略.
- 根据未来利率走势采取投机头寸.

利率互换的优势如下：
- 一个浮动转固定利率的互换提高了发行人未来义务的确定性.
- 在利率降低时，固定转浮动利率互换可以节省发行人成本.
- 通过互换，发行人可以利用当前或预期市场改变其债务状况.
- 利率互换是一种能够帮助发行人降低其还本付息额的金融工具.

8.4 终止利率互换

在初始阶段,包括利率互换在内的总现金流的净现值为零. 然而,随着时间的推移,这种情况将发生改变,因为最初用来为互换定价的收益曲线的形状将随着时间而改变. 例如,假设在互换完成后不久,远期利率上涨,远期收益曲线上升. 按照定义,互换下的固定利率支付是固定的,那么利率环境的改变只会影响未来的浮动利率支付,因为市场期望在互换下的未来浮动利率支付高于初始预期. 在互换交易中,固定利率支付方将获得这一收益,而浮动利率支付方将承担这一成本. 如果在互换条件下计算出了新的净现金流,并且在未来的每个付息期中都按照适当的新零票息率贴现(即反映当前的零息收益曲线而非初始的零息收益曲线),那么净现值为正的结果反映了互换对固定利率支付方的价值如何从零开始上升. 这也说明了互换对浮动利率支付方的价值如何由零下降为负值.

上面的例子标记了市场中的利率互换. 如果照此进行,浮动利率支付方将希望固定利率支付方同意终止该互换,那么得到的正净现值图表示必须支付给固定利率支付方的最终金额. 另一种情况,如果浮动利率支付方希望通过与新的对手方就初始互换中的剩余部分签订一份相反的互换,那么净现值图表示的就是浮动利率支付方需要给新对手方的支付金额,浮动利率支付方以此让新的对手方加入与初始互换具有相同条款和条件的逆互换.

8.5 隐含的信用风险

由于任何利率互换都包含交换现金流的共同义务,所以在互换中隐含一定程度的信用风险. 互换是一种名义上的本金合约,因此与贷款不同,它不会对本金产生信用风险. 在每个结算日,利率互换下交换的现金流通常被"净"(或抵消)为固定利率与浮动利率之间的差额,从而再次降低银行的信用风险. 由定义可知,互换下的付息期现金流要小于相应贷款下的现金流.

8.6 单一货币互换

总额为 1 亿,公司 A 可以以固定利率为 8%、浮动利率为 LIBOR 加上 20 个基点借贷,另一方面,公司 B 可以以固定利率为 8%、浮动利率为 LIBOR 加上 40 个基点借贷. 因此 A 倾向于浮动利率而 B 更喜欢固定利率.

相对优势为 (8.0%−7.0%)−(0.40%−0.20%)=0.80%,其可以通过利息支付互换在双方之间进行分割. 该模型构建现金流来显示每一方不同阶段的状态(见图 8.2).

公司 B 与银行协商支付 7.3%,且银行同意支付给公司 A 7.15%,银行收取 0.15%作为利润. 7%的固定支付和 7.15%的收入形成 0.15%的收益. 浮动利率为 LIBOR 加上 0.20%,得到浮动利率为 0.35%的总收益(见图 8.3).

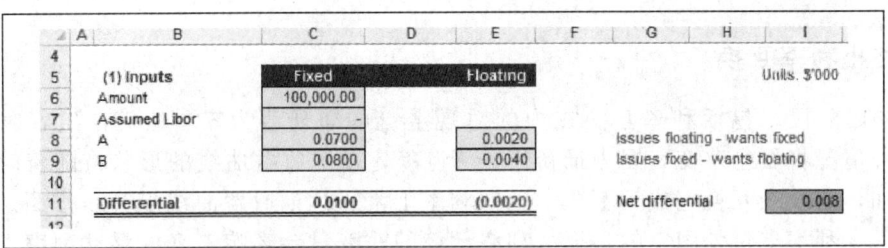

图 8.2　初始输入

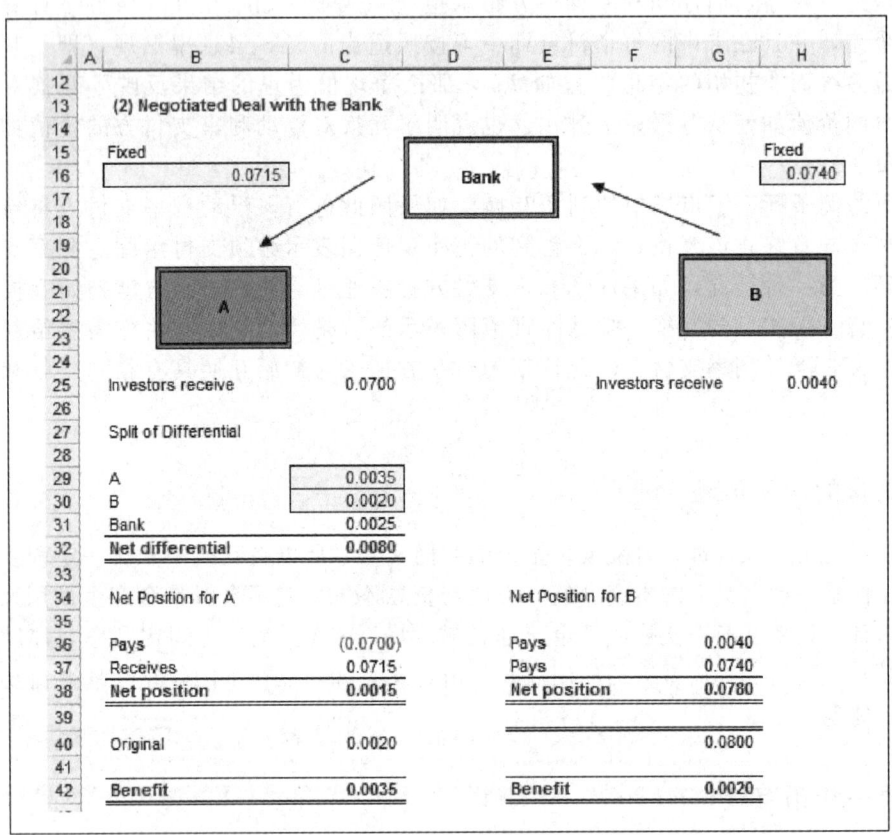

图 8.3　协商协议

另一方面，公司 B 支付给投资者 LIBOR 加上 0.40%，支付给银行固定利率 7.3%。因此，与 8% 的固定利率相比，公司 B 收入了 LIBOR 和 7.7% 的净头寸。

图 8.4 中的全部现金流集合显示了扣除 LIBOR 以及公司 A 支付固定利率、公司 B 支付浮动利率的情况。收益中的 0.35% 给公司 A，0.30% 给公司 B，剩余 0.15% 给银行。

利率的变化会引起收益的增加或减少。随着公司 A 的固定利率和公司 B 的浮动利率的增加，潜在补偿会基于银行拆放利率而降低（见图 8.5）。

	A	B	C	D	E	F	G
44							
45		(3) Cash Flows					
46							
47				A	Balance		B
48							
49		Investors receive		(0.0700)			(0.0040)
50							
51		Bank pays A		0.0715	(0.0715)		
52							
53		B pays Bank			0.0740		(0.0740)
54							
55		A pays Bank LIBOR		-	-		
56							
57		Bank pays B LIBOR			-		-
58							
59		Net position		0.0015	0.0025		(0.0780)
60							
61		Cost without Swap		(0.0020)			(0.0800)
62							
63		Benefit		0.0035	0.0025		0.0020
64							
65		Total saving			0.0080		
66							
67		Cost Saving (pa)		350.0000	250.0000		200.0000

图 8.4 全部现金流

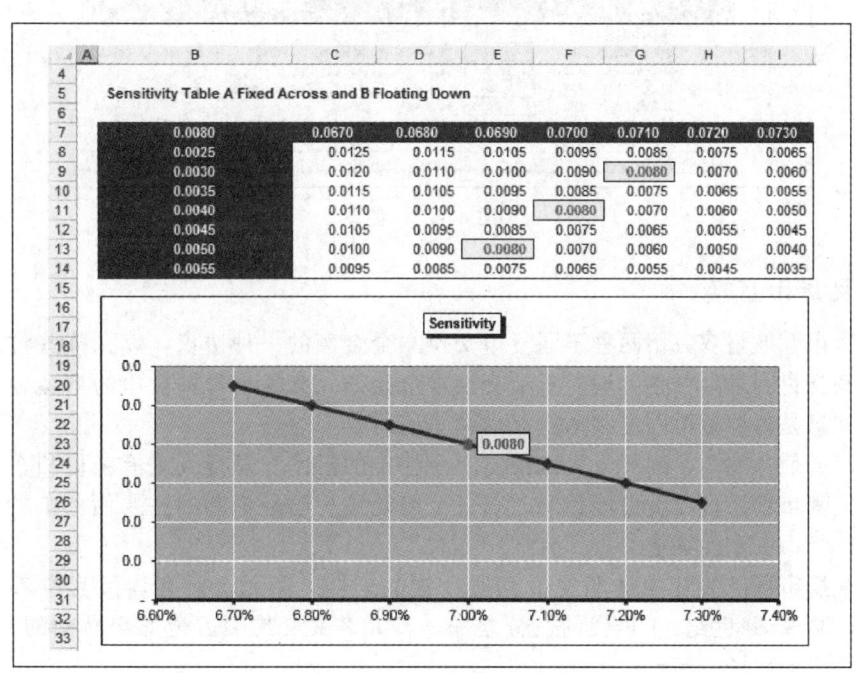

图 8.5 敏感性

8.7 估值

利率互换的估值需要计算净现值. 对每个现金流使用的正确利率为零息率. 当前的问题在于未来的浮动利率现金流是未知的. 其解决方法是计算每个现金流内部的远期对远期

利率，然后以这个利率贴现每个现金流.

为了计算第二个付息期中的互换价值，图 8.6 中的模型通过使用 EDATE 得到日期间的天数，并计算付息期内的未知量：

单元格 F17： = (E16 / E17-1)*($D$9 / D17)
　　　　　　 = (0.9703 / 0.9251)*(360/183)
　　　　　　 = 9.6117%
单元格 G17： = -$D$5*F17*D17 / $D$9
　　　　　　 = -10,000*9.6117%*183/360 = 488.60

利息为本金乘以年利率 7.50%，净头寸为每个付息期支出和收入利息的总和，因此全部头寸为 -173.38.

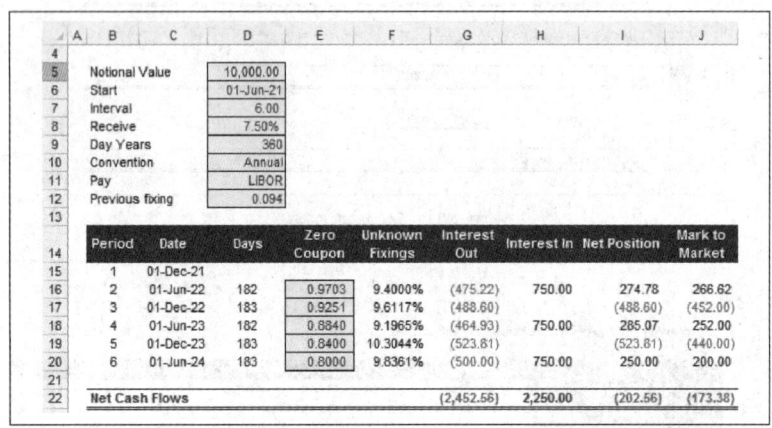

图 8.6　估值

8.8　交叉货币互换

交叉货币互换是双方用两种不同货币交换本金金额的一种协议，以在某些付息期中基于这些金额支付利息，并在到期时重新交换本金金额. 交易中每种货币的本金金额保持不变，支付利息是每种货币固定利率或浮动利率的函数.

在资产或债务期内，购买人可以锁定一个特定的汇率. 发行人则能获得利率较低的货币资金，但其市场认可程度可能较弱. 在一个终端用户已经饱和的主要债务市场中，互换提供了获得货币资金的渠道.

货币互换市场已演变为远期货币兑换合约的延伸. 美元占所有货币互换名义金额的 30% 以上，高于 20 世纪 90 年代的三分之一. 日元名义交易额占全部交易额的五分之一. 没有其他货币的市场份额超过 10%.

交叉货币互换一般按照一个特定利率或者两种货币中一个主要指标的利差来进行定价. 也可以对其进行场外定价，并通过一笔从一方到另一方的现金支付进行差异补偿. 所有预付款一般都在交易后的两日内支付. 汇率作为交易的一部分也会被确定下来. 利息在到期日进行支付，浮动利率通常在付息日的前两天确定.

单一货币互换和多货币互换的主要区别在于，是否本金在开始就被交换并且在到期时必须重新交换．在涉及本金的情况下，风险更大，因为存在利率风险、货币头寸和违约风险．这意味着要周密考虑信用质量．

8.9 示例

本例是一个固定利率多货币互换，但其中的细节经协商可以是固定利率转为浮动利率或浮动利率转为固定利率（见图8.7）．

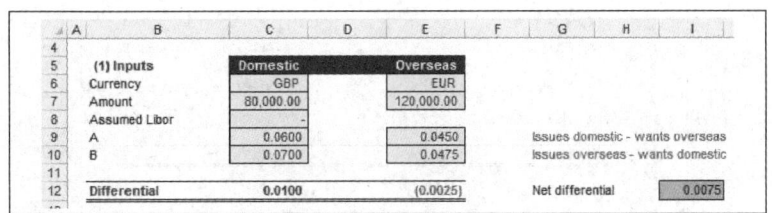

图 8.7　输入

公司 A 可以按照 6% 的利率借入英镑或按 4.5% 的利率借入欧元，公司 B 的相应利率分别为 7% 和 4.75%．其中 0.75% 的净差额推动了互换交易．公司 A 在货币为英镑时具有相对优势，而当货币为海外货币时，公司 B 的借入利率并不比 A 高很多．所以双方通过银行达成了在固定期限内进行互换的交易．

银行向公司 A 支付 8000 万英镑中的 6% 并收取欧元的 4.35%．银行支付给公司 B 欧元的 4.35% 并收取英镑的 6.25%．全部的收益在双方间平等划分，每一方得到 0.25%（见图 8.8）．

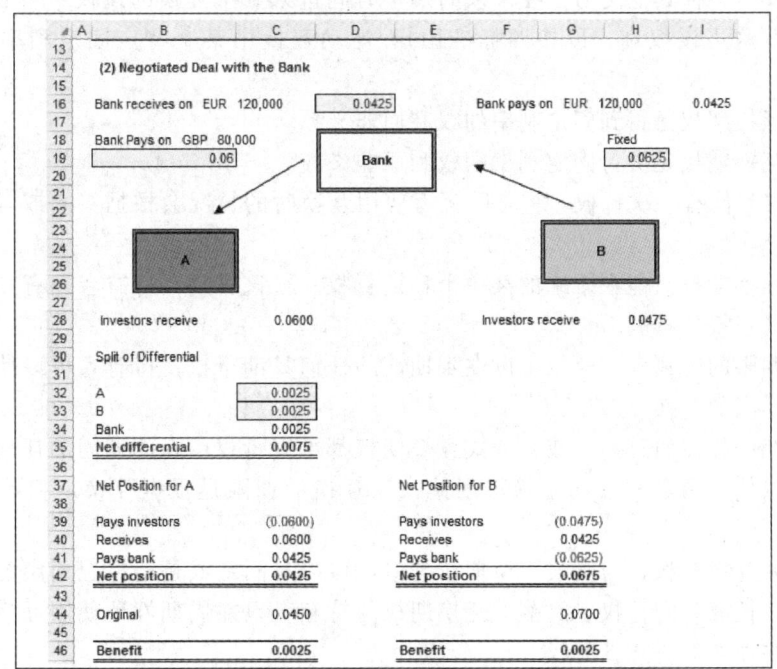

图 8.8　多货币互换结构

公司 A 达到了 4.25% 的欧元利率，其不参与互换的成本为 4.50%．另一方面，公司 B 达到了 6.75% 的英镑利率，而报价利率为 7%（见图 8.9）．

	A	Balance	B
(3) Cash Flows			
Investors receive	(0.0600)		(0.0475)
Bank pays A	0.0600	(0.0600)	
B pays Bank		0.0625	(0.0625)
A pays Bank	(0.0425)	0.0425	
Bank pays B LIBOR		(0.0425)	0.0425
Net position	(0.0425)	0.0025	(0.0675)
Cost without Swap	(0.0450)		-0.07
Benefit	0.0025	0.0025	0.0025
Total saving		0.0075	
Cost Saving (pa)	200.00	200.00	200.00

图 8.9　现金流汇总表

8.10　互换期权

互换期权是一种其他交易方在未来的某个时间进入利率互换的期权．一般来说，一方出售，另一方购买该权利，以按照标准固定/浮动互换中某个特定固定利率进行支付或收取．

- 买入互换期权是得到固定利率的权利而非义务．
- 卖出互换期权是支付固定利率的权利而非义务．

互换期权只能有一次行权，但是购买者使用互换时的情况会根据买入或者卖出期权的不同而变化．

- 欧式互换期权只能在未来的某一个日期行权．在该日期，持有者拥有加入某个特定期限的互换的权利．
- 固定期限的美式互换期权可以在到期前的任何日期行权，持有人可以使用预先设定行使期限的互换．
- 在到期前的任何日期，或有美式互换期权都可以行权．在此期间的任何时候，持有人可以使用预定期限的互换．因此，该互换的期限是根据互换期权的行使日期设定的．
- 百慕大互换期权，与美式互换期权类似，可以有固定或是随情况而定的期限，但是不能在任意时间行权．百慕大互换期权的持有者只能周期性地使用互换，例如每六个月在债券的付息日行权．

客户能够锁定预付款的支付或者收取远期利率的权利．1987 年互换期权市场就开始有活跃交易. 从此以后, 该市场发展迅速, 规模每两年就扩大一倍.

8.11 习题

为互换的浮动利率方计算现金流价值. 客户提供了每年匹配的现金流信息, 并希望获知该互换是否能提供正收益.

项目	输入	项目	输入
名义价值	10 000.00	年天数	360.00
起始	01-09-20	协定	每年
到期	01-09-28(8 年)	支付	LIBOR
间隔	12 个月	先前固定利率	7.90%
收入	8.50%		

此外, 零息债券的收益率为

时期	日期	零率	时期	日期	零率
1	01-09-21	8.0000%	5	01-09-25	8.4000%
2	01-09-22	8.1000%	6	01-09-26	8.5000%
3	01-09-23	8.2000%	7	01-09-27	8.6000%
4	01-09-24	8.3000%	8	01-09-28	8.7000%

8.12 小结

互换是一种通过交易双方交换现金流来管理利率风险的方法. 单一货币和多货币互换需要结合利率进行处理, 交叉货币互换则需要分别进行处理, 本章中的示例建立了各方的多个现金流和收益. 互换的估值在未来现金流与零息债券相比的基础上完成, 是一种替代工具.

第9章 远期利率

9.1 定义

本章主要讨论未来利率和定价的利率工具和模型．互换是控制利率风险的一种方法；利率协议提供了另一种通过控制融资成本来降低未来不确定性的方法．

例如，如果财务主管需要以当前的固定利率在六个月内借贷一笔款项，他可以选择：
- 现在就借贷，但是在需要的时候再投资．
- 现在就投资并且以借贷方式融资．

这可能不是使用公司资金的最佳方式，因为它可能耗尽公司有限的信贷额度，并将在资产负债表上显示为负债．另一种方法是由银行或者第三方通过使用其信用额度来承担风险的方法启动交易．这意味着，在借贷或投资中必须有一个盈亏平衡或零增益头寸．如果首先在双方都存在增益，那么就可以建立一个套利或交易头寸，其中的收益可以通过随后的交易策略产生．套利可以定义为同时在两个或两个以上市场中买卖同一商品或外汇，以充分利用其价格差异．

9.2 远期利率示例

一家银行在 6 个月内以 5％ 的固定利率从市场中借贷 1 000 000，应付利息为 25 000．使用该资金在三个月内以 4.75％ 的利率进行投资，得到 11 875 的利息．目前为止，其成本为 25 000 减去 11 875，净值为 13 125（25 000 − 11 875）．如果银行不想损失资金，那么就必须确定一个利率，使得存款加上利息能够在 6 个月期限结束时偿还 25 000 的贷款利息．示例中使用的是 $\frac{30}{360}$ 的日年规则（见图 9.1）．

盈亏平衡点计算公式为：

$$\frac{净成本}{(本金 + 收入)} * \left(\frac{360}{周期天数}\right) * 100$$

$$= \frac{13\,125}{1\,011\,875} * \left(\frac{360}{90}\right) * 100 = 5.19\%$$

该公式适用于计算贷款利率，同样的方法也适用于计算存款利率．这里你进行长期存款和短期贷款都应该得到与零和博弈相同的结果．下面是可以直接得出图中结果的公式：

$$远期 = \frac{1}{时间2 - 时间1} \times \frac{时间2 \times 利率2 - 时间1 \times 利率1}{1 + \frac{时间1 \times 利率1}{36\,000}}$$

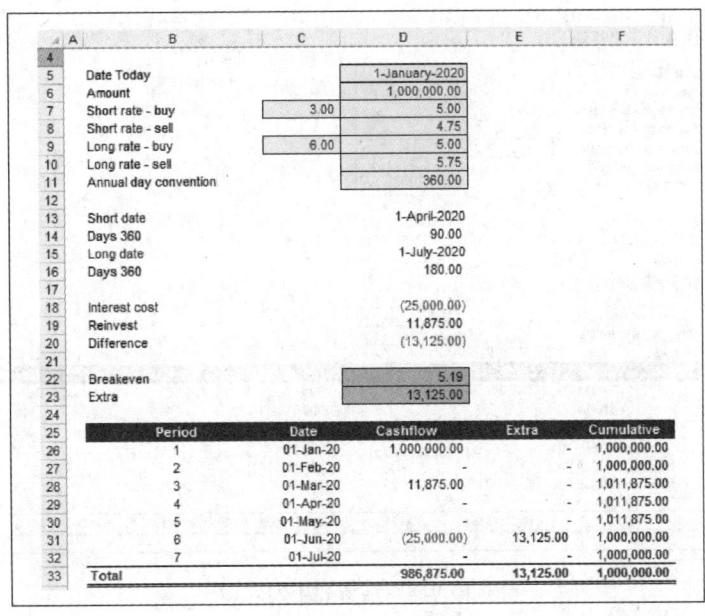

图 9.1 远期利率计算

时间 1：短期天数

时间 2：长期天数

利率 1：短期利率

利率 2：长期利率

最重要的部分是选择正确的买入/卖出利率．在远期对远期存款中：

- 利率 1：市场报价利率（5%）
- 利率 2：市场购买利率（4.75%）

而在初始的远期对远期贷款情形下（见图 9.2），其位置是颠倒的：

- 利率 1：市场购买利率（4.75%）
- 利率 2：市场报价利率（5%）

表中左边部分显示的是初始贷款，右边为存款，则由上述公式远期对远期贷款计算为：

$$\text{远期贷款} = \frac{1}{180-90} \times \frac{180 \times 5.0 - 90 \times 4.75}{1 + \frac{90 \times 4.75}{36\,000}} = 5.19\%$$

存款计算为：

$$\text{远期存款} = \frac{1}{180-90} \times \frac{180 \times 4.75 - 90 \times 5.0}{1 + \frac{90 \times 5.0}{36\,000}} = 4.44\%$$

现金流确认了利率的正确性．其中，13 125 是贷款加上远期利率 5.19% 的存款利息得到的．存款利息包括贷款加上 4.44% 的贷款支付．不难看出，无论采用哪种路径，得到的最终结果都是 1 000 000．

	A	B	C	D	E	F	G	H	I
4									
5		Date Today				01-Jan-20			
6		Amount				1,000,000.00			
7		Short rate - buy (offer)			3.00	5.00			
8		Short rate - sell (bid)				4.75			
9		Long rate - buy (offer)			6.00	5.00			
10		Long rate - sell (bid)				4.75			
11		Annual day convention				360.00			
12									
13		Short date				1-April-2020			
14		Short days 360				90			
15		Long date				1-July-2020			
16		Long days 360				180			
17									
18		Forward forward deposit				4.44			
19		Forward forward loan				5.19			
20									
21		Period	Date	Cashflow	Extra	Cumulative	Cashflow	Extra	Cumulative
22		1	01-Jan-20	1,000,000.00	-	1,000,000.00	(1,000,000.00)	-	(1,000,000.00)
23		2	01-Feb-20		-	1,000,000.00	-	-	(1,000,000.00)
24		3	01-Mar-20	11,875.00	-	1,011,875.00	(12,500.00)	-	(1,012,500.00)
25		4	01-Apr-20		-	1,011,875.00	-	-	(1,012,500.00)
26		5	01-May-20		-	1,011,875.00	-	-	(1,012,500.00)
27		6	01-Jun-20	(25,000.00)	13,125.00	1,000,000.00	23,750.00	(11,250.00)	(1,000,000.00)
28		7	01-Jul-20		-	1,000,000.00	-	-	(1,000,000.00)
29		Total		986,875.00	13,125.00	1,000,000.00	(988,750.00)	(11,250.00)	(1,000,000.00)

图 9.2 远期利率公式

9.3 套期保值原理

上一节中给出了基本的远期计算,这些计算经过组合可以提供基本的对冲. 假设需要在 6 个月内借款 3 000 000,并在今天确定其利率. 当前的即期利率为 5%,6 个月期利率被报为 5.25%. 如果不采取行动并且利率下降,那么对企业有利,如果利率上升,情况则相反. 为了消除不确定性,可以建立对冲使得在利率上升且利息增加时可以获得利润. 如果利率下降,对冲会造成一个零增益头寸,从而导致资金损失.

图 9.3 中的示例给出了模型的输入,包括日期、价格和金额等变量. 示例选择的对冲为期货,下一章中将对其进行详细介绍. 对于期货,你需要通过购买重新确定合同金额,其名义单位为 1 000 000. 该交易的计算公式为:

单元格 D16: =INT((Amount * No. of days)/(Contract size * Contract time period))
= 取整[(3,000,000 * 182)/(1,000,000 * 90)] = 6

由平均每份合同 1000 乘以 6 得到前期需要支付的利润为 6000. 在 6 个月中,利率上升至 6%,于是 6 月到 12 月间的应付利息为 91 000,高于 75 833 $\left(3\,000\,000 * 5\% * \frac{182}{360}\right)$. 由于即期利率较高,你需要一种反向操作的机制,因此卖出了 6 个月的期货. 一旦卖出,就获得 6000 的利润.

到期时,期货的利润计算如下:

单元格 H29: = (Increased June spot - Current Rate) * 100 * Variation per tick * No. of contracts
= (6 − 5) * 100 * 25 * 6 = 15,000

Loan amount	3,000,000.00	Result	
Notional contract size	1,000,000.00	Net interest payment	(76,000.00)
Contract time period	90.00	Interest rate %	5.01
Year days basis	360.00	Gain/(loss)	(0.01)
Initial contract margin	1,000.00		
Variation (per tick)	25.00		
Start date	01-Jan-20		
No of days	182.00		
Current rate	5.00	6 month forward	5.25
Increased June spot	6.00	Inc 6 month forward	6.25
No of contracts	6.00		
Initial margin payment	6,000.00		
Contract price	94.75	Quote: 100 - annualised forward yield	
June contract price	93.75		

Months	Date	Spot	Interest	Buy/Sell	Price	Cash flow
0	01-Jan-20	5.00		Sell	94.75	(6,000.00)
1	31-Jan-20	5.00		Sell		
2	29-Feb-20	5.00		Sell		
3	31-Mar-20	5.00		Sell		
4	30-Apr-20	5.00		Sell		
5	31-May-20	5.00		Sell		
6	30-Jun-20	6.00		Buy	93.75	6,000.00
12	31-Dec-20	6.00	(91,000.00)	Buy		15,000.00
Total			(91,000.00)			15,000.00

图 9.3　对冲方法

总的对冲结果就是一个现金流：－6000＋6000＋15 000＝15 000. 这 6 个月应付的净利息所得的利率约为初始利率的 5%：

$$利率 = \left(\frac{(91\,000 - 15\,000)}{3\,000\,000}\right) * \left(\frac{360}{182}\right) = 5.01\%$$

该利率并不准确，因为所需合约数的准确值为 6.07. 但是两种工具的使用仍然允许期间的利率固定在初始利率上.

9.4　远期利率协议

远期协议旨在锁定未来利率，是场外交易（OTC）或私人交易，而非交易所（如伦敦国际金融期货交易所）所独有的合约. 这被定义为双方之间的合约，规定未来贷款或存款所使用的利率. 双方之间没有借贷，仅仅是在远期利率协议和相关利率价格发生变动时给对方以补偿的一种协议. 与正式的期货合约不同，远期协议在合约期内没有保证金要求.

远期利率协议（FRA）涵盖一个名义贷款或存款的期限，称为合同货币下的合同金额的合同期限. 合同期限自结算日期支付了现金补偿后开始. 合同期限的结束日期就是到期日. 为了计算需要支付的赔偿金额，FRA 提出了一个协议的、保证的或未来的利率，且该利率要应用到名义合约中. 该利率与市场中的相应利率比较，其中的差异需要预先支付. 计算补偿的公式为：

$$补偿 = \frac{\left[\frac{(L-F)*n}{365}*\ 合约金额\right]}{\left[1+L*\left(\frac{n}{365}\right)\right]}$$

L=固定利率下的 LIBOR 参考利率

F=作为 FRA 价格提出的未来利率

$\frac{n}{365}$=以小数表示的天数

图 9.4 中，当前的 LIBOR 为 5%，企业试图在三个月期限内的一个月或两个月中借贷 1000. 名义贷款的固定利率为 5.25%. 在固定利率下，LIBOR 升高至 5.5%，由于银行需要给客户补偿，所以固定的借贷利率为 5.25%. 这一金额由下面的补偿公式得出：

```
单元格G9: =((Settlement rate - Contract rate) *
(Days/Days in current year) * Contract amount)/
(1 + (Settlement rate * (Days/Days in current
year)))
```

	A	B	C	D	E	F	G
4							
5		Inputs			Management Summary		
6		Settlement date	30-Sep-21		Days		92 days
7		Maturity date	31-Dec-21		Days in current year		365 days
8		Current LIBOR	5.00%		Simple rate days		360 days
9		Contract rate	5.25%		Settlement		621.52
10		Settlement rate	5.50%		Payable		Paid by Bank
11		Contract amount	1,000,000		Percentage		0.0622%
12					Difference in rates		0.2500%
13							
14		3 month rate	5.25%		Pricing		5.5103%
15		12 month rate	5.50%		Implied Future		9,448

图 9.4　远期补偿

上述的定价公式为：

```
单元格G15: =(((Days in current year * 12-month
rate) - (Days * Month rate))/(1 + (Days/Simple
rate days) * 3-month rate)) * (1/(Days in current
year - Days))
```

因此，银行需要为升高的利率支付给客户 621.52 的补偿. 图 9.5 中的敏感性表给出了基于 LIBOR 利率的补偿金额的变化程度.

在图 9.6 中，需要给 6 个月的周期以利率保护. 拟定金额为 5 000 000 且预计利率会升高. 因此，企业需要固定应付贷款利息.

合约利率为 6.25%，然而在结算日，参考利率升高至 6.75%. 补偿额度由补偿公式得出. 企业的优势在于：

- 未来利率可以被固定，而无须支付保证金或其他承诺.
- 交易可以通过去掉一个与初始协议等额相反的头寸而被取消.
- 与期货和期权等交易所交易产品不同，协议可以量身定制，以确定具体的金额和期限要求.

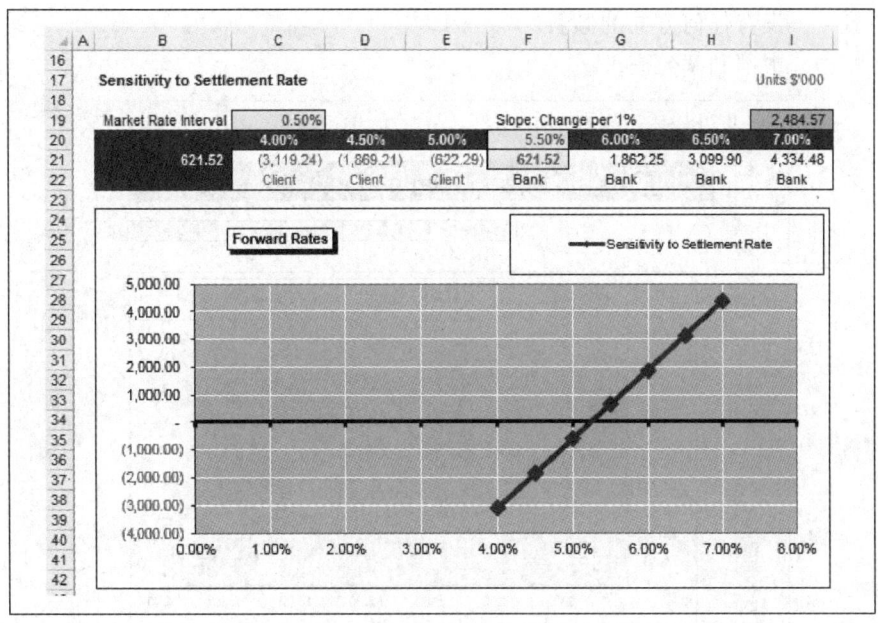

图 9.5 敏感性

图 9.6 例 2

9.5 收益曲线

利率的期限结构是投资者投资资金所赚取的利息和他们准备投资资金的时间之间的数学关系。这个关系考虑到投资者对利率可能的方向和定价的看法。套利也起到了一定作用，因为可以在当前按照 12 个月的利率进行投资，并滚动金额再进行 12 个月的投资，或者在当前按照两年的利率借款。在一个没有税收和其他成本的完美市场中，这两种途径应该没有区别，否则就存在套利的可能性。

收益曲线用来表示期限内的收益水平，例如在 GBP 利率下的曲线（见图 9.7）。收益曲线是过去和未来预期的动态表示。导致收益曲线形状不同的原因有很多。曲线形状含义为：

- 正向——正常的倾斜向上。
- 负向——倾斜向下。

- 平坦——没有任何方向的倾斜.
- 有峰——中部利率较高.

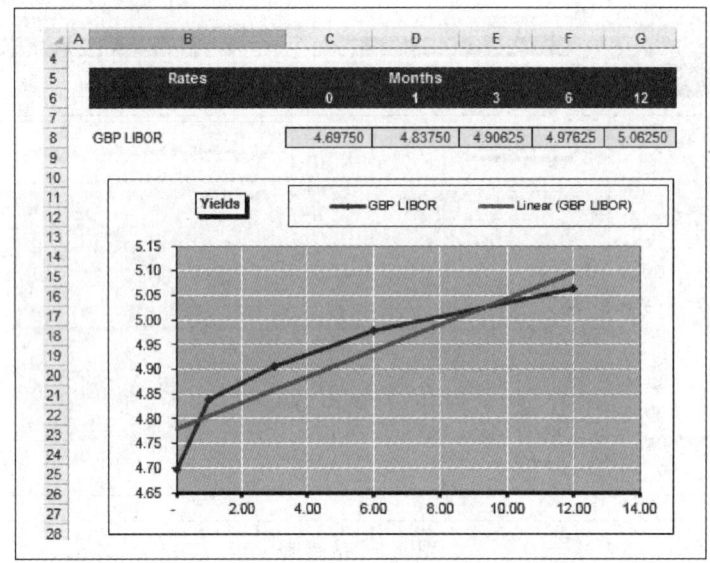

图 9.7 LIBOR 利率

有很多理论旨在解释利率收益曲线（见图 9.8）. 其中的术语有：
- 陡峭——最远到期日上升而最近到期日下降.
- 扁平——最远到期日下降而较近到期日上升.
- 平行移动——曲线按照一致的方式向上或者向下移动.

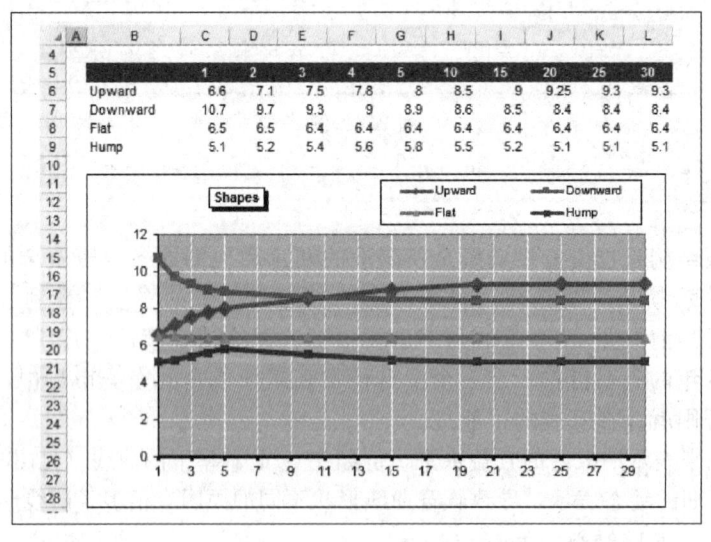

图 9.8 收益曲线形状

期望假设认为，收益曲线的形状是由市场参与者的利率预期决定的．更具体地说，任何长期利率都只是当前利率和在到期前预计的未来一年期利率的几何平均值．在这种情况下，平衡的长期利率是长期投资者期望通过在期限内对短期工具的连续投资而获得的利率．因此，可以在较长期的工具和连续的短期工具之间进行选择，但是结果应该是相同的．

预期的未来利率称为隐含远期利率．当借贷人试图延迟增加的利息成本并在更长的期限借贷时，会形成一条向上倾斜的曲线．不希望被困在不断上涨的市场中的投资者，会使用短期工具进行投资，并在到期后以更高的利率进行再投资．短期投资流动性的增加和长期投资流动性的减少，会在收益曲线中形成一个正向的摆动．

负向收益曲线描述了利息下降的情况，因此，借贷人和投资者会采取与上述相反的策略．借贷人寻求更短的日期，投资者则寻求尽可能长时间地维持较高的利率．

图 9.9 给出了一个示例，其中的远期利率公式为：

$$\text{远期利率} = \frac{1}{\left[\left[\frac{(1+{}_tR_{n+j})^{n+j}}{(1+{}_tR_n)^n}\right]-1\right]^{(\frac{1}{j})}}$$

R_n 表示最短到期的即期利率（年度）
R_{n+j} 表示最长到期的即期利率（年度）
n 表示自现在开始到计算远期利率的年数
j 表示所计算利率覆盖的周期

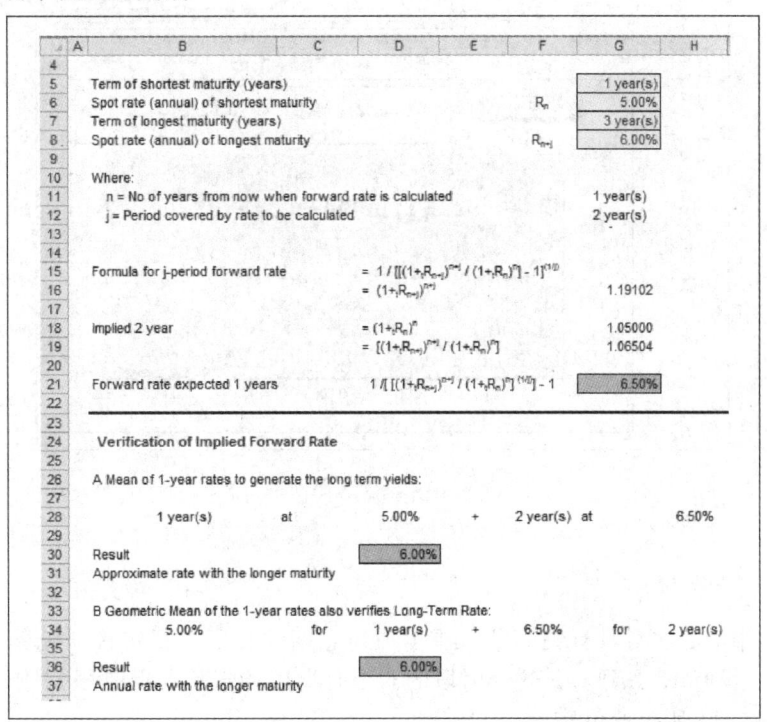

图 9.9　预期假设

计算结果为 6.5%，该值可以通过代入一年期以及两年期的平均值计算来验证．图 9.9 中给出的结果 6%是较长期的利率．

几何平均 =(((1+短期即期)^短期期限)*((1+远期利率)^(长期期限－短期期限)))
$$^{\left(\frac{1}{((长期期限－短期期限)+短期期限)}\right)}-1$$

其他关于利率的理论包括流动性偏好理论，其中投资者对于较长期限的存款要求更高的利率．除了流动性风险，还存在其他风险，如通货膨胀和信用风险，因此投资者会要求更高的补偿．中央银行通过买入和卖出国库券在管理利率中发挥作用，从而限制资金的供求．

当你得到如下例所示的收益曲线时，可以得到隐含利率．这里的收益曲线是向上倾斜的．两年期利率为 4.25%，而一年期利率为 4%．两年期利率的组成为：

复合利率：(1+4.25%)^2= 1.0868

减去 1= 0.0868

除以 2= 0.0434 = 4.34%

图 9.10 同时给出了利率和隐含远期利率，并分别对两年、三年、四年和五年期利率进行了计算．

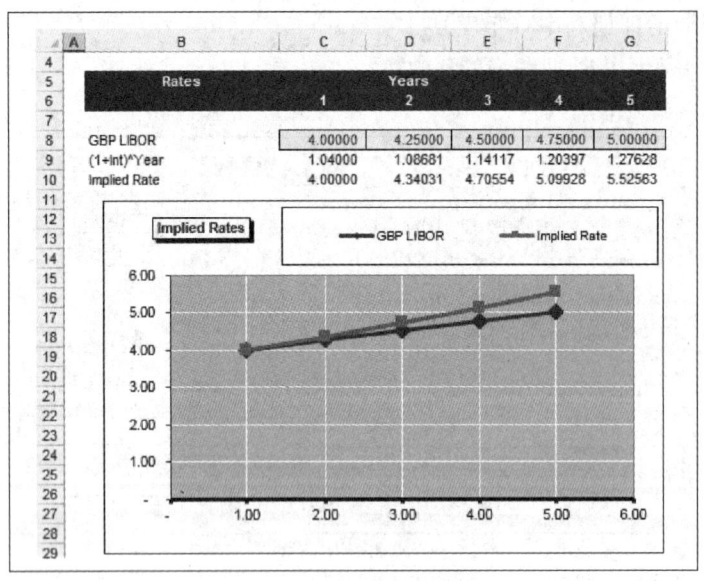

图 9.10 隐含远期利率

9.6 习题

使用本章中的方法对没有精确落入季度或付息期的日期进行定价（见图 9.11）．当前日期在 11 月，没有 12 月到 6 月这个时段的 6 个月期限的报价，但是根据收益曲线的斜率可以提供如图 9.11 所示的价格．

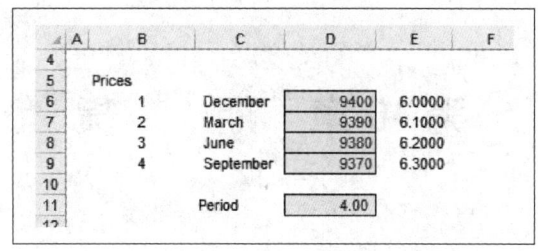

图 9.11 习题数据

到期日在 3 月到 6 月间时期的中间，因此，必须同时得出 12 月至 6 月和 3 月至 6 月两个比率，之后给出差异.

9.7 小结

本章讨论了远期利率、对冲和收益曲线技术，给出了即期与远期利率间的基本关系和复合运算. 当情绪等因素可能会左右投资者或借贷人的预期时，这些基本关系必须保持，否则将存在套利机会.

第 10 章 期 货

10.1 期货市场

与远期协议或互换不同，期货市场的远期合约在数量、质量、交割日期和到期期限等方面都高度标准化．期货就是买卖双方在未来的某个时间按照当前约定的价格买卖特定资产（如商品或股票）或指数（如 FTSE100）的具有法律约束力的协议．交易在期货交易所中进行，其使用的合约具有确定的标准数量和到期日．如果没有这些已知的条目，就不可能评估价值，流动性也会下降，因为标准化交易的数量将会下降．市场的流动性提供了一种机制，通过这种机制，买卖双方以及达成的交易可以被准确地评估价值．期货合约的类型包括：

- 实物商品，例如农产品、油、牲畜、木材、食品和矿物质．
- 沿收益曲线的各种不同到期期限的资产盈余利息．
- 用于投机和交易的外汇．
- 指数，如 FT 指数．这些合约无法进行实物交割，通过与初始交易方向相反的交易来履行．

你可以通过买入或卖出期货来"打开"期货头寸，也可以通过相反的方式来"关闭"期货头寸，要么卖出要么买入相同的期货．在实践中，多数期货合约的头寸会在到期前关闭．未平仓合约是指现存的合约数量，成交量则是指正在市场中交易的合约数量．

如果你认为标的资产会上涨，那么可以买入期货．这就是所谓的多头期货头寸，即买方承诺按照预先商定的价格在特定的日期交割标的资产或等价的现金．相反，如果你认为标的资产价格会下跌，那么可以卖出期货，这就是所谓的空头期货头寸．保障卖出人可以依照预先商定的价格在特定的日期交割标的股票或等价的现金．

如果什么都不做，那么当需要某种商品或资产时，你将完全暴露在市场的涨跌之中．虽然市场情绪可能倾向于上涨时，但往往会出现不受欢迎的冲击或不可预见的突发事件，如地震、灾难性的风暴、疾病等．期货是一种可以降低这些不确定性的方法，但期货也有风险，即市场价格可能会与一般市场预期背道而驰．

期货价格使用结构化方法计算，因为在即期价格和未来价格之间存在与远期形式相同的关联，但这些关联无法建立套利机会．两种报价如下：

- 买价是交易人准备购买期货合约的价格．
- 卖价是交易人准备卖出期货合约的价格．

期货的价格应该等于购买标的资产的融资成本和持有（如果是商品还需储存）该资产

至到期日的成本．就股票而言，期货价格应该反映与持有现金相比，持有该股票损失的利息收入以及在合同到期前股票持有人所获得的股息．计算公式为：

$$公平股值期货价格 = 今日股价 + 利息成本 - 已收股息$$

10.2 术语

市场中使用的术语如下：
- 交易单位，即对买入或卖出的金融工具的质量和数量的精确定义．
- 交割月份和交割日期．期货合约都是由月度周期组成的．合同义务必须在规定的一天履行；实际上，多数期货合约会在交割日之前"关闭"．
- 最后交易日，指特定合同交易的终止日．
- 报价，说明了价格是如何计算的以及利率变化对价格的影响．
- 最小价格变动单位，表示价格变动的最小金额．
- 交易所交割结算价（EDSP），指用以确定在最后交易日的某固定时间的最终价值．
- 初始保证金，指向经济人提出用以满足合同条款下的任何义务的资金或抵押品．
- 交易时间．所有期货合约中都有期货能够被交易的固定时间．

以下是一个标准的小麦期货合约：
- 交易单位：100 吨．
- 原产地：欧盟．
- 品质：健全、香甜、品质良好，且热损伤不超过 3%．谷物重量不小于每百升 72.5 公斤．水分含量不超过 15%（以上检测都以重量为标准）．
- 交割月份：1 月、3 月、5 月、7 月、9 月和 11 月，保证交易中有 10 个可交割月份．
- 投标期：交割月份的第一个工作日之前的自第七个日历日起的任何工作日（如果不是工作日，则顺延），直至且包括交割月份的最后交易日．
- 报价单位：英镑和便士每吨，自英国大陆的注册存储，以散装形式免费运输并交付给买家．
- 最小价格变动单位：（变动单位和价值）5 便士每吨（£5）．
- 最后交易日：交割月份的第 23 个日历日．
- 交易时间：10：00—16：45．

10.3 优势

与远期相比，期货有以下两个关键的优势．
- 交易者可以在市场涨跌时获利．当购买股票时，你通常希望能低买高卖以获利．在期货市场，你有机会卖出期货（做空）．如果你认为市场会下跌，那么可以考虑卖出期货．如果预期正确，期货价格会随着标的资产价格同步下跌，那么可以通过较低的价格回购期货来平仓，从而获利．
- 成本效益．与股票交易相比，期货交易的佣金结构通常较低，而且不需要交印花税．

期货的一般优势如下:
- 当确信标的价格会下跌时,保护或者"对冲"现有标的资产.这也是减少市场不确定性的原因,因为可以在出现价格下调时,通过打开期货头寸来保护现有资产(如股票收益).资产持有人可以购买期货来避免损失,并且避免在卖出标的资产时的额外成本.通过"关闭"期货头寸,可以购买市场上等额的期货.所以,标的资产中的损失可以由期货头寸获得的收益来补偿.随后的章节会给出模型化的示例.
- 由于现货和期货价格之间存在一定关系(如利率),你可以用利息收益曲线来构建期货价格图.
- 期货可以让你从动荡的市场环境中获利.通过卖出(空头)或买入(多头)期货,可以降低风险,并且如果现实与预期一致,那么就可以利用价差,在同一市场上以相等和相反的头寸平仓从而获取收益.

10.4 票据交换操作

交易所的中心是票据交换所.它的功能是保证买方和卖方履行彼此间的义务.从本质上讲,它作为中间方分割每笔交易并对反对方采取行动.于是,票据交换所可以在不涉及另一方的情况下,对一方的头寸进行扭转.违约风险也降低了,因为交易对手是交易所.

为了维护票据交换所,交换的交易双方必须支付保证金,并在每个交易日结束时进行账户结算.在允许交易之前,交易人必须将资金存放在中间人处,并由中间人转存至票据交换所.保证金可以是现金、银行信用证、国库券等.保证金一般有以下三种类型:
- 初始保证金.需要在交易之前提交,其大致等于一天的价格波动.
- 每日结算.通过每天标记市场损失和收益得出.
- 维持保证金.当余额降至危险水平之下时,交易人必须将余额提高至初始保证金水平.

例如,一个交易人以 2.00 的价格购买了一份商品合约.初始保证金为 1000.第二天价格下降了 0.05,即损失为 250.在结算过程中,标记市场是指资金中的 250 被移除,余额为 750.如果假设维持保证金为 75%,那么价格的进一步下降会引发追加保证金,而交易人就需要存入更多的资金来保持账户水平.追加保证金必须以现金或上述接近现金的形式支付.如果交易人无法存入更多的现金,中间人只能关闭头寸,并且在返回账户余额前扣除费用和损失.中间人和票据交换所的作用是保护交易双方,避免他们不通过中间方而直接进行交换可能蒙受的损失.

10.5 债券期货

债券期货同样可以用来沿着收益曲线对冲利率风险.其合约一般与如下债券关联:
- 美国国债.
- 金边债券.
- 两年期德国政府国债(Schatz).

- 10 年期德国政府债券（Bund）.
- 日本政府债券（JGB）.

由于期货交易仅需要提交保证金而非全部金额，所以其中存在对未来价格的投机机会. 价格的微小改变会在整体头寸上产生杠杆效应. 期满时，按照合约义务交割债券. 以下是针对 10 年期德国政府债券期货的典型合同条款.

- 交易单位：100 000 面值，6%名义票息的德国政府债券.
- 交付月份：3月、6月、9月、12月，保证交易中最近的三个交付月份是可用的.
- 报价：每 100 票面.
- 最小价格变动：0.01(10)（最小变动单位和价值）.
- 最后交易日：12:30 法兰克福时间，交割日前的两个法兰克福工作日.
- 交割日：交割月份的第 10 个日历日. 如果该日不是法兰克福工作日，那么交割日顺延.
- 交易时间：07:00—18:00.

10.6 对冲机制

按图 10.1 中的时间线，买入期货意味着拥有一个以当前约定的价格购买未来资产的协议，卖出期货指拥有在未来按照当前约定的价格卖出资产的协议.

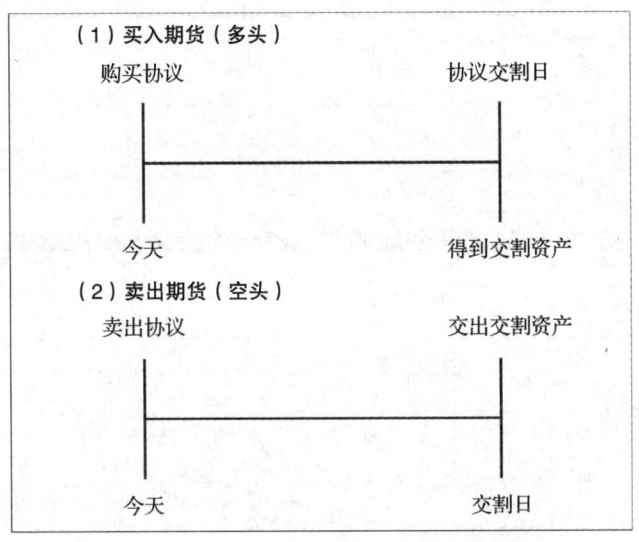

图 10.1 时间轴

如果什么都不做，仅仅是等待价格上涨或者下跌，那么收益或损失曲线是线性的（见图 10.2）. 在交割日期，当价格上涨时获得收益，当价格下跌时则有损失.

买入期货意味着将在价格上涨时获利，而卖出期货则意味着会在价格上涨时亏损. 如果使用对冲，需要购买随着标的资产反向涨跌的工具. 很多时候你可能并不需要对冲，因为敞口可能很低或者感知风险相关的对冲成本太高,所以对于对冲的需求并不明显. 如果你认为利率会上涨,那么希望能在其上涨时获得收益. 在资产价格和期货之间存在一个相反的关系:当利率上涨时,期货价格下跌. 为获得收益,你需要在开始时就卖出期货合约并在较低的价格时关闭头寸. 图 10.3 显示了买入和卖出期货的作用:当期货价格上涨时,买入获利而卖出亏损. 而保证金必须与标的资产的收益或损失相抵.

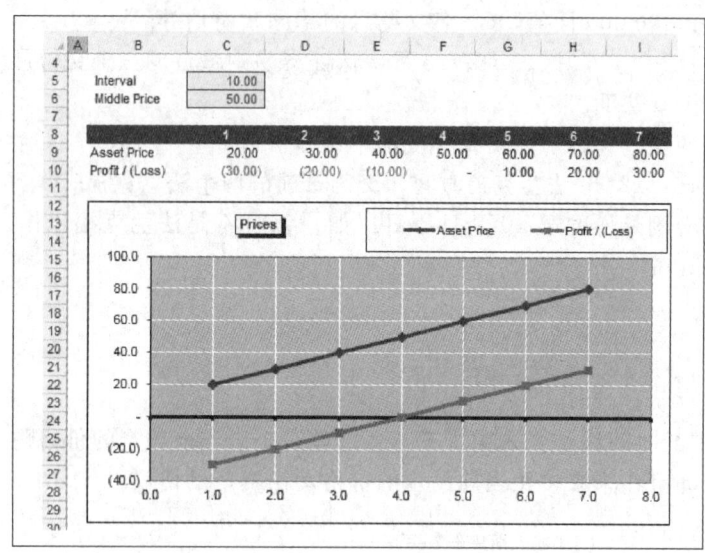

图 10.2 资产价格

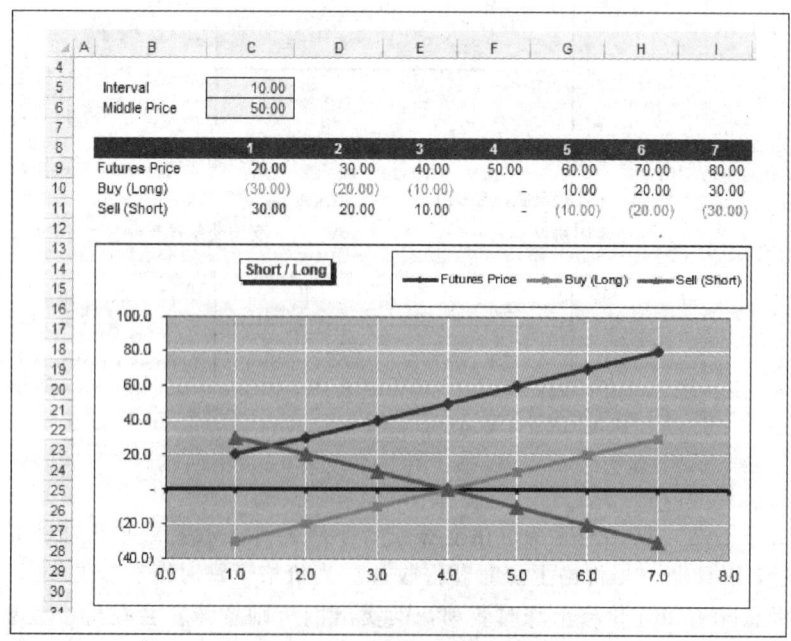

图 10.3 空头和多头期货

10.7 对冲示例 1

在图 10.4 中，当前现货价格为 4500，期货价格为 4400，意味着市场下跌。由于给定市场预期为下跌，所以购买在价格上涨时获利的期货。在 12 月份的到期日，现货价格走势相反并升至 4600。

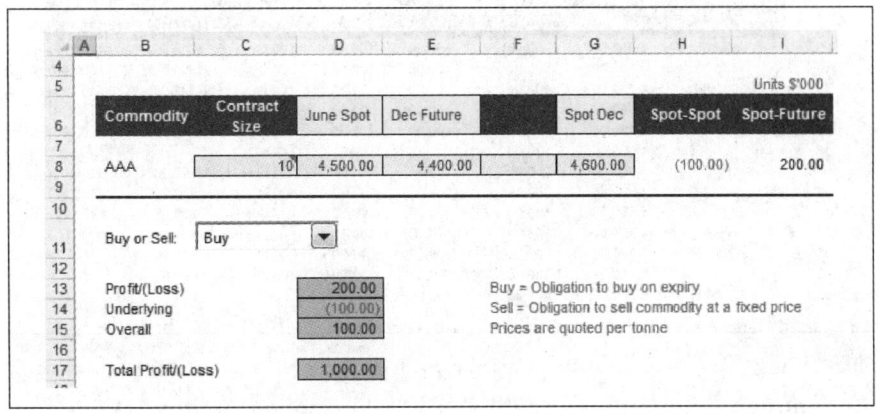

图 10.4 示例：买入

使用期货获利 200(4600－4400)，然而标的商品损失为 100(4600－4500)。整体收益为 100 加上 10 份合约，总保证金为 1000。如果卖出合约，这些头寸就会反转，如图 10.5 所示。

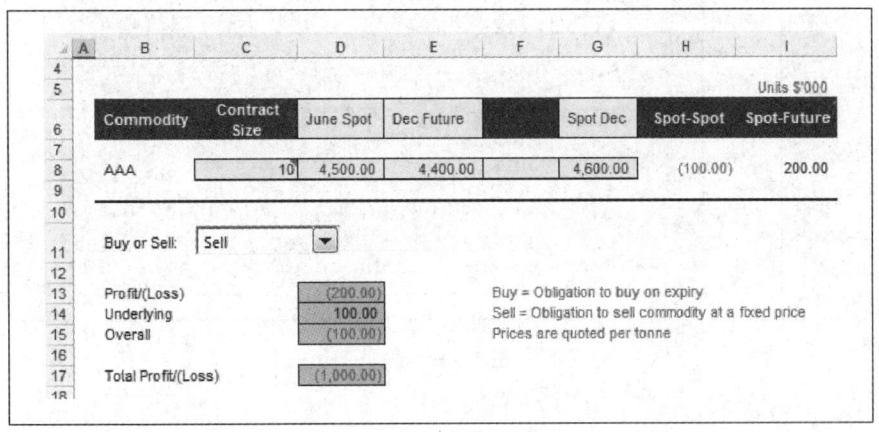

图 10.5 示例：卖出

由于你不得不以 4400 的价格卖出期货合约，期货合约的负值保证金为 200(4400－4600)；然而标的商品价格上涨，所以净效果为损失 100。图 10.6 通过使用简单的 IF 函数逻辑语句建立图表来说明这一效果。将基于期货价格和到期现货价格的卖出头寸的变化情况制成图会更容易理解（见图 10.7）。然后，可以根据标的资产头寸计算和设定期货的收益或损失。

	Difference	Spot Dec	Buy (Long)	Underlying Profit/(Loss)	Profit / (Loss)	Sell (Short)	Underlying Profit/(Loss)	Profit / (Loss)
25	500.00	4,000.00	(400.00)	500.00	100.00	400.00	(500.00)	(100.00)
26	400.00	4,100.00	(300.00)	400.00	100.00	300.00	(400.00)	(100.00)
27	300.00	4,200.00	(200.00)	300.00	100.00	200.00	(300.00)	(100.00)
28	200.00	4,300.00	(100.00)	200.00	100.00	100.00	(200.00)	(100.00)
29	100.00	4,400.00	-	100.00	100.00	-	(100.00)	(100.00)
30	-	4,500.00	100.00	-	100.00	(100.00)	-	(100.00)
31	(100.00)	4,600.00	200.00	(100.00)	100.00	(200.00)	100.00	(100.00)
32	(200.00)	4,700.00	300.00	(200.00)	100.00	(300.00)	200.00	(100.00)
33	(300.00)	4,800.00	400.00	(300.00)	100.00	(400.00)	300.00	(100.00)
34	(400.00)	4,900.00	500.00	(400.00)	100.00	(500.00)	400.00	(100.00)
35	(500.00)	5,000.00	600.00	(500.00)	100.00	(600.00)	500.00	(100.00)
36	(600.00)	5,100.00	700.00	(600.00)	100.00	(700.00)	600.00	(100.00)
37	(700.00)	5,200.00	800.00	(700.00)	100.00	(800.00)	700.00	(100.00)

图 10.6　表格

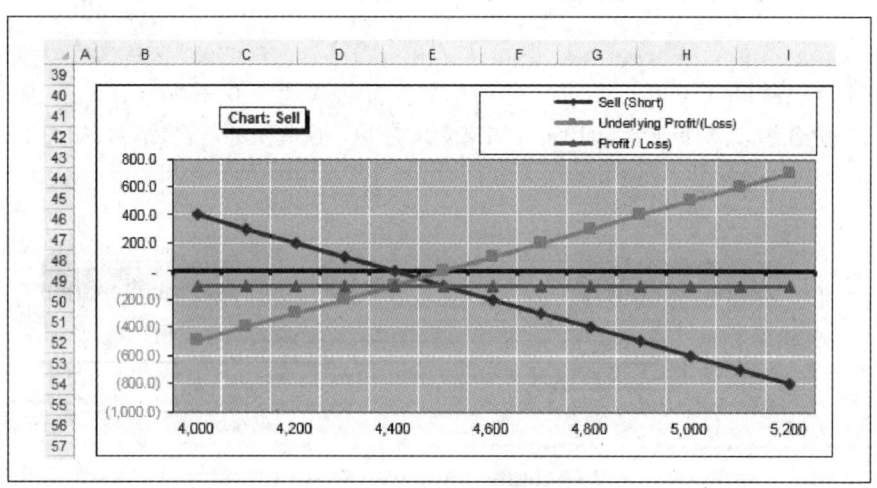

图 10.7　结算

10.8　对冲示例 2

本例是关于对冲的一个小的股票投资组合，它通过买入或卖出 FT 指数期货来弥补潜在的亏空（见图 10.8）．其目标是跑赢指数同时消除剧烈波动的负面影响．表的第一部分给出了股票数量、当前价格和 β 系数（波动性度量）．

MV（Market Value，市场价值）列由股票数量乘以价格得出．MV 乘以 β 由如下公式产生：

$$\frac{(股票数 * 价格 * \beta)}{选定的期货指数价值}$$

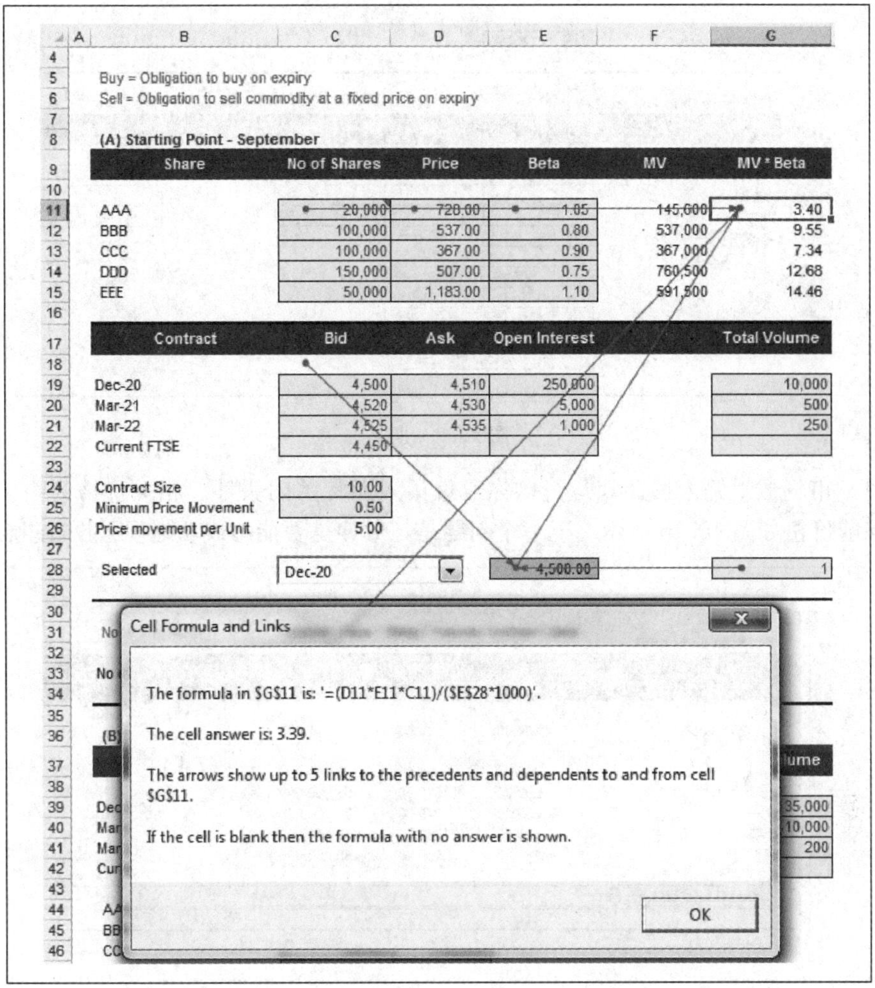

图 10.8 指数示例

票面日期为 6 月,所以选择 9 月作为未平仓合约和成交量日期. 最小价格变动单位为最小的报价额度,即 $0.5 \times GBP\ 10 = GBP\ 5$.

如果想在指数下跌时获利,需要卖出期权. 如果指数上涨了,股票会获利而期货会亏损. 所需的合约数计算公式如下:

$$合约数 = \frac{股票的市场价值 \times 股票 \beta}{期货合约价值}$$

使用 FTSE 100 作为投资组合的代理指数,由于在风险方面,组合的成分指数与该指数并不完全匹配,因此它必须代表一个潜在的不完全对冲. 模型计算的所需合约数为 47(见图 10.9).

	A	B	C	D	E	F	G
30							
31		No of Contracts	[Market Value * Beta] / Futures Contract Value				
32							
33		No of Contracts	47.00				
34							
35							
36		(B) Future Date - December					
37		Contract	Bid	Ask	Open Interest		Total Volume
38							
39		Dec-20	4,500	4,510	200,000		35,000
40		Mar-21	4,520	4,530	100,000		10,000
41		Mar-22	4,525	4,535	5,000		200
42		Current FTSE	4,550				
43							
44		AAA	800.00	808.00			
45		BBB	510.00	514.00			
46		CCC	349.00	352.00			
47		DDD	502.00	507.00			
48		EEE	1,250.00	1,255.00			

图 10.9　期货

12 月，市场似乎并未按计划运行，你通过买入期货关闭头寸．相关价格为买价 4510 且 12 月的当前价格如图 10.10 所示．下一个问题是，对冲是否能够成功地规避投资组合风险．

	A	B	C	D	E	F	G
50							
51		[C] Profit and Loss					
52			Opening Price	Closing Price	No of Shares / Contracts	Tick	Profit / (Loss)
53							
54		Dec-20 Futures	4,500.00	4,510.00	47.00	5.00	(2,350.00)
55							
56		AAA	728.00	800.00	20,000.00		14,400.00
57		BBB	537.00	510.00	100,000.00		(27,000.00)
58		CCC	367.00	349.00	100,000.00		(18,000.00)
59		DDD	507.00	502.00	150,000.00		(7,500.00)
60		EEE	1,183.00	1,250.00	50,000.00		33,500.00
61							
62		Profit / (Loss on Shares)					(4,600.00)
63							
64		Tradeoff					(6,950.00)

图 10.10　收益和损失

期货损失由价格变动乘以合约数再乘以单位价格得到：

$$期货损失或收益 = (4500 - 4510) * 47 * 5 = (2350)$$

同样也需要使用简单计算得到投资组合的收益或损失．由于该股票表现逊于大盘并且期货价格上涨，所以整体的损失为 6950．鉴于投资组合对指数没有影响，期货头寸无法消除不利变动的影响．由于 3 月有较多的成交量，因此后续的合约可以用来继续对冲．

10.9　习题

企业需要在 6 个月时间内借贷一笔 6 个月期限的贷款，且利率预期会上涨．当前数据如图 10.11 所示.

	A	B	C	D	E
4					
5		(1) Prices			
6				Price	Interest Rate
7			Spot	9,520.00	4.80
8		1	December	9,508.00	4.92
9		2	March	9,505.00	4.95
10		3	June	9,496.00	5.04
11		4	September	9,499.00	5.01
12					
13		Current Date		Sept	
14		Loan Required		March	
15		Payment per Annum		2.00	
16		Loan Amount		5,000,000.00	
17		Contract Size		1,000,000.00	
18					
19		Number of Contracts		5.00	

图 10.11 习题数据

贷款额为 5 000 000 且标准合约大小为 1 000 000,这意味着需要 5 份合约. 当 3 月的现货价格为 4.95% 且期货升至 9520(4.8%) 时,计算总头寸,看是否存在整体收益或损失.

10.10 小结

期货合约与远期合约的区别在于,其作为交易合约具有标准的规模、交割日期和规则约束交易各方以降低交易风险. 期货可以涵盖商品、利率、股票和外汇. 为了明确期货保证金头寸和标的资产,需要得出每种工具的支付情况并计算整体收益或损失. 当使用期货来对冲时,并不能消除风险,而只是基于标的价格变动改变其性质.

第11章 外　　汇

11.1 风险

各组织由于汇率的不利变动而常面临着外汇风险．在进行任何风险评估时，都必须了解风险的性质，并评估其影响是否重大，是否需要进行对冲或控制，是否可忽略不计．套期保值的成本在决策过程中也很重要．外汇产生的风险可以分为三类：

- 交易风险产生于利率的差异．例如，制造商接受订单，并在三个月内交付货物．在此期间，汇率对制造商不利．图11.1显示了涉及订单、交货和付款的典型交易中现金流的时间安排．这没有考虑潜在的信贷和其他不能直接控制的外部宏观风险．图11.2中的扇形图强化了这样的观点，即不确定性随着时间的推移而增加，其中每一条线都表示远离中间基线的百分位数．

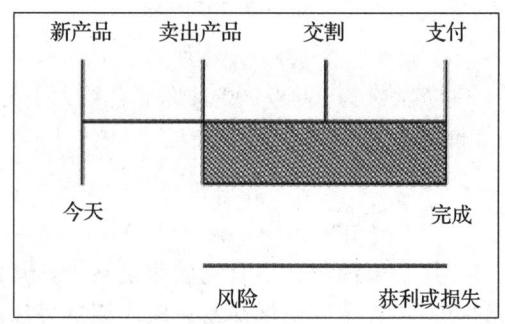

图11.1　交易风险

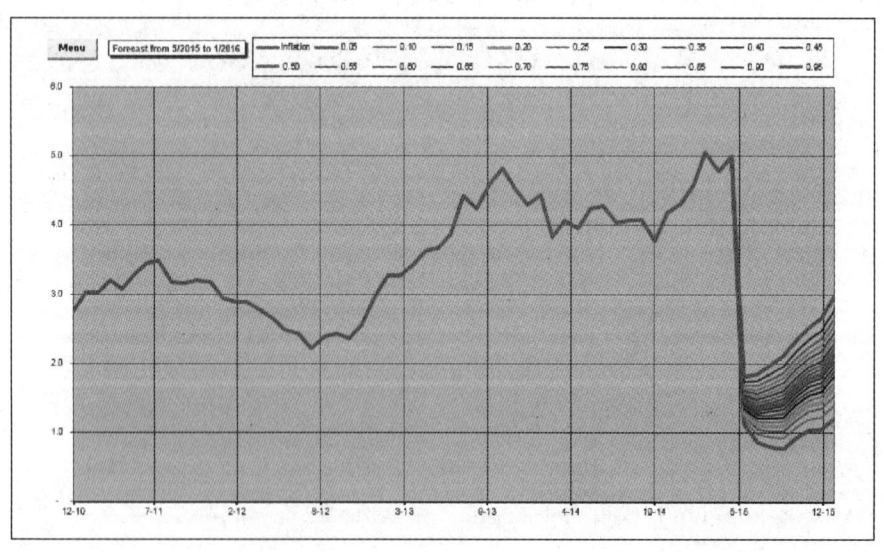

图11.2　结果的可能范围的扇形图

- 转化风险涉及由汇率变动引起的会计收益和资产负债表报表的变化. 这不是一个现金流, 在海外子公司的合并中被视为留存收益与资产负债表留存收益之间的调整之一. 价值会随着时间在本币中产生变化, 且该变化会在英国和美国公认会计原则(公认的会计实务)下的年度账户附注中标明.
- 经济风险涉及因汇率变化而引起的预期未来现金流量的变化以及由汇率变动产生的经济价值变化. 虽然一家公司可能只提供国内商品或服务, 但由于它需要从海外项目的公司购买商品或服务, 因此它仍然是利率敞口的.

企业可以在购买风险对冲商品前, 通过结构化其事务来降低风险. 由于对冲通常会带来额外的成本, 所以审查潜在的补偿系统或许是更好的方法, 具体如下.

- 自然对冲和内部现金管理. 例如, 通过匹配成本和收入, 以当地货币采购材料, 可以减少汇率波动带来的风险. 欧元的引入使得欧洲的企业更容易降低进出口业务的交易风险.
- 减少或避免因公司收到的价值减少而延长的贸易信贷数额. 但如果出口商实力强大, 能够将汇率问题转嫁给进口商, 那么风险将消除.
- 取得贸易信贷或以当地货币借款, 以较少的美元偿还贷款. 这使投资与融资相匹配, 并抵销了成本.
- 净额结算. 扣除同一公司的参与子公司的现金流, 使每个子公司只支付或接收其公司内部购销额的净额.
- 在母公司和海外子公司之间调整公司内部账目.
- 国际融资对冲, 如债券和贷款.

11.2 即期汇率

模型化的关键风险包括用来评估汇率风险水平和潜在汇率变动的交易风险. 相关术语如下:

- 即期汇率, 指当前立即交割的一国货币兑换另一国货币的比率. 这是在达成协议比率后的两日内进行交割的卖出一国货币买入另一国货币的交易.
- 远期汇率, 指在未来特定的一天将一国货币兑换为另一国货币所使用的比率.

在前一章中讲到, 远期利率是在一定时期内利率的函数. 对于外汇, 未来的直接利率与两种货币的即期利率和相对利率挂钩. 该理论认为, 这两种利率之间应该存在利率平价, 因为你可以选择投资于一种货币或另一种货币. 例如, 你可以:

- 现在购买外币, 并将资金存放至所需时间长度.
- 将本币存放至一定时期, 然后购买外币.
- 按报价购买远期外汇.

如果利率平价成立, 那么两种方程的结果应该相同. 如果不成立, 那么在将资金兑换至一种或另一种货币时存在套利机会. 也就是说, 可以通过沿着图11.3中矩形的顺时针或逆时针方向, 对其中的一种货币进行投资以获得收益. 检验所需的变量如图11.3所示, 其中包括了当前和到期时的不同利率与相同即期汇率.因此,所要做出的选择是以 3% 的利率存款以即期汇率兑换,或当前兑换后以 5% 的利率存款.脱离建模,其结果应该是不同的,并且由于可变汇率较高,在当前出现了兑换机会.

电子表格中的第 19 行和第 20 行（使用 ACT/360）计算了当前按 3% 利率存款的利息（见图 11.4）.未来价值在到期时交换.存款变量行表明了当前兑换的结果,其收入为 7667.

为了再次确认数字,需要使用 Data（数据）、Data Tools（数据工具）、What-If Analysis（假设分析）、Goal Seek（目标搜寻）来设定相对于零的方差,具体如图 11.5 所示.图中仅有三个输入值.接下来的工作是通过改变单元格 D8 中的远期汇率,在单元格 H34 中设定方差,使方差设定为零的远期汇率为 1.5076.

图 11.3 矩形变量

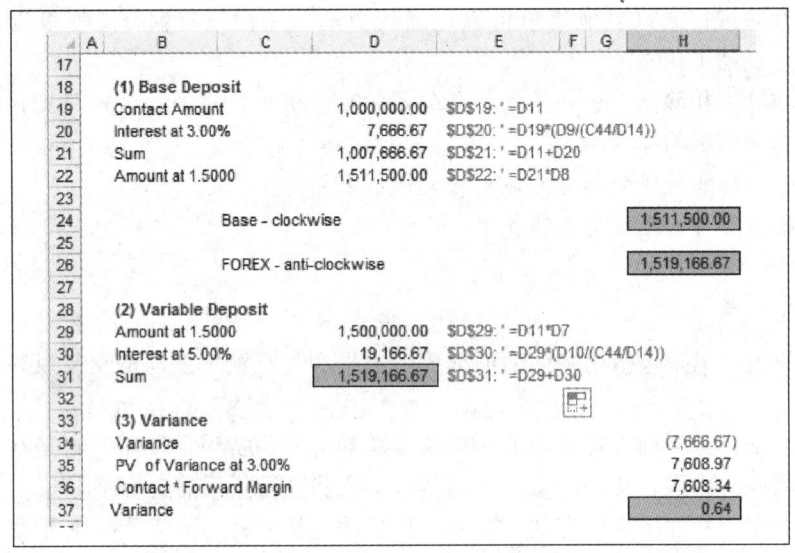

图 11.4 矩形计算

也可以使用公式直接得出远期汇率.远期直接汇率是消除套利机会所需的即期汇率,其公式为：

$$远期直接汇率 = \frac{1 + 可变货币利率 \times \frac{天数}{年}}{1 + 基础货币利率 \times \frac{天数}{年}}$$

基础货币利率 = 本币利率

可变货币利率 = 外币利率

远期保证金为两个利率之间的差异,其公式为:

$$远期保证金 = \frac{天数 \times 即期 \times (可变货币利率 - 基础货币利率)}{年 + 天数 \times 基础货币利率}$$

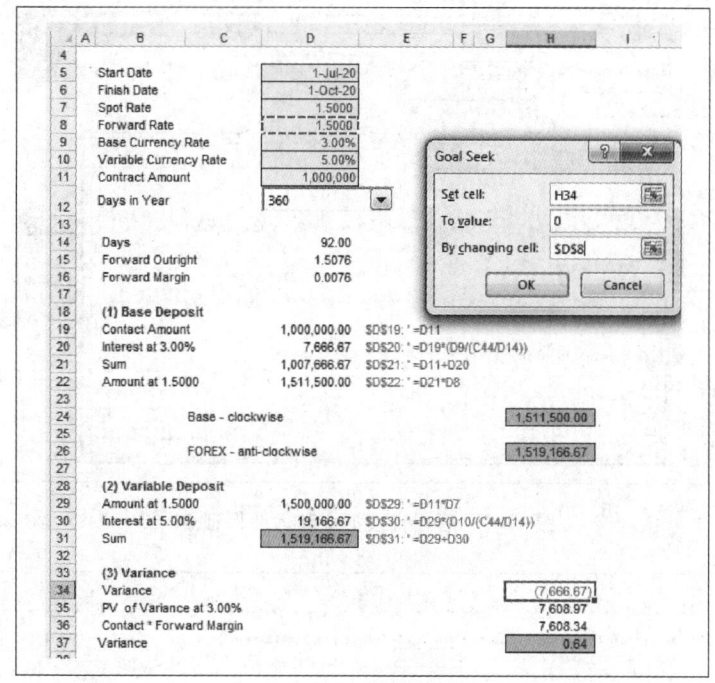

图 11.5　Goal Seek 计算

由于本地货币的利率高于外币利率,我们会期望远期直接汇率升高.单元格 I7 中的远期直接汇率为:

```
=Spot*((1+Var_Int*(Days/Days_in_Year))/(1+Base_
Int*(Days/Days_in_Year)))
```

单元格 I8 中的远期保证金为:

```
=(Days*Spot*(Var_Int-Base_Int))/(Days_in_Year+
(Days*Base_Int))
```

汇率可以按照即期加上远期保证金进行报价.单元格 I9(见图 11.6)包含的公式表明,使用远期汇率计算的正确结果应该与使用即期汇率计算的结果相同:

```
=(Amount+(Amount*(Base_Int/(Days_in_Year/
Days))))*I7
```

数据表以单元格 C8 和 C9 为坐标轴使用 Data(数据)、Data Tools(数据工具)、What-if Analysis(假设分析)、Goal Seek(目标搜寻)来说明远期汇率对相关利率差异的敏感性(见图 11.7).当利率均为 5% 时,远期汇率与即期汇率相同.随着基础货币利率下降,可变货币利率保持不变,远期汇率升高以消除套利的可能性.

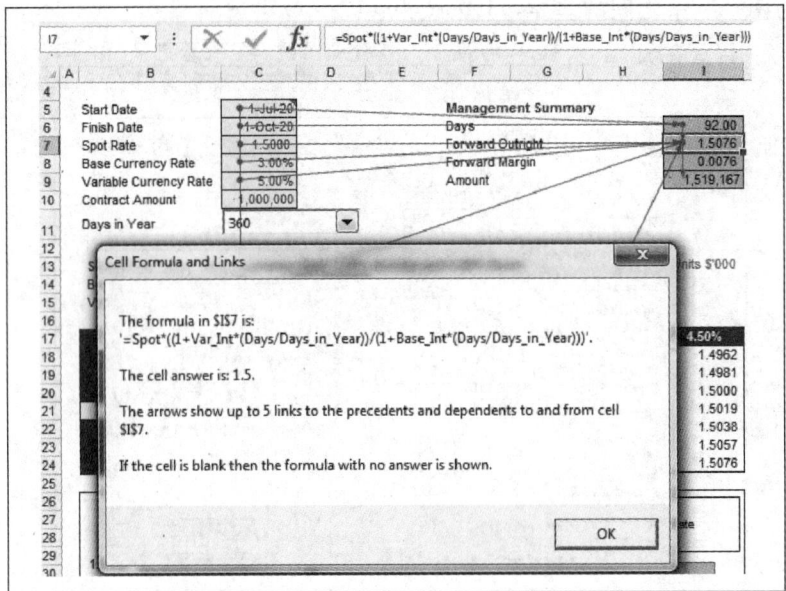

图 11.6　远期直接汇率和远期保证金

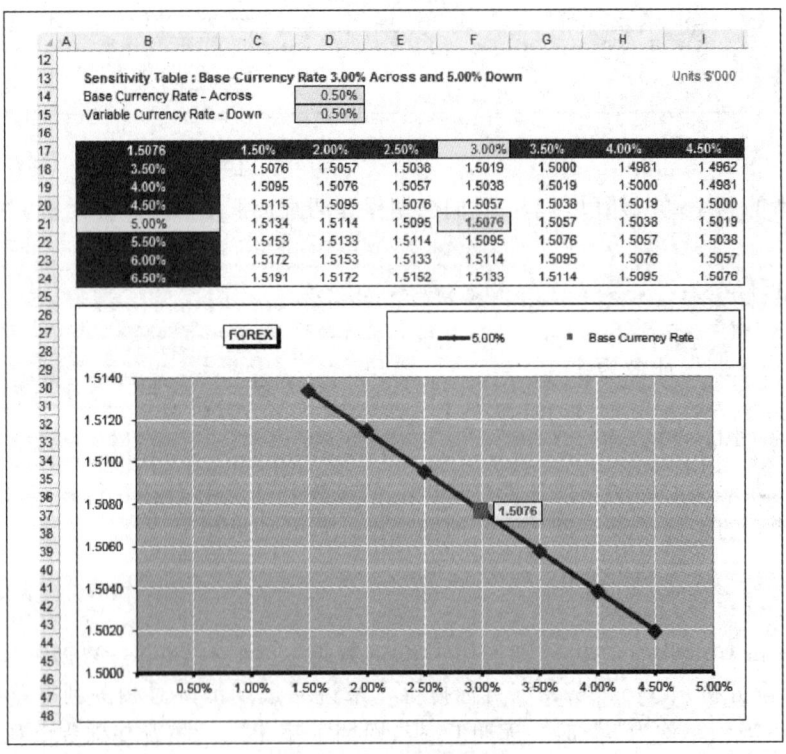

图 11.7　敏感性图

11.3 长期汇率

持续期超过一年的方法依赖于长期互换市场的有效性。这些公式使用复利而不是单利计算。图 11.8 中,即期汇率为 1.50,两个利率仍为 3%和 5%。而复利的差异在于:

$$基础 = (1 \pm 基本汇率)\wedge 年数 = 1.1594$$

$$汇率 = \left(\frac{可变汇率}{基础汇率}\right) * 即期汇率$$

$$汇率 = \left(\frac{1.2765}{1.1594}\right) * 1.50 = 6515$$

也可以像单元格 G12 使用 FV 函数直接计算汇率:

```
=FV (D8, D$11, 0, -1)
```

得到与短期模型同样的等价关系,以 1.6515 作为远期汇率,结果与当前兑换海外货币并按可变货币利率存款的结果是相同的。

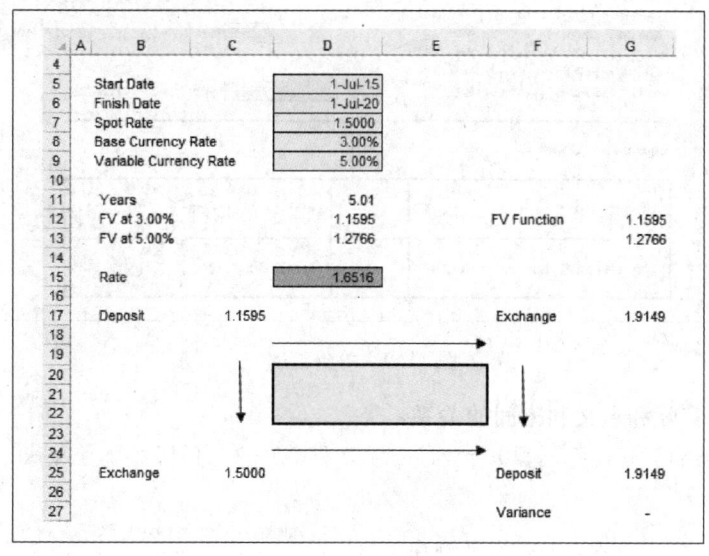

图 11.8 长期汇率

11.4 等价

使用远期汇率,出口商可以在下单时将汇率固定,以消除汇率变动的不确定性。即使是外币合约,其保证金也可以固定为本国货币。其选择为:

- 互换。
- 远期。
- 期货。
- 期权。

在预测汇率方面，利率的差异仍然保持以确保结果保持平衡. 这也可以通过四向等价模型来表示（见图 11.9）.

$$购买力平价: \frac{(1+本地通货膨胀)}{(1+海外通货膨胀)} = \frac{即期汇率}{远期汇率}$$

也可以写成：

$$远期汇率 = \frac{即期汇率}{\left[\frac{(1+本地通货膨胀)}{(1+海外通货膨胀)}\right]}$$

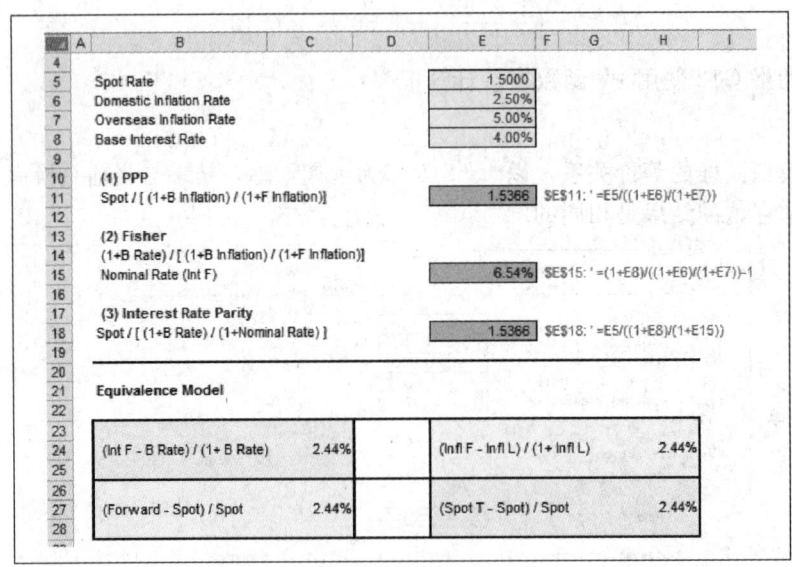

图 11.9 等价汇率

费雪效应表明了实际和名义利率间的关系：

$$费雪: (1+实际利率) = (1+名义利率) * (1+预期通货膨胀率)$$

或者：

$$费雪: (1+名义利率) = \frac{(1+实际利率)}{(1+预期通货膨胀率)}$$

在这个模型下，通货膨胀与利率间的关联应该保持不变，正如表格底部给出的四个相同的结果. 要使理论成立，这些方程必须得到相同的结论：

$$\frac{(可变利率 - 基础利率)}{(1+基础利率)}$$

$$\frac{(海外通货膨胀 - 本地通货膨胀)}{(1+本地通货膨胀)}$$

$$\frac{(远期汇率 - 即期汇率)}{即期汇率}$$

$$\frac{(时间\ T\ 的即期汇率 - 即期汇率)}{即期汇率}$$

由于宏观因素，汇率的相关理论并不是一成不变的，例如：
- 进口和出口的短期价格弹性影响了一国汇率和其购买力平价之间的关系．
- 成熟行业的商品项目和产品更符合购买力平价，因为与新兴行业和科技行业相比，其提供了更多的信息．
- 政府在设置和维持贸易壁垒方面的干预等摩擦，导致购买力平价无法维持．

11.5 比较和套利

在下面的例子（见图 11.10）中，企业可以选择借入英镑、美元或欧元，利率和保证金在第 5 至 12 行．借贷期限为三个月且以英镑计算，利率为 5.1%．如果企业选择以另一种货币借贷，那么要承担货币风险，而且这是用互换利率表示的．

以美元为例，企业按 2.9% 的利率借贷 18 000 000 美元，在单元格 C18 中计算偿还额：

=C17*(C9+C10)*($C11/$C12)
18,000,000 * 2.9% * (91/360)

以英镑计的金额按照即期利率减去 0.0095 的互换利率折算回来，得到的数额为 10 126 752．单元格 C25 中 5.084% 的收益计算公式为：

=(C23/$C13)*($C14/$C11)
=(126,752/10,000,000)*(365/91)

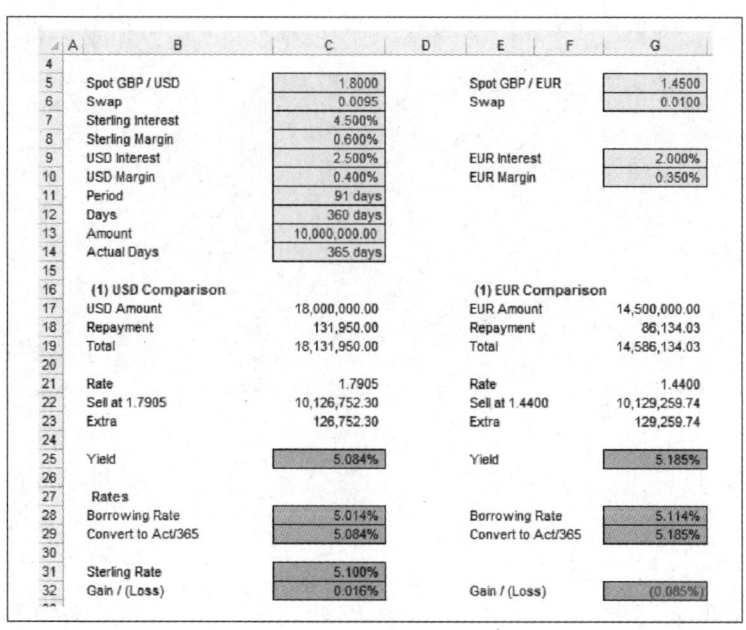

图 11.10 比较

接下来，图表以相同的方程对欧元进行计算，得出收益为 5.185%．这意味着美元贷款成本略低于英镑．

11.6 习题

一位财务主管需要选择以美元或欧元借贷.建立一个模型来确定在 91 天内,是否在某种货币的借贷中有潜在的节约可能?同时计算出均衡汇率.具体数据如下表所示:

项目	数据
即期(欧元/美元)	1.4000
互换	0.0100
美元利率	3.000%
欧元利率	5.000%
欧元保证金	0.500%
金额	10 000 000.00

11.7 小结

外汇的即期汇率和远期汇率之间的联系以及购买力平价和等价性模型的更广泛的关联,都可以很容易用本章介绍的数学方法来建模.这些公式可以用来说明以不同货币借贷的好处,这也是资产管理策略的一个关键组成部分.

第 12 章 期 权

12.1 概述

期权在某种程度上与期货类似，它们允许通过专门的交易所来控制和交易风险．期权是一种权利而不是义务，与期货不同的是，你可以让合同在没有收益的情况下失效．作为整体风险策略的一部分，这种"走出去"的能力被证明是非常有吸引力的．自 1973 年芝加哥期权交易所（CBOE）创建以来，期权的种类和成交量都迅速增长．其他交易所，如伦敦国际金融期货交易所（LIFFE），也相继发展起来．目前期权合约的范围包括：

- 股票和指数．
- 利率．
- 货币．
- 商品．

期货和期权之间最关键的区别在于，期权可以在利用上行收益潜力的同时限制潜在不利因素的损失．期权能够：

- 预测具有保证金和较低资本风险的资本支出交易中的短期价格变动．
- 对冲资产价格下跌，使用期权作为保险手段进行套期保值．

标准的期权定义如下：

- 买入．买入期权是一份合约，赋予其所有者在特定日期或之前的任何时间以固定价格购买的权利（而非义务）．例如，一份行权价格为每股 250 便士，股票当前价格为每股 225 便士，三个月的买入股权赋予在到期日之前的任何时间以每股 250 便士的价格购买该股票的权利．
- 卖出．卖出期权是一份合约，赋予其所有者在特定日期或之前的任何时间以固定价格卖出的权利（而非义务）．例如，一份行权价格为每股 250 便士，股票当前价格为每股 225 便士，三个月的卖出期权赋予在到期日之前的任何时间以每股 250 便士的价格卖出该股票的权利．

数学方面的主要任务是确定不同期权策略的收益，以表明是否应该行使或是放弃期权，并建立期权定价的有效模型．

12.2 术语

期权中设定的价格赋予最终进行购买或者出售的权利（行使的权利），这称为期权的"行权"或"履约"价格．美式期权使用上述定义，而欧式期权只能够在到期日行权．由于允许期权在不具价值的情况下失效,所以期权可以用于偶然的和不确定的现金流上来覆盖风险. 例如,确定下一笔订单并希望获得高于一般月平均的出口额,期权可以帮助规避一些风险. 然而,就像保险一样,你越接近市场远期利率,成本就越高,因此,最终要在风险覆盖和支出之间做出权衡.

与期货类似,期权合约和到期日等都在交易中被标准化,如下表所示. 此处,每个季度都有合约到期,各列中显示了交易价格和成交量,从中可以看出当前成交量的波动性和流动性.

到期	最后买入价	最后卖出价	今日成交量	今日最高价	今日最低价
2XXX 年 12 月 1 日	4952	4951.5	65 320	4998.5	4848
2XXX 年 3 月 18 日		4993	98	4905	4865
2XXX 年 6 月 17 日			0		
2XXX 年 9 月 16 日			0		

交易单位:合约价值按每指数点 10 英镑(例如,指数点为 6500.0 时价值为 65 000 英镑).

交割月份:3 月、6 月、9 月、12 月(最近的四个可交易月份).

报价:指数点(如 6500.0).

最小价格变动(变动单位和价值):0.5(5.00 英镑).

最后交易日:交割月份的第三个星期五.

交割日:最后交易日后的第一个工作日.

交易时间:08:00—17:30.

下表中给出了行权价格和买入、卖出价格的分布.

未平仓合约	每日总成交量	最后交易	买价	卖价	行权价格	买价	卖价	最后交易	每日总成交量	未平仓合约
150					100					
150					110					
1022					120					130
1672	24	15.75	14	16	130					2572
16 774	2544	5.75	4.25	6	140		0.25			4616
2298				0.5	150	4.5	6.25	3	10	1946
450					160	14.5	16.5			
					170		22.5	250		
					180					

每份合约内容如下:

- 到期日期一般会按照预先定义的周期列出. 在实践中,合约在到期月份的特定日期(最后交易日)终止交易. 到期月份会按照多种有效期在任意时间列出.
- 行权(履约)价格可以在当前价格的任意一边设定. 对于任何给定股票或指数的期权,都有一系列行权价格可供选择,如果是股票期权,那么行权价格一般接近当前股价,为该价格左右两边行权价格的最小值.
- 溢价是最初的支付金额. 当购买一份期权时,溢价是为此所支付的价格. 如果正在发行期权,那么溢价就是参与合约来兑现未来承诺时收到的金额.

- 交易单位构成了单个合约的大小. 单个股票期权一般以 1000 股为基础, 所以购买或出售的最低金额就是 1000 股. 其他的期权可能基于指数价值, 按照英镑每指数点定价, 或者是一定数量的实物商品.
- 报价是市场中报出的价格. 例如英国股票期权, 其期权溢价按照便士每股报价. 如果合约基于 1000 股, 一份期权以 GBP 0.05 交易, 那么其购买成本为 0.05×1000＝GBP 50.
- 最小价格变动是报价可以变动的最小金额. 按便士每股报价的股票期权, 可以按最小增量 0.5 镑变动. 一份完整的合约按照最小交易单位定价, 其值为 1000×0.5p＝GBP 5.0. 最小价格变动也可以称为"最小变动单位".

12.3 标的资产

如果你什么都不做, 那么标的资产的收益或损失直接与未来价格相关. 图 12.1 所示为一个简单的收益或损失. 当价格升至 100 以上时带来收益, 反之降到 100 以下会导致亏损.

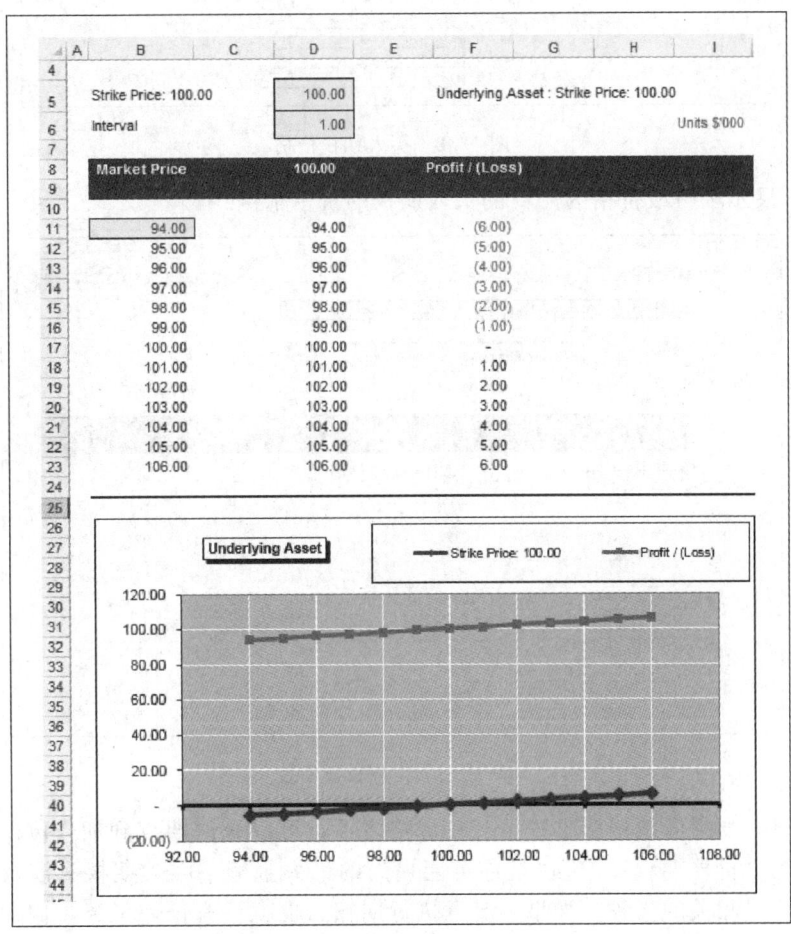

图 12.1 标的资产

12.4 买入期权

一份赋予以固定的价格购买某样东西的权利的期权称为"买入"期权。如果购买这项权利，称为买入买权；如果卖出这项权利，称为卖出买权。使用 Excel 模型，可以更容易地明确买入和卖出的作用，并展示标的价格靠近或远离期权的行权价格时的支付情况（见图 12.2）。下面的示例中使用的是股票，当然对于其他类型的期权该原理也同样适用。

	(A) Call Options	
	Strike Price	Premium (points)
Price less 3.0	97.00	3.33
Price less 2.0	98.00	2.66
Price less 1.0	99.00	2.04
At-the-money	100.00	1.43
Price plus 1.0	101.00	1.14
Price plus 2.0	102.00	0.81
Price plus 3.0	103.00	0.67

图 12.2　买入期权价格

图 12.3 展示了行权价格为 100 的买入期权的价格示例。

Options: Long Call : At-the-money : 100.00 : Premium 1.43

Strike: At-the-money : 100.00 : Premium 1.43

Interval 1.00

Market Price	97.00	98.00	99.00	100.00	101.00	102.00	103.00
Call	3.33	2.66	2.04	1.43	1.14	0.81	0.67
94.00	(3.33)	(2.66)	(2.04)	(1.43)	(1.14)	(0.81)	(0.67)
95.00	(3.33)	(2.66)	(2.04)	(1.43)	(1.14)	(0.81)	(0.67)
96.00	(3.33)	(2.66)	(2.04)	(1.43)	(1.14)	(0.81)	(0.67)
97.00	(3.33)	(2.66)	(2.04)	(1.43)	(1.14)	(0.81)	(0.67)
98.00	(2.33)	(2.66)	(2.04)	(1.43)	(1.14)	(0.81)	(0.67)
99.00	(1.33)	(1.66)	(2.04)	(1.43)	(1.14)	(0.81)	(0.67)
100.00	(0.33)	(0.66)	(1.04)	(1.43)	(1.14)	(0.81)	(0.67)
101.00	0.68	0.34	(0.04)	(0.43)	(1.14)	(0.81)	(0.67)
102.00	1.68	1.34	0.96	0.58	(0.14)	(0.81)	(0.67)
103.00	2.68	2.34	1.96	1.58	0.86	0.19	(0.67)
104.00	3.68	3.34	2.96	2.58	1.86	1.19	0.34
105.00	4.68	4.34	3.96	3.58	2.86	2.19	1.34
106.00	5.68	5.34	4.96	4.58	3.86	3.19	2.34

图 12.3　收益和损失表

在到期日，如果股票价格下跌至行权价格之下，可以允许期权到期作废。在这种情况下，该期权为"价外期权"。这也是你可能损失的最大金额，因为期权只涉及买入或卖出的权利，而不是相关的义务。如果不愿意执行期权，也就没有任何义务，因此最大的损失就是支付的初始溢价。

单元格 C24 中的公式为：

```
=IF($B24>C$21,$B24-C$21-C$22,-C$22)
```

如果现价高于行权价格，收益就等于现价减去行权价格减去期权的初始成本．此时的期权称为"价内期权"．其盈亏平衡点为行权价格加上期权成本．如果现价低于行权价格，损失金额仅仅是期权溢价．图 12.4 给出了使用 Excel 得到买入买权图形的最佳演示．

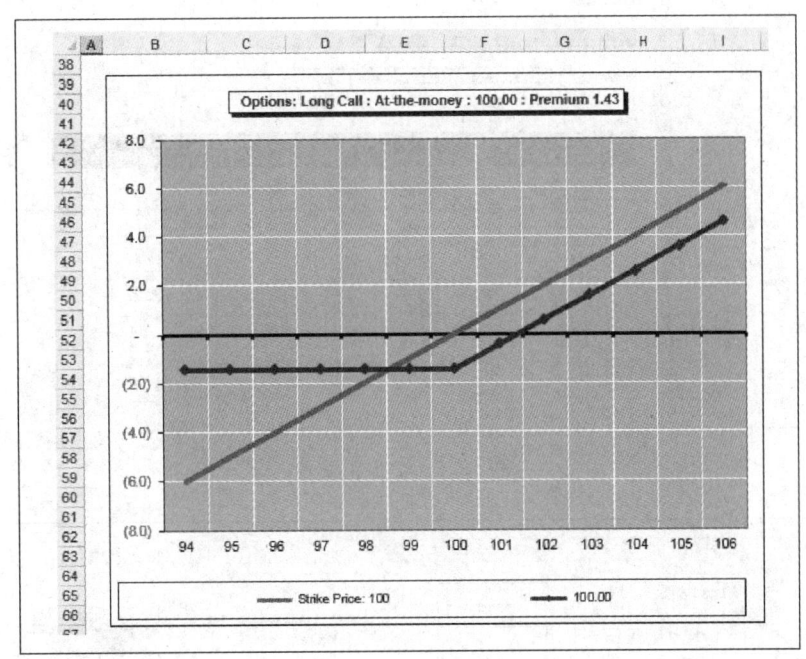

图 12.4 买入买权的收益和损失图

如果是卖出买权，其支付为另一种形式（见图 12.5 和图 12.6）．此处潜在的有限收益为售出期权获得的初始溢价．当标的债券价格上涨时，因为该标的债券必须进行交割，所以其负面影响是无限的．当标的资产价格高于行权价格时，公式为行权价格减去资产价格加上溢价．因此，期权实际是作为一种对于不利价格变动的保险．

买入期权的关键点在于：
- 购买该期权的最大损失为初始溢价．
- 发行该期权的最高收益为初始溢价．
- 出售人和购买人的盈亏平衡点都是约定的行权价格加上初始溢价．
- 购买人的潜在收益是无限的，另一方面，发行人的潜在损失也是无限的．
- 持有人在标的资产价格高于行权价格时会行使期权，在标的资产价格低于行权价格时则会让期权作废．

(A) Call Options Units $'0

	Strike Price	Premium (points)
Price less 3.0	97.00	3.33
Price less 2.0	98.00	2.66
Price less 1.0	99.00	2.04
At-the-money	100.00	1.43
Price plus 1.0	101.00	1.14
Price plus 2.0	102.00	0.81
Price plus 3.0	103.00	0.67

Options: Short Call : At-the-money : 100.00 : Premium 1.43

Strike: At-the-money : 100.00 : Premium 1.43

Interval 1.00

Market Price	97.00	98.00	99.00	100.00	101.00	102.00	103.00
Call	3.33	2.66	2.04	1.43	1.14	0.81	0.67
94.00	3.33	2.66	2.04	1.43	1.14	0.81	0.67
95.00	3.33	2.66	2.04	1.43	1.14	0.81	0.67
96.00	3.33	2.66	2.04	1.43	1.14	0.81	0.67
97.00	3.33	2.66	2.04	1.43	1.14	0.81	0.67
98.00	2.33	2.66	2.04	1.43	1.14	0.81	0.67
99.00	1.33	1.66	2.04	1.43	1.14	0.81	0.67
100.00	0.33	0.66	1.04	1.43	1.14	0.81	0.67
101.00	(0.68)	(0.34)	0.04	0.43	1.14	0.81	0.67
102.00	(1.68)	(1.34)	(0.96)	(0.58)	0.14	0.81	0.67
103.00	(2.68)	(2.34)	(1.96)	(1.58)	(0.86)	(0.19)	0.67
104.00	(3.68)	(3.34)	(2.96)	(2.58)	(1.86)	(1.19)	(0.34)
105.00	(4.68)	(4.34)	(3.96)	(3.58)	(2.86)	(2.19)	(1.34)
108.00	(5.68)	(5.34)	(4.96)	(4.58)	(3.86)	(3.19)	(2.34)

图 12.5 卖出买权表

Loan amount	3,000,000.00	**Result**	
Notional contract size	1,000,000.00	Net interest payment	(76,000.00)
Contract time period	90.00	Interest rate %	5.01
Year days basis	360.00	Gain/(loss)	(0.01)
Initial contract margin	1,000.00		
Variation (per tick)	25.00		
Start date	01-Jan-20		
No of days	182.00		
Current rate	5.00	6 month forward	5.25
Increased June spot	6.00	Inc 6 month forward	6.25
No of contracts	6.00		
Initial margin payment	6,000.00		
Contract price	94.75	Quote: 100 - annualised forward yield	
June contract price	93.75		

Months	Date	Spot	Interest	Buy/Sell	Price	Cash flow
0	01-Jan-20	5.00		Sell	94.75	(6,000.00)
1	31-Jan-20	5.00		Sell		
2	29-Feb-20	5.00		Sell		
3	31-Mar-20	5.00		Sell		
4	30-Apr-20	5.00		Sell		
5	31-May-20	5.00		Sell		
6	30-Jun-20	6.00		Buy	93.75	6,000.00
12	31-Dec-20	6.00	(91,000.00)	Buy		15,000.00
Total			(91,000.00)			15,000.00

图 12.6 卖出买权图

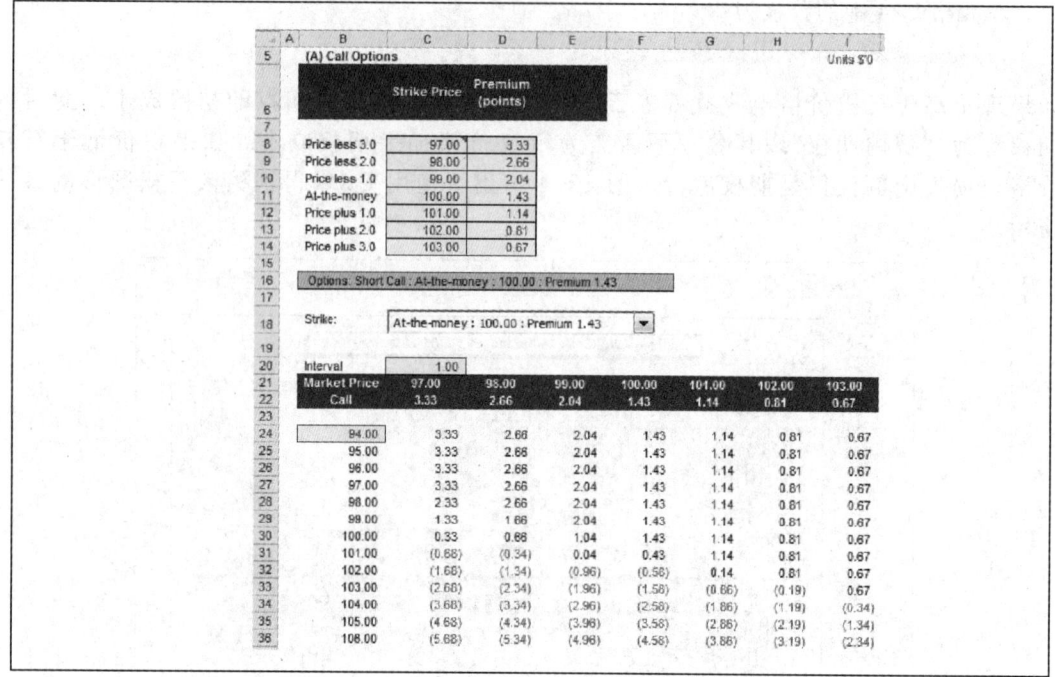

12.5 卖出期权

与买入期权形式相反的期权称为卖出期权，该期权赋予以指定价格出售的权利。购买该权利称为买入卖权，出售该权利称为卖出卖权。卖出与买入相反，由于要以行权价格出售，所以头寸的价值会随着标的股票价格下跌而上涨。

图 12.7 给出了买入卖权的收益和损失表。

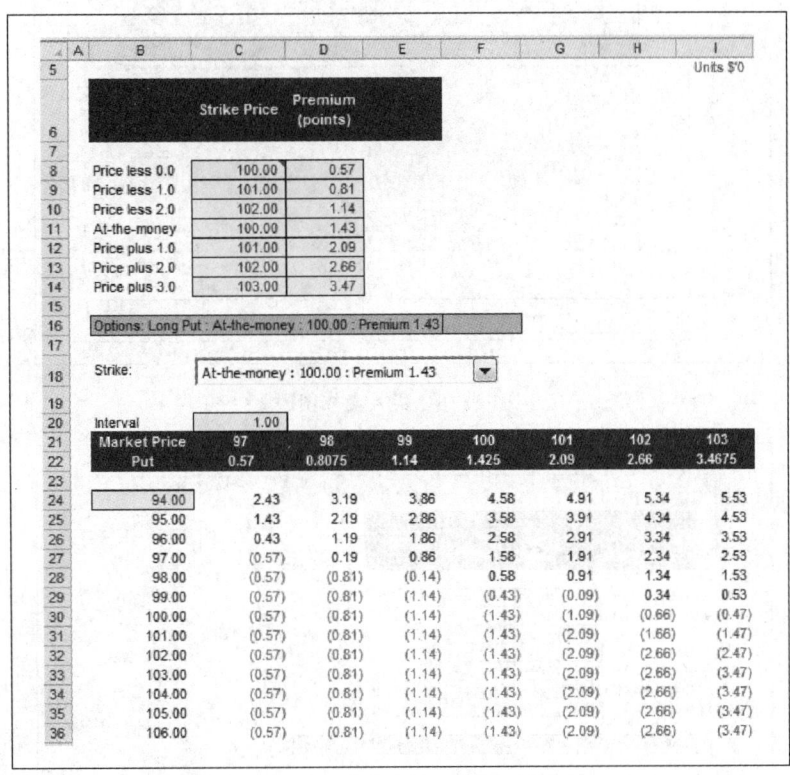

图 12.7　买入卖权表

单元格 C24 中的公式为：

```
=IF($B24<C$21,C$21-$B24-C$22,-C$22)
```

该公式表示，如果资产价格低于行权价格，收益为行权价格减去资产价格减去期权溢价。在到期时，如果资产价格高于行权价格，则卖出期权失效；而最大损失是有限的，等于期权的溢价。盈亏平衡点为行权价格减去溢价，所以在这个价格之下购买人会获得无限的收益。买入卖权的收益和损失如图 12.8 所示。

卖出期权（卖出卖权）的出售人在盈亏平衡点之下的损失没有限度，其最大的收益限于期权的溢价。通过改变 IF 语句和检查序列形状，这些结果可以从图 12.9 和图 12.10 中看到。

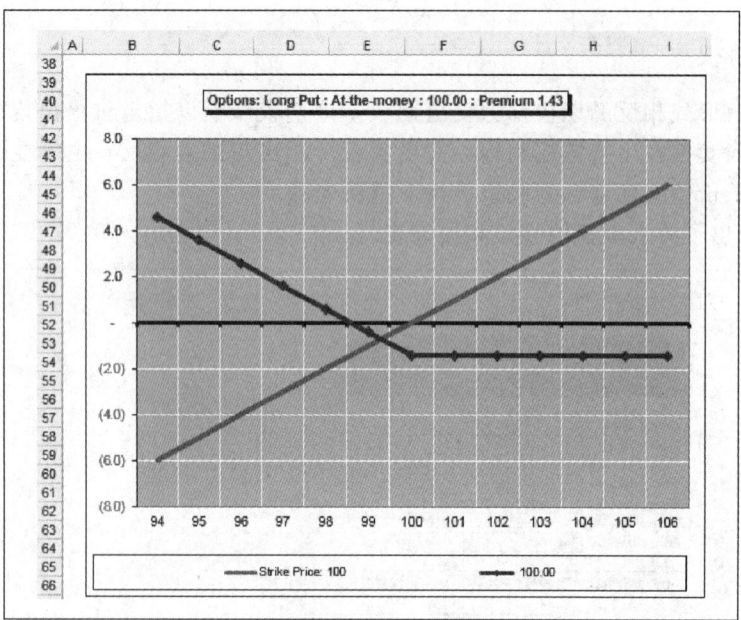

图 12.8 买入卖权图

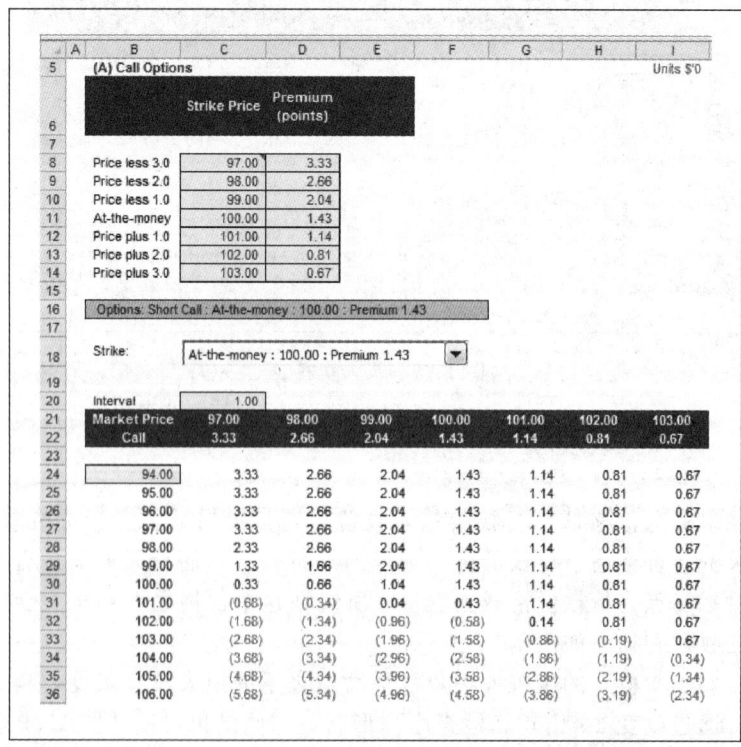

图 12.9 卖出卖权表

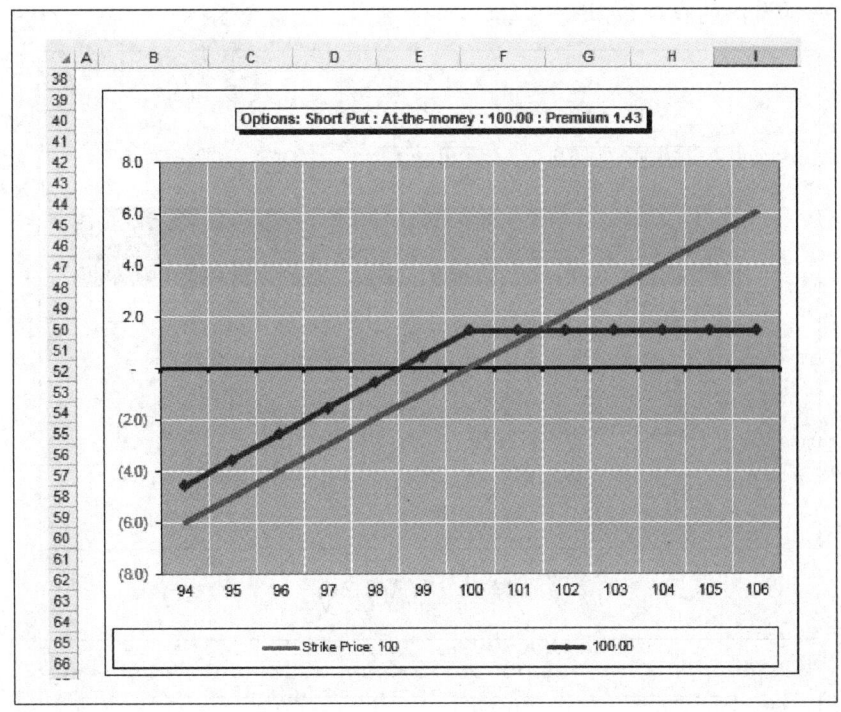

图 12.10　卖出卖权图

卖出期权的关键点在于：
- 购买该期权的最大损失为初始溢价．
- 买入该期权的最大收益限于行权价格减去初始溢价．
- 由于互相抵销，购买人和出售人之间的收益总和总是为零．购买人的收益等于出售人的损失．

卖出期权的持有人在标的资产价格低于行权价格时会执行期权，而在标的资产价格高于行权价格时则会让期权作废．

12.6　示例

图 12.11 中的示例给出了行权价格为 600 的股票期权的四种可能．买入期权定价为 38.0，卖出期权定价为 9.0．当左手边的价格下跌时，分别使用 IF 语句列出支付额以建立总体图形．第 14 行中使用的公式为：

单元格 C14：=IF($B14>$C$9,$B14-$C$9-C$12,-C$12)
单元格 D14：=IF($B14>$C$9,$C$9-$B14+D$12,+D$12)
单元格 E14：=IF($B14<$C$9,$C$9-$B14-E$12,-E$12)
单元格 F14：=IF($B14<$C$9,$B14-$C$9+F$12,+F$12)

绘制总体效果图（见图 12.12）可以更好地展示结果．每一个买入头寸都与卖出头寸正好相反，也就是收入分别被对方的损失所抵销．电子表格中间没有做任何标记的直线是围绕行权价格的标的资产的收益和损失.

	A	B	C	D	E	F	G	H	I
4									
5		Price	Call Option		Put Option				Units $0
6		600.00	38.00		9.00				
7									
8		Interval	20.00						
9		Market Price	600.00						
10			Long Call	Short Call	Long Put	Short Put		Underlying	
11									
12			38.00	38.00	9.00	9.00			
13									
14		500.00	(38.00)	38.00	91.00	(91.00)		(100.00)	
15		520.00	(38.00)	38.00	71.00	(71.00)		(80.00)	
16		540.00	(38.00)	38.00	51.00	(51.00)		(60.00)	
17		560.00	(38.00)	38.00	31.00	(31.00)		(40.00)	
18		580.00	(38.00)	38.00	11.00	(11.00)		(20.00)	
19		600.00	(38.00)	38.00	(9.00)	9.00		-	
20		620.00	(18.00)	18.00	(9.00)	9.00		20.00	
21		640.00	2.00	(2.00)	(9.00)	9.00		40.00	
22		660.00	22.00	(22.00)	(9.00)	9.00		60.00	
23		680.00	42.00	(42.00)	(9.00)	9.00		80.00	
24		700.00	62.00	(62.00)	(9.00)	9.00		100.00	

图 12.11　示例期权表

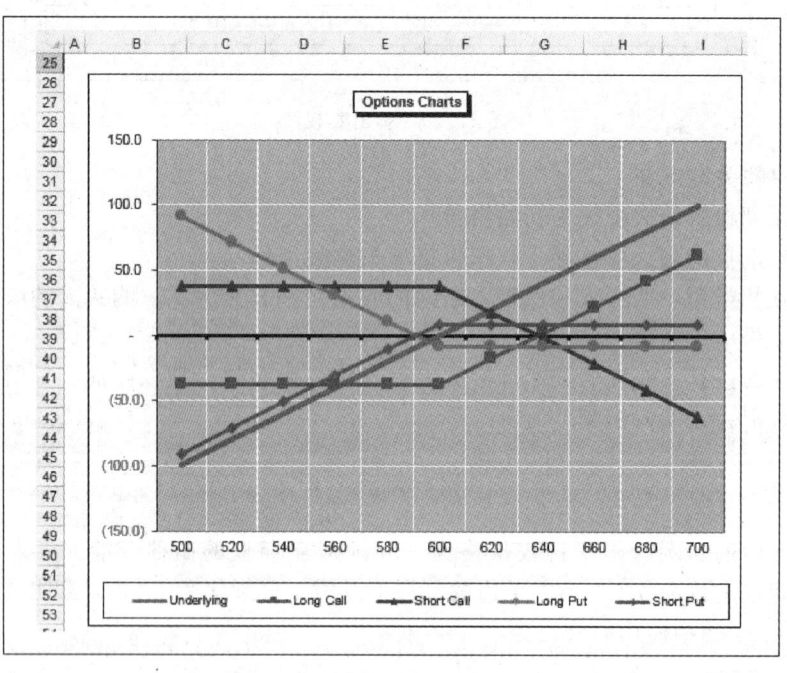

图 12.12　四种可能的期权图

12.7　备兑认购期权

本节内容是一个将卖出买权与股票组合的示例. 实际上, 交易人将会得到发行买入期权的溢价收入，但是这将被股票的升值潜力所抵销．在示例中（见图 12.13 和图 12.14），行权价格为 600 而当前价格为 550．通过发行买入期权，交易人可以获得 38．随着股票价格的攀升，其在股票上获得收益而在期权上蒙受损失．由于股票收益和期权损失的双向作用，上升的上限为 88．如果股票价格下跌，那么期权无效；但是溢价仍然保持并抵销了标的股票的损失．加入该交易的吸引力依赖于对于风险和作为股票未来方向的期权的态度．

	A	B	C	D	E	F	G
4							
5		Strike	Current	Call Option			
6		600.00	550.00	38.00			
7							
8		Interval	20.00				
9			Short Call		Underlying		Overall
10			38.00				
11							
12		500.00	38.00		(50.00)		(12.00)
13		520.00	38.00		(30.00)		8.00
14		540.00	38.00		(10.00)		28.00
15		560.00	38.00		10.00		48.00
16		580.00	38.00		30.00		68.00
17		600.00	38.00		50.00		88.00
18		620.00	18.00		70.00		88.00
19		640.00	(2.00)		90.00		88.00
20		660.00	(22.00)		110.00		88.00
21		680.00	(42.00)		130.00		88.00
22		700.00	(62.00)		150.00		88.00

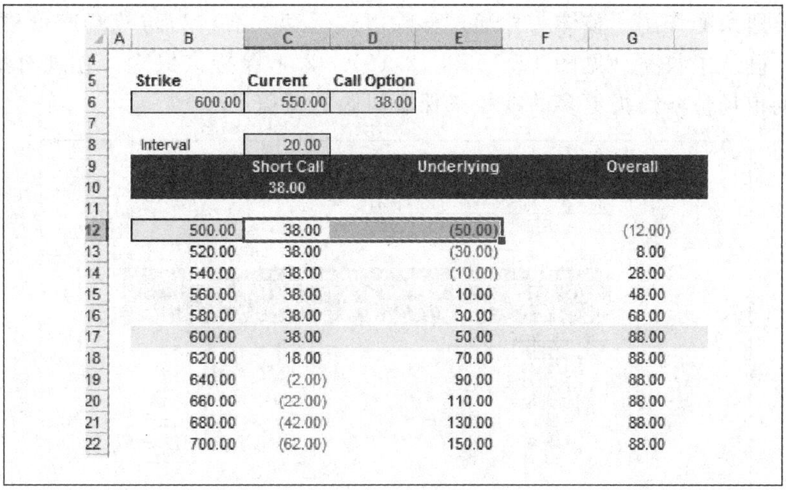

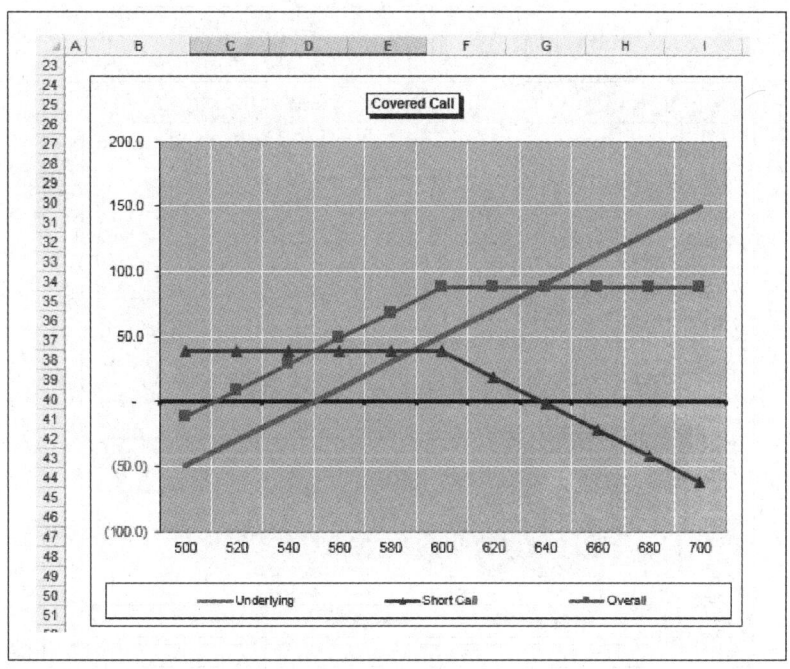

图 12.13　备兑认购期权

图 12.14　备兑认购期权支付图

12.8 使用股票和买入卖权的保险

该组合的目的是防止股票贬值。购买卖出期权在股票价格下跌时获利，而这一要求是为了抵销下跌的影响。买入卖权的 IF 语句给出了资产价格跌至行权价格之下时的收益。标的资产的收益或损失基于 550 的当前价格。买入卖权花费 45，表中所有列整合了购买卖出期权和标的股票的作用。整体头寸通过移除下跌保存上涨，为防范资产价格下跌提供了保障。图表还确认了收益（见图 12.15 和 12.16）。为了保持该保险，在现有期权到期时，必须以现存的市场价格购买更多的期权来保证风险的覆盖。

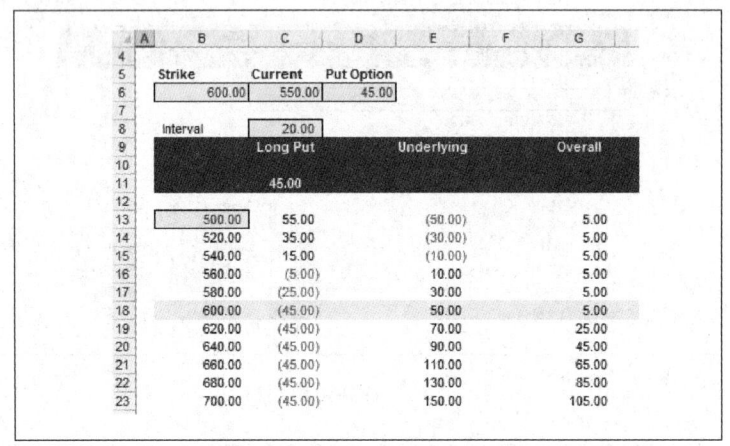

图 12.15　股票和卖出期权组合

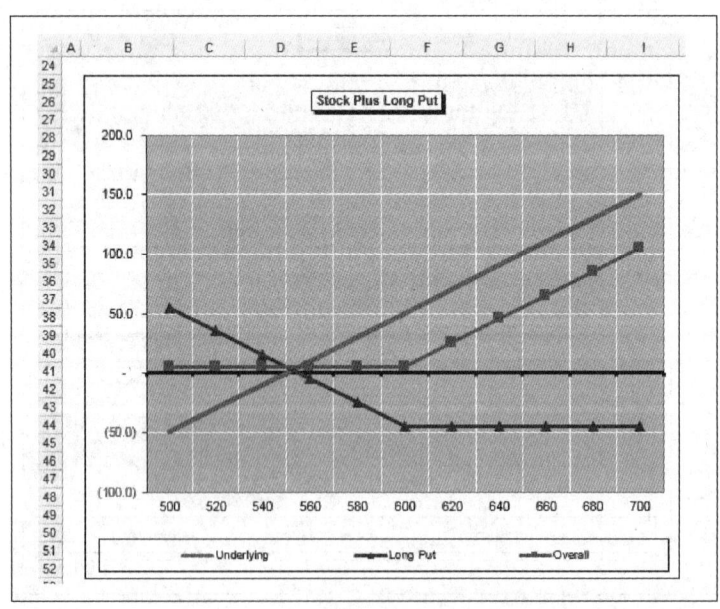

图 12.16　股票和卖出期权支付图

12.9 定价模型

在本章中，已有的实例都使用了期权价格和标的资产价格，但并没有讨论这些价格的由来。在下面几节中，将会介绍两种使用最广泛的模型来说明相关的因素和定价方法。作为对未来债务的回报，期权的发行人获得对于潜在未来花费的承诺的溢价，所以必须有方法来评估交易双方的价值。这两种模型为二项式模型以及 Fischer Black 和 Myron Scholes 的文章中（The pricing of options and corporate liabilities，Journal of Political Economy，May/June 1973，pp637-54）提出的 Black-Scholes 模型。

期权定价依赖于资产价格上涨或下跌的概率。简单情况下，支付给发行人的溢价必须代表购买人期望的收益。购买人总是可以在有利时执行期权而在不利时使其作废。正如在保险合约中，概率论使得很多模型可以预期结果、回报或成本。出现结果的概率依赖于以下四个方面：

- 波动率。波动率是对于过去波动的度量，如股票价格波动。理论上认为不稳定的股票风险更高，所以期权价格应该更高，以应对不可预期的结果。标准差被用来表示风险的大小，尽管过去的波动率并不一定等于未来的波动率。
- 行权价格。购买人总是会在有利的情况下执行期权。
- 到期期限。对于期权来说，有很多机会可以产生价值。长期预测是众所周知的难题，专业人士尝试预测 12 个月之后的 FTSE 指数的情况就证明了这一点。
- 利率。利率非常重要，因为发行人获得的溢价可以作为存款并获得直至到期日的利息。由于期权实际是远期价格的一种形式，所以收益曲线形状会影响期权定价。

12.10 Black-Scholes 模型

Black-Scholes 模型建立在以下假设之上。

- 期权存续期间的波动率和利率不发生改变。这是一种简化形式，因为波动率和利率是会随着时间发生变化的。
- 未来的相对价格变化不依赖于历史或当前的变化，因此模型中不存在需要改变结果概率的"记忆"。
- 没有交易成本，例如处理费用或扭曲价格的税收。
- 相关价格变化的概率分布为对数正态分布。该分布假设了较小的平均显著偏差的概率，并减少了使用正态分布会出现的"尖峰"或"厚尾"问题。

模型计算看上去很复杂，与使用金融计算器和表相比，使用 Excel 计算更为简便。其中的公式需要分阶段进行计算以降低单元格的复杂程度（见图 12.17）。表中的输入数据为：

- 当前股价（S）.
- 以标准差衡量的股价波动率（V）.
- 无风险利率（r）.
- 行权价格（X）.
- 到期日期（T）.

	A	B	C	D	E	F	G	H
4								
5	Current Stock Price: S		100.00					Units $0
6	Standard Deviation: V		20.00%					
7	Annual Risk Free Rate: r		5.00%					
8	Exercise Strike Price: X		95.00					
9	Time To Maturity: T		0.5000					
10								
11	d1		0.6102		(LN(S/X)+(r+0.5*V^2)*T)/(V*SQRT(T))			
12	d2		0.4688		d1-V*SQRT(T)			
13	N(d1)		0.7291		Formula NormSDist(d_1)			
14	N(d2)		0.6804		Formula NormSDist(d_2)			
15	Call Price		9.8727		P*N(d1)-X*exp(-r*T)*N(d2)			
16								
17	-d1		(0.6102)					
18	-d2		(0.4688)					
19	N(-d1)		0.2709		Formula NormSDist(-d_1)			
20	N(-d2)		0.3196		Formula NormSDist(-d_2)			
21	Put Price		2.5272		P*N(-d1)-X*exp(-r*T)*N(-d2)			

图 12.17 Black-Scholes 公式

模型的第一阶段是使用下列公式计算 d1 和 d2：

$$d1: \frac{\left[对数正态分布\left(\frac{股价}{行权价格}\right) + (无风险利率 + 0.5 * 成交量\verb|^|2) * T\right]}{\left(成交量 * (时间)\verb|^|\frac{1}{2}\right)}$$

$$d2: d1 - 成交量 * (时间)^{\frac{1}{2}}$$

标准正态分布的函数为 NORMSDIST，应用至 d1 和 d2 得出最终的公式为：

$$欧式买入期权 = 价格 * N(d1) - 行权价格$$
$$* EXP(-无风险利率 * 时间) * N(d2)$$

$$欧式卖出期权 = 价格 * N(-d1) - 行权价格$$
$$* EXP(-无风险利率 * 时间) * N(-d2)$$

第二个 Black-Scholes 表建立了行权价格和波动率的敏感性模型．其中使用的输入数据与第一个 Black-Scholes 表的相同，并使用 Data（数据）、Group（组）和 Outline（分级显示）进行计算．

如果是买入期权，价格随着波动的升高和当前价格下跌远离行权价格而上涨．卖出期权则相反：随着朝向行权价格波动的升高，其价格上涨（见图 12.18）．

关于变量和期权价值变化的总结如下表所示：

因素	买入	卖出
资产价值上涨	上涨	下跌
标的资产波动率升高	上涨	上涨
行权价格上涨	下跌	上涨
到期时间增长	上涨	上涨
利率升高	上涨	下跌

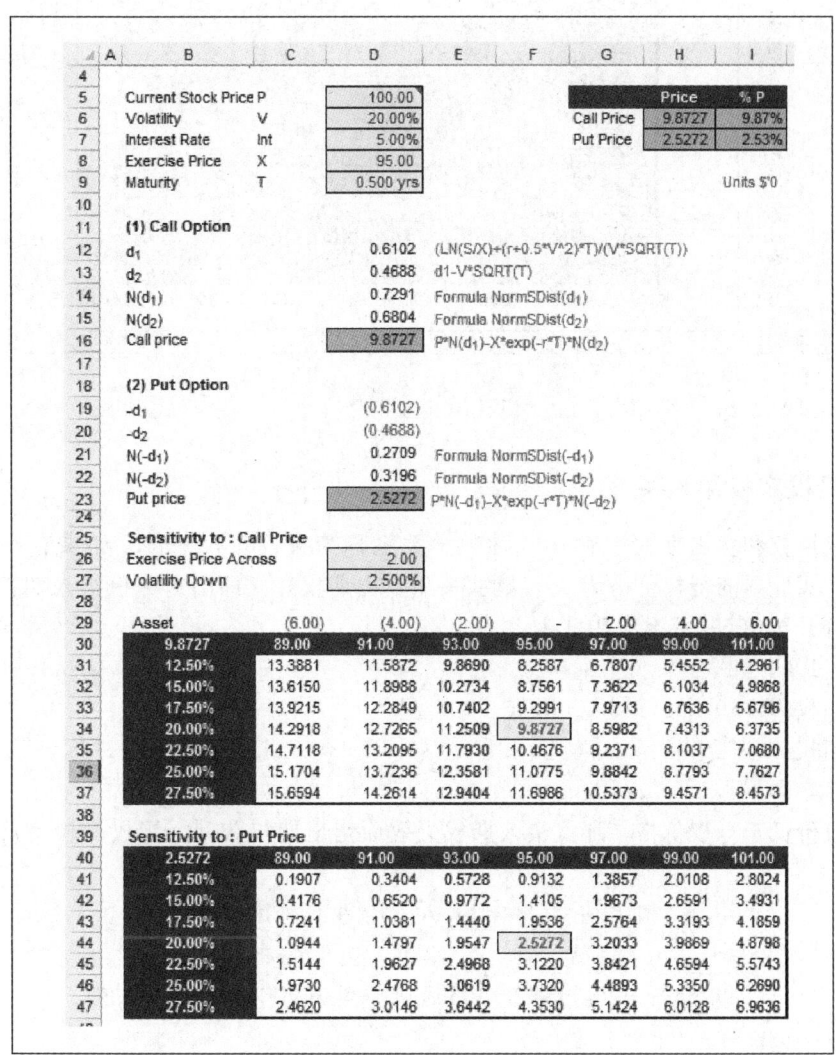

图 12.18 Black-Scholes 敏感性分析

为了更形象地展示变化, 图 12.19 给出了支付图形.

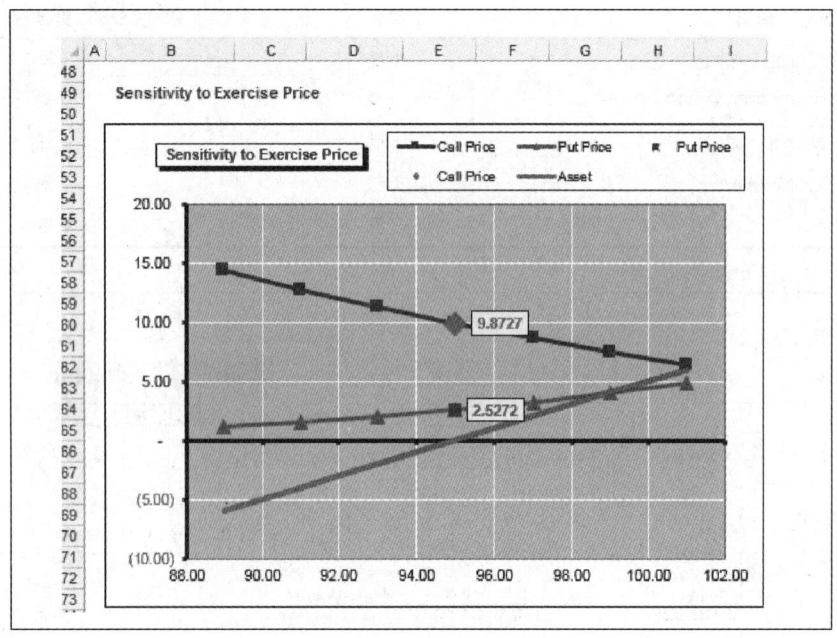

图 12.19 敏感性图

12.11 买权卖权平价关系

在买入期权和卖出期权中存在一种数学关系称为买权卖权平价．如果有一个投资组合，其中购买股票的行权价格为 60，购买一份卖出期权并立即出售一份买入期权．如果在到期日股价升至 100，那么净头寸为：

股价：100

买入期权：−40

卖出期权：0

净头寸：60

如果股价低于行权价格，那么买入期权失效而卖出期权获利．买权卖权平价由以下公式给出：

$$即期 + 卖出 = 买入 + 行权价格的现值$$

或者，

$$买入溢价 - 卖出溢价 = (远期价格 - 行权价格)的现值$$

或者，

$$出售远期 + 购买买入 + 出售卖出 = 0$$

为了满足模型假设，此处公式假定为理想市场，无交易成本或税收．模型中现值的计算使用基础公式：$\dfrac{1}{(1+利率)}$，且付息期利率没有任何税收（见图 12.20）

	A	B	C	D	E	F	G
4							
5		Call		9.87		Units $'0	
6		Put		2.53			
7		Maturity	T	0.500 yrs			
8		Interest Rate	Int	5.00%			
9		Volatility	V	20.00%			
10		Current Stock Price	P	100.00			
11		Exercise Price	X	95.00			
12							
13		Formula		P + Put = Call + Present Value of Exercise Price			
14		P + Put		102.53			
15		Call Price		9.87			
16		PV of X		92.71			
17		C + PV		102.58			
18		Variance		(0.06)			
19		Error on Parity		(0.06)			

图 12.20 买权卖权平价

12.12 Greeks 指标

仅考虑期权价格本身是比较片面的. 虽然这些金融模型所做的简单计算用手持的金融计算器也能算出来, 但是高级的 Excel 模型却能做到更多. 正如上一节中所讨论的, 交易的最终结果并不存在整体利益, 因为一个因素引起的变化与另一个因素引起的变化相互抵消. 经销商需要掌握期权的敏感性值, 这些表示敏感性的数字称为 Greeks.

例如, 当一份买入期权价格上涨时:

- 行权价格降低.
- 到期时间增加.
- 股价升高.
- 利率升高.
- 波动率升高.

图 12.21 所示的 Greeks 表模拟了敏感性, 同时给出了对公式的解释.

指标的具体定义如下:

- delta 用来度量标的资产价格发生改变时期权价格的变化程度, 即期权价格变化/标的资产价格变化. 如果是买入期权, 该值对于价外期权的取值自 0 开始, 对于价内期权的取值范围是 0.5～1. 如果是卖出期权, 对于价外期权, 其值接近于 0, 对于价内期权, 其取值范围是 -0.5～-1. delta 指标可以用于对冲, 因为它可以协助计算出为覆盖头寸所要购买或出售的标的资产的总额.
- gamma 用来度量相对于标的价格变化的 delta 指标的变化, 定义为 delta 变化/价格变化. 一个高的 gamma 值意味着一个中度的标的价格变化导致了较大的 delta 指标变化. 对于多头买入和卖出头寸, gamma 值为正值, 对于空头头寸, gamma 值为负值.
- theta 表示价格随时间的变化, 定义为期权价格变化/时间变化. 对于多头头寸 theta 值为负, 对于空头头寸 theta 值为正.

	B	C	D	E	F	H	J
5	Call		9.87		Delta	0.729	Units $'0
6	Put		2.53		Gamma	0.023	
7	Maturity	T	0.500 yrs		Theta	(7.836)	
8	Interest Rate	Int	5.00%		Vega	23.418	
9	Volatility	V	20.00%				
10	Current Stock Price	P	100.00				
11	Exercise Price	X	95.00				
12							
13	Delta		Call	Put	Change in price when underlying price changes		
14	N(d1)		0.7291	(0.2709)			
15							
16	Gamma				Rate at which delta changes		
17	Ln(P/X)		0.0513		Gamma highest when option at the money and		
18	Adjusted return		0.0150		reduces away from the price		
19	Time adjusted volatility		0.1414				
20	d2		0.4688				
21	d1		0.6102				
22	Coefficient		0.3989				
23	(d1^2/2)		0.1862				
24	Exp-(d1^2/2)		0.8301				
25	N'(d1)		0.3312				
26	N'(d1)/(P*Time_Adj_Volatility)		0.0234	0.0234			
27							
28	Theta						
29	d1 at 0% Interest		0.4334		Minimum when share price equals exercise price		
30	r*Call-r*P*Delta-0.5*(V^2)*(P^2)*Gamma		(7.8356)	(3.2028)	For every 1/100 of a year premium moves by -7.836		
31							
32	Vega						
33	N'd1		0.3312		Sensitivity of an option to a change in volatility		
34	P*Sqrt(T)*N'd1		23.4178	23.4178	Most senstive when at the money		
35							
36	Rho						
37	Exp(-Int T)		0.9753				
38	N(d2)		0.6804	0.3196	Change in premium associated with a one basis		
39	Rho		31.5202	(14.8071)	point move in the short-term interest rate		

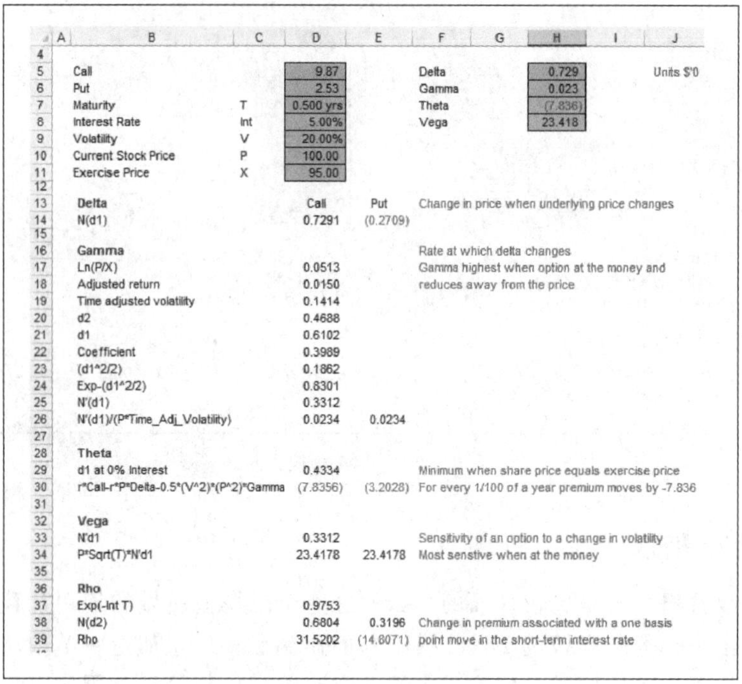

图 12.21　Greeks 指标运作

- vega 反映标的资产价格波动率升高对期权价格的影响，其值始终为正，定义为期权价格变化/波动率变化. 由于风险和波动对于价格的作用，波动率升高导致期权价格上涨. 当期权为平价期权时，该值达到最高，并随着市场价格与行权价格间差异的增大而下降.
- rho 反映了短期利率中一个基点的变动对于期权溢价的影响.

在 Black-Scholes 敏感性表中，以波动率为轴的数据表，生成了对于不同波动率的 Greeks 指标. 由于波动率的输入数据在该表中，数据表作为一个矩阵函数也必须放置于此表中. 然后可以简单地得出 Greeks 表中的值并根据波动率范围做出图形（见图 12.22 和图 12.23）.

Workings: Sensitivity Table of Answers to Volatility Across

Interval Across 0.50%

		18.50%	19.00%	19.50%	20.00%	20.50%	21.00%	21.50%
Call	9.8727	9.5255	9.6403	9.7561	9.8727	9.9902	10.1085	10.2275
Put	2.5272	2.1800	2.2948	2.4105	2.5272	2.6447	2.7630	2.8820
Delta	0.7291	0.7417	0.7373	0.7331	0.7291	0.7253	0.7217	0.7183
Gamma	0.0234	0.0247	0.0243	0.0238	0.0234	0.0230	0.0226	0.0222
Theta	(7.8356)	(7.4610)	(7.5855)	(7.7104)	(7.8356)	(7.9610)	(8.0867)	(8.2127)
Vega	23.4178	22.8580	23.0581	23.2443	23.4178	23.5796	23.7306	23.8719
Rho	31.5202	32.3227	32.0448	31.7775	31.5202	31.2721	31.0330	30.8021

Data Table Workings

Volatility	0.2000
Exercise Price	95.0000

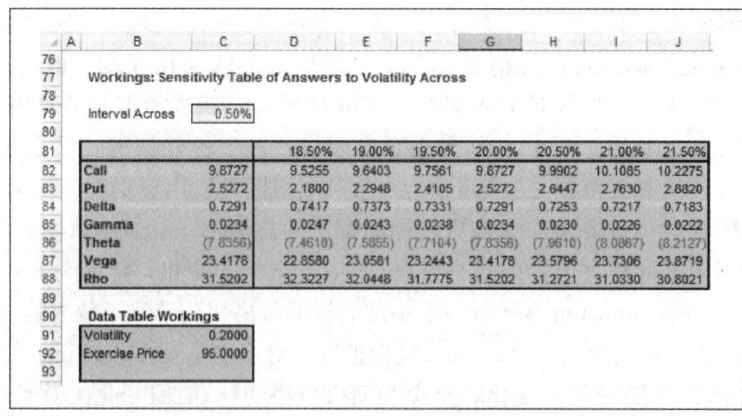

图 12.22　Greeks 表

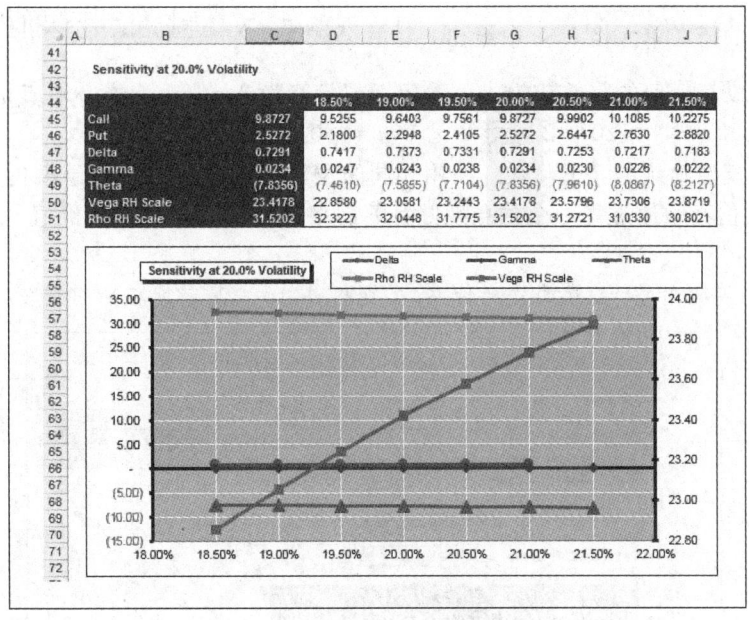

图 12.23 Greeks 图

12.13 二项式模型

二项式模型能够通过基于标的资产价格、无风险利率、到期时间和与 Black-Scholes 模型类似的标的资产价格波动率生成的价值网格来构建。该模型用于波动性或风险水平的定价，其结果应该是大致相同的。它建立在一个基本的假设之上，即在给定的时间，资产价格只有上涨和下跌两种可能的结果，且每种情况发生的概率是特定的。

在图 12.24 的示例中，今日价格为 95，行权价格为 100。资产价格上涨或下跌的机会为 50：50。需要买入期权来对冲价格下跌的可能，并且根据对冲比率来确定数量。

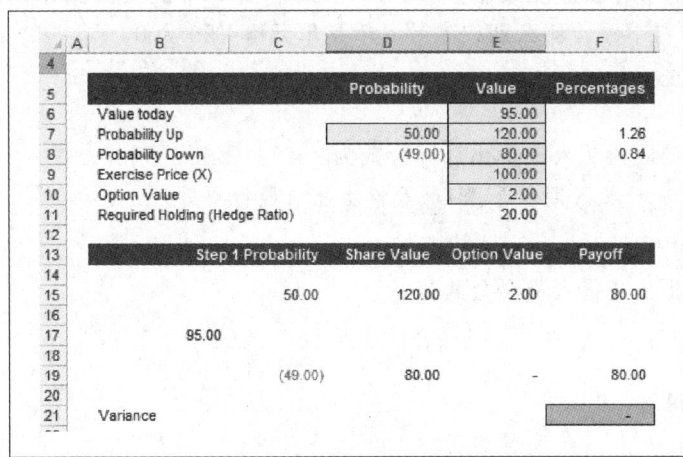

图 12.24 二项式支付

对冲比率的值在单元格 E11 中给出，计算公式为：$\frac{上涨价格-下跌价格}{2}$. 相对无风险投资，必须没有任何的收益或损失，给定期权价格为 2，那么下式必须成立：

$$120 - 2 * 对冲比率\ n = 80 - 0 * 对冲比率$$

图 12.24 中的模型确认了其正确性．使用相同的逻辑可以进行更多付息期的模型运算（见图 12.25）．估值必须通过每一个付息期并且复制相关投资组合的资产价值．最终的价格由以下公式给出：

$$买入价格 = 标的资产价格 * 期权\ delta - 复制期权所需借贷$$

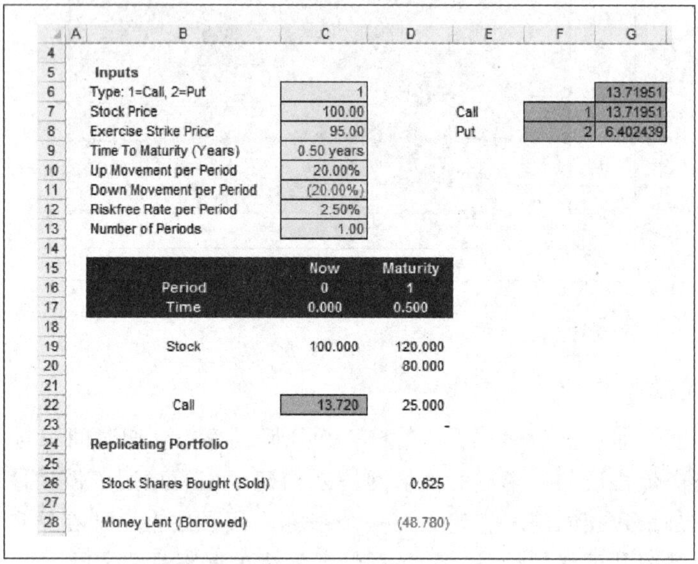

图 12.25 单一二项式周期

在示例中，资产价格可以上涨或下跌 20%．单元格 D19 中的公式给出的买入期权价格为 120-95．如果价格下跌，那么期权失效，于是单元格 D20 为 0：

```
=IF(Type=1,MAX(D19-Strike_Price,0),MAX(Strike_
Price-D19,0))
```

单元格 D26 给出的股票买入或卖出计算公式为：

$$(买入期权上涨 - 买入期权下跌)/(股价上涨 - 股价下跌)$$

```
=(D22-D23)/(D19-D20)
```

单元格 D28 中的借出或借入资金公式为：

$$= \frac{(D23 - 股票购买 * D20)}{(1 + 无风险利率)}$$

买入期权由下式得出：

$$= 股票购买 * 100 + 借出资金 = 13.720$$

模型中有 6 个付息期使用相同的逻辑关系，并建立基于上涨和下跌概率的估值变化的网格

(见图 12.26). 在 6 个付息期里, 单元格 C31 中的公式为:

```
=IF($C$5=1,MAX(I21-$C$7,0),MAX($C$7-I21,0))
```

	A	B	C	D	E	F	G	H	I
4									
5		Option Type: 1=Call, 2=Put	1		Risk Neutral Probability			66.14%	
6		Stock Price	100.00		Periodic Risk Free Rate			0.42%	
7		Exercise Price	95.00						
8		Volatility	20.00%					7.346	
9		Time To Maturity (Years)	0.50 years		Call		1	7.346	
10		Periods per Annum	12.00		Put		2	0.005	
11		Annual Risk Free Rate	5.00%						
12									
13		Up Movement per Period	1.29%						
14		Down Movement per Period	(1.29%)						
15		Number of Periods	6.00						
16									
17			Now						
18		Period	0	1	2	3	4	5	6
19		Time	0.000	0.083	0.167	0.250	0.333	0.417	0.500
20									
21		Stock	100.00	101.29	102.60	103.92	105.26	106.62	108.00
22				98.71	99.98	101.27	102.58	103.91	105.25
23					97.43	98.69	99.97	101.26	102.56
24						96.18	97.42	98.68	99.95
25							94.94	96.16	97.40
26								93.71	94.92
27									92.50
28									
29									
30									
31		Call	7.346	8.25	9.17	10.10	11.05	12.02	13.00
32				5.68	6.55	7.45	8.37	9.30	10.25
33					4.04	4.87	5.75	6.65	7.56
34						2.47	3.21	4.07	4.95
35							1.04	1.58	2.40
36								-	-
37									-

图 12.26 6 步二项式周期

其中, 行权价格为 95.0, 所以期权价格为 13.0. 风险中性概率为:

(周期无风险利率一每期下跌百分比)/(每期上涨百分比一每期下跌百分比)

```
=(H6-C14)/(C13-C14)
```

自右至左计算直至单元格 C31, 其中 D 列中的值用于得出在没有套利情况下的期权价格 7.346.

```
=IF(D32=" "," ",($H$5*D31+(1-$H$5)*D32)/(1+$H$6))
```

二项式模型在理论上可能比 Black-Scholes 模型要简单, 但是如果只有有限几个周期, 结果可能会不同, 因此模型需要更多的付息期数据进行计算. 例如对于 50 个付息期的计算, 其结果在 20 个付息期之后开始收敛 (见图 12.27).

	A	B	C	D	E	F	G	H	I	J	K	L
4												
5		Inputs			Results							
6		Type: 1=Call, 2=Put	1		Time / Period			0.010				9.8857
7		Stock Price	100.00		Riskfree Rate / Period			0.05%		Call	1	9.8857
8		Exercise Price	95.00		Up Movement / Period			2.02%		Put	2	2.5401
9		Time To Maturity (Years)	0.50 years		Down Movement / Period			(1.98%)				
10		Annual Standard Deviation	20.00%		Risk Neutral Probability			50.75%				
11		Annual Risk Free Rate	5.00%									
12		Number of Periods	50.00									
13												

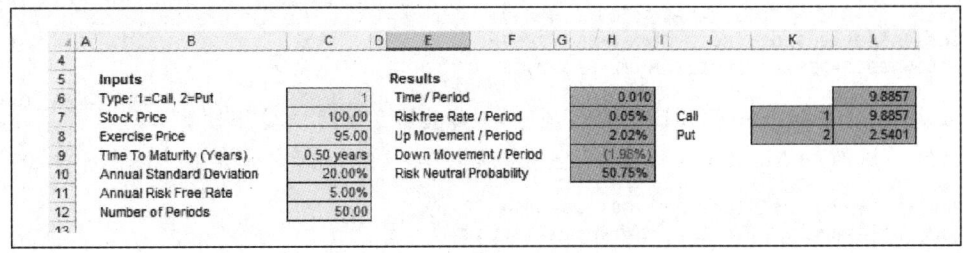

图 12.27 50 步二项式模型

12.14 Black-Scholes 模型比较

Black-Scholes 对比表中比较了二项式模型和 Black-Scholes 模型的结果（见图 12.28 和图 12.29）。其中的输入数据相同。

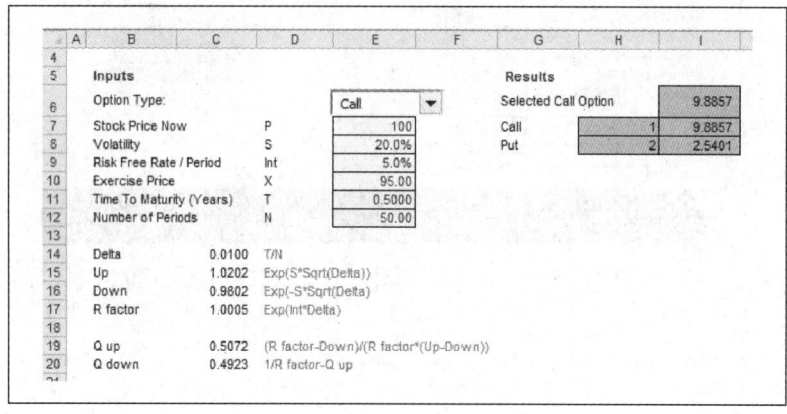

图 12.28 比较输入

图 12.29 Black-Scholes 计算

买入和卖出期权的公式（见图 12.30）如下：

```
Call =IF(B98<=$E$12,COMBIN($E$12,$B98)*
$C$19^$B98*$C$20^($E$12-$B98)*MAX($E$7*
$C$15^$B98*$C$16^($E$12-$B98)-$E$10,0),0)
```

买入 ＝ 之前结果 ＋ COMBIN(N, 周期) * Q上涨^周期 * Q下跌^
(N — 周期) * Max(履约价格 * 上涨^周期 * 下跌^(N — 周期) — 行权价格, 0)

```
Put =IF(B98<=$E$12,COMBIN($E$12,$B98)*
-$C$19^$B98 * $C$20^($E$12-$B98)*MAX($E$10-
$C$15^$B98 * $C$16^($E$12-$B98)* $E$7,0),0)
```

卖出 = 之前结果 + COMBIN(N,周期) * Q上涨^周期 * Q下跌^
(N－周期) * Max(行权价格－上涨^周期 * 下跌^(N－周期) * 履约价格,0)

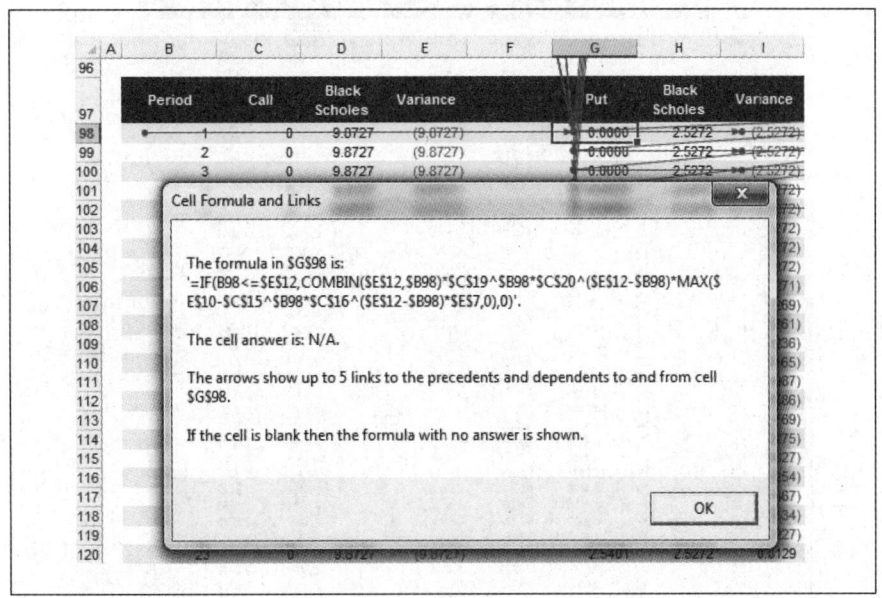

图 12.30 二项式公式

COMBIN 函数（见图 12.31）用于返回给定条目的组合数量．这里该函数用来确定由付息期数和总付息期数量组成的全部可能的组合数量．

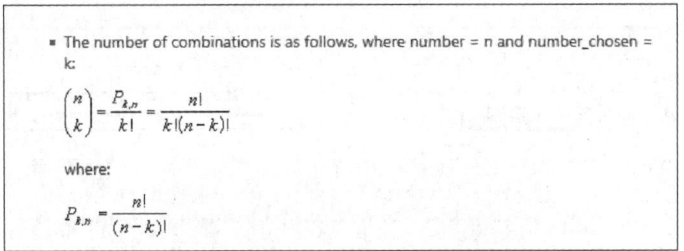

图 12.31 COMBIN 函数公式

电子表格设置了针对二项式网格步数的累计结果．最大步数为 50，使用 IF 语句，模型可以接受更小的数值．图 12.32 中的表给出了基于步数和随步数增加而减少的方差上的二项式与 Black-Scholes 模型的结论．

图 12.33 中的图形显示了二项式期权结果如何向 Black-Scholes 结果逼近．步数越少，逼近速度越快．

图 12.34 所示的图形给出了期权与 Black-Scholes 模型间的差异，在本例中差异在最后一个付息期降至 0.01．

Period	Call	Black Scholes	Variance		Put	Black Scholes	Variance
1	0	9.8727	(9.8727)		0.0000	2.5272	(2.5272)
2	0	9.8727	(9.8727)		0.0000	2.5272	(2.5272)
3	0	9.8727	(9.8727)		0.0000	2.5272	(2.5272)
4	0	9.8727	(9.8727)		0.0000	2.5272	(2.5272)
5	0	9.8727	(9.8727)		0.0000	2.5272	(2.5272)
6	0	9.8727	(9.8727)		0.0000	2.5272	(2.5272)
7	0	9.8727	(9.8727)		0.0000	2.5272	(2.5272)
8	0	9.8727	(9.8727)		0.0000	2.5272	(2.5272)
9	0	9.8727	(9.8727)		0.0001	2.5272	(2.5271)
10	0	9.8727	(9.8727)		0.0003	2.5272	(2.5269)
11	0	9.8727	(9.8727)		0.0011	2.5272	(2.5261)
12	0	9.8727	(9.8727)		0.0036	2.5272	(2.5236)
13	0	9.8727	(9.8727)		0.0107	2.5272	(2.5165)
14	0	9.8727	(9.8727)		0.0284	2.5272	(2.4987)
15	0	9.8727	(9.8727)		0.0686	2.5272	(2.4586)
16	0	9.8727	(9.8727)		0.1503	2.5272	(2.3769)
17	0	9.8727	(9.8727)		0.2996	2.5272	(2.2275)
18	0	9.8727	(9.8727)		0.5444	2.5272	(1.9827)
19	0	9.8727	(9.8727)		0.9018	2.5272	(1.6254)
20	0	9.8727	(9.8727)		1.3605	2.5272	(1.1667)
21	0	9.8727	(9.8727)		1.8638	2.5272	(0.6634)
22	0	9.8727	(9.8727)		2.3045	2.5272	(0.2227)
23	0	9.8727	(9.8727)		2.5401	2.5272	0.0129
24	0.1096	9.8727	(9.7631)		2.5401	2.5272	0.0129
25	0.6541	9.8727	(9.2187)		2.5401	2.5272	0.0129
26	1.6338	9.8727	(8.2389)		2.5401	2.5272	0.0129
27	2.9510	9.8727	(6.9217)		2.5401	2.5272	0.0129
28	4.4358	9.8727	(5.4369)		2.5401	2.5272	0.0129
29	5.8974	9.8727	(3.9754)		2.5401	2.5272	0.0129
30	7.1776	9.8727	(2.6952)		2.5401	2.5272	0.0129
31	8.1850	9.8727	(1.6878)		2.5401	2.5272	0.0129
32	8.9009	9.8727	(0.9719)		2.5401	2.5272	0.0129
33	9.3615	9.8727	(0.5112)		2.5401	2.5272	0.0129
34	9.6301	9.8727	(0.2427)		2.5401	2.5272	0.0129
35	9.7719	9.8727	(0.1009)		2.5401	2.5272	0.0129
36	9.8396	9.8727	(0.0331)		2.5401	2.5272	0.0129
37	9.8688	9.8727	(0.0039)		2.5401	2.5272	0.0129
38	9.8801	9.8727	0.0074		2.5401	2.5272	0.0129
39	9.8840	9.8727	0.0113		2.5401	2.5272	0.0129
40	9.8853	9.8727	0.0125		2.5401	2.5272	0.0129
41	9.8856	9.8727	0.0128		2.5401	2.5272	0.0129
42	9.8857	9.8727	0.0129		2.5401	2.5272	0.0129

图 12.32　方差表

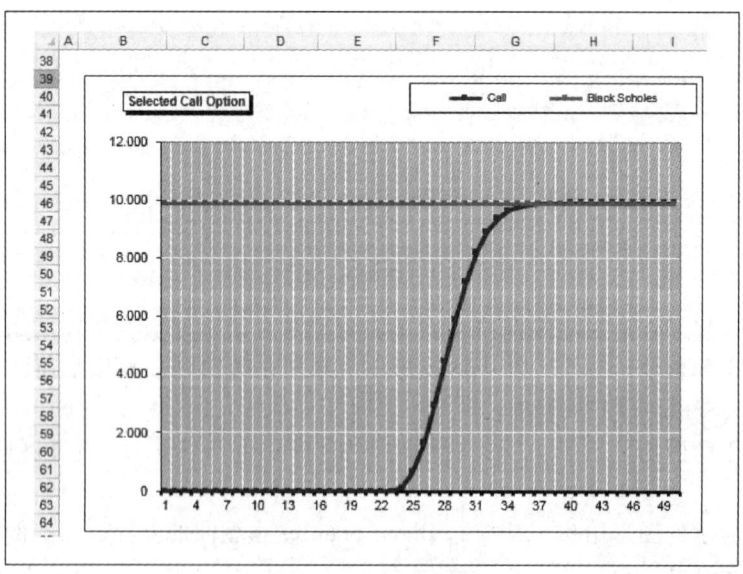

图 12.33　买入期权比较图

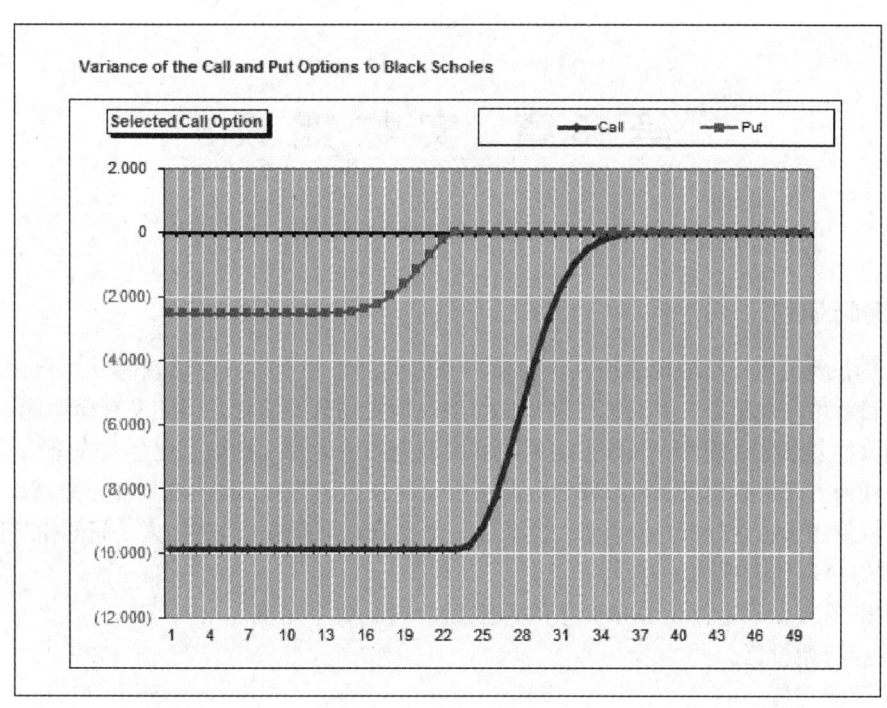

图 12.34 方差图

12.15 习题

生成一个电子表格计算如下策略的支付.

(1) 购买买入期权
行权价格：25
溢价：0.5
合约数：4
最小数量：200
期权到期股价：30

(2) 购买卖出期权
行权价格：30
溢价：4.5
合约数：4
最小数量：200

(3) 股票
购买价：25
股票数量：500

12.16 小结

期权定价和期权价格的组成部分可以被视为收益或损失的回报. 图表显示买入或卖出期权如何随着标的价格的上涨或下跌而失效. 期权可以通过与标的资产相结合来对冲风险和不利的价格变动. 定价的关键因素有无风险利率、行权价格、履约价格、付息期和波动率. Black-Scholes 和二项式模型提供了为买入和卖出期权定价的方法, 而变化的敏感性可以通过 Greeks 指标或敏感性图来得到. 期权也可以组合成套利交易来降低波动率变动带来的损失.

第 13 章 实 物 期 权

13.1 实物期权

传统的投资分析使用净现值原则,如果按照风险调整后资本成本贴现时其净值达到正值,那么该项目就可以被接受. 由于这类模型是对潜在现实场景的简化,因此没有模型能够包含所有相关因素的复杂性,或者输入数据的性质和关联有不确定性. 例如,现金流模型假设管理部门不采取任何方式来改变现金流,或者假设一项投资为"全或无"且不能增加、缩减或者放弃. 尽管你可以使用敏感性分析,但通常一次改变一个变量,而忽略了各种因素之间的相互作用.

典型的净现值表现为:
- 未来的自由现金流价值按照风险调整后的资金成本贴现.
- 减少初始投资.
- 等于净现值.

从理论上讲,这种方法可以拒绝当未来结果成为现实或延迟时可能可行的项目. 一种建模方法是将期权理论应用到项目或者投资的现金流中,以评估等待、获得更多信息或者进行其他行为的价值. 其支付遵守买入或者卖出期权:
- 买入-延迟或扩张的期权.
- 卖出-放弃的期权.

与上一章中的期权定价类似,模型中的关键变量如下.
- 当前资产价值 (S):当前价格,等价于履约价格.
- 标准差 (V):当波动率和风险上升时,模型会给出较高的期权定价.
- 年度无风险利率 (r):可替换的无风险利率.
- 行权价格 (X):行权价格作为建立或发展资产所需的成本.
- 到期时间 (T):付息期数量. 在下面的示例中,付息期数量为年,因此,利率与付息期利率相同.

为了进行对比,还需要如下输入变量:
- 期权成本:估计前期机会的成本.
- 未来资产价值:一个付息期期末的项目价值估计.
- 贴现率:风险调整后的加权平均资本成本.

13.2 Black-Scholes 模型

样本输入在下面的模型中. 当前资产价值为 10.0 而开发成本为 11.5,因此该项目在净现值上失败。期权成本为 0.5，现金流的波动率为 20%，无风险利率为 5.0%，资金成本为 10.0%，未来资产价值估计为 11.0，因此该项目需要使用 Black-Scholes 买入公式来预测其是否为正值（见图 13.1）。

	A	B	C	D	E	F	G	H
4								
5		Current Asset Value: S	10.000					Units $'000
6		Standard Deviation: V	20.00%					
7		Annual Risk Free Rate: r	5.00%					
8		Exercise Price: X	11.000					
9		Cost of Option	0.500					
10		Future Asset Value	11.500					
11		Discount Rate	10.00%					
12		Time To Maturity: T	1.000					
13								
14		d1	(0.1266)		(LN(S/X)+(r+0.5*V^2)*T)/(V*SQRT(T))			
15		d2	(0.3266)		d1-V*SQRT(T)			
16		N(d1)	0.4496		Formula NormSDist(d$_1$)			
17		N(d2)	0.3720		Formula NormSDist(d$_2$)			
18		Call Price	0.6040		P*N(d$_1$)-X*exp(-r*T)*N(d$_2$)			
19		Value - Option Price	0.1040		Price - Option Price			

图 13.1 Black-Scholes 输入

模型采用与上一章中相同的买入公式。模型的第一步是计算 d1 和 d2，则期权价格使用如下公式：

$$d1: \left[\frac{对数正态分布\left(\frac{资产价格}{行权价格}\right) + (无风险利率 + 0.5 * 成交量\verb|^|2) * T)}{(成交量 * (时间)^{\frac{1}{2}})} \right]$$

$$d2: d1 - (成交量 * (时间)^{\frac{1}{2}})$$

买入期权 = 资产价格 * N(d1) − 行权价格 * exp(−无风险利率 * 时间) * N(d2)

买入期权价格可以与单元格 C19 中的初始期权价格相比，此处期权净值为 0.1040。该模型同样检验了不使用期权的现金流。在这种情况下，初始外流为 0.50，而在付息期末，现金流为未来资产价格减去行权价格（见图 13.2）。

	A	B	C	D	E	F	G	H
13								
14		d1	(0.1266)		(LN(S/X)+(r+0.5*V^2)*T)/(V*SQRT(T))			
15		d2	(0.3266)		d1-V*SQRT(T)			
16		N(d1)	0.4496		Formula NormSDist(d$_1$)			
17		N(d2)	0.3720		Formula NormSDist(d$_2$)			
18		Call Price	0.6040		P*N(d$_1$)-X*exp(-r*T)*N(d$_2$)			
19		Value - Option Price	0.1040		Price - Option Price			
20								
21		Date	0	1	2	3	4	
22		Cash Flows	(0.500)	0.500	0.000	0.000	0.000	
23								
24		Present Value	(0.045)					
25								
26		-d1	0.1266					
27		-d2	0.3266					
28		N(-d1)	0.5504		Formula NormSDist(-d$_1$)			
29		N(-d2)	0.6280		Formula NormSDist(-d$_2$)			
30		Put Price	1.0675		P*N(-d$_1$)-X*exp(-r*T)*N(-d$_2$)			

图 13.2 未来现金流的现值

单元格 C24 中的公式为：

```
=NPV(C11,D22:G22)+C22
```

这表明该项目应该被接受，因为期权的价值高于初始的期权成本．简单的净现金流只考虑了应计收益而忽略了潜在收益，所以如果期权的价值高于初始的期权成本，就应当接受该项目．

13.3 二项式模型

使用二项式模型可以得到相同的结果，并需要再一次增加输入（见图 13.3）．经过 50 步运算，模型得到与 Black-Scholes 模型近似的结果，其方差为 0.0021．模型中使用

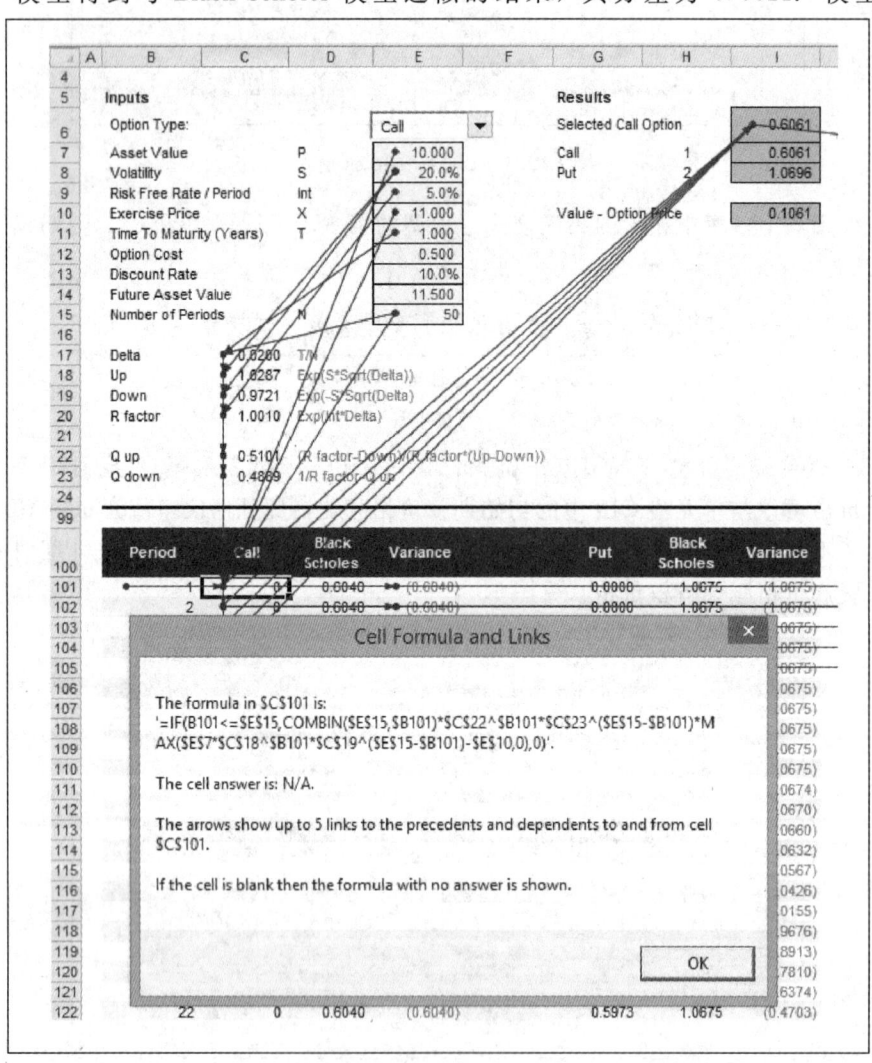

图 13.3 二项式模型

COMBIN 函数来返回可能的组合数与步数.

单元格C101: =IF(B101<=$E$15,COMBIN($E$15,$B101)
*$C$22^$B101*$C$23^($E$15-$B101)*MAX($E$7*
$C$18^$B101*$C$19^($E$15-$B101)-$E$10,0),0)

$$买入 = 之前结果 + COMBIN(N, 周期) * Q上涨^{周期} * Q下跌^{(N-周期)} *$$
$$Max(履约价格 * 上涨^{周期} * 下跌^{(N-周期)} - 行权价格, 0)$$

敏感性分析表显示了随着波动率由 20% 升至 50%, 期权价格从 0.606 升至 1.803 的变动过程 (见图 13.4). 由于项目只有在盈利的情况下才会向前推进, 所以会随着波动率替代增加. 相对于无风险利率, 该方法提供了一个风险回报.

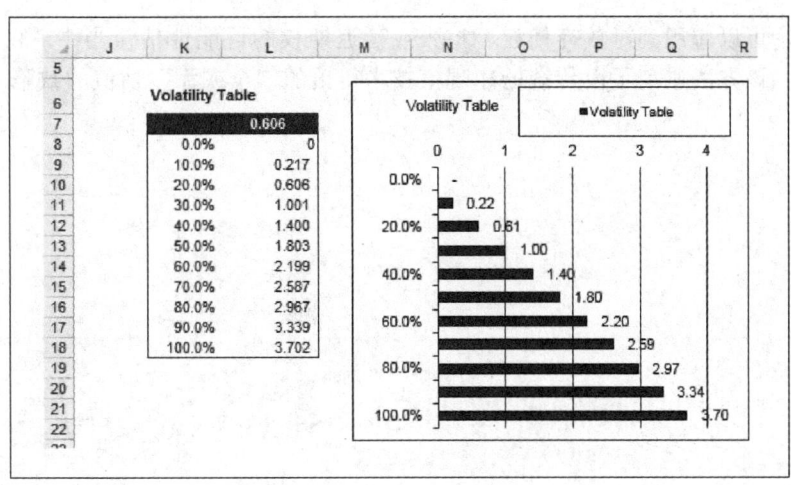

图 13.4 波动率敏感性

13.4 习题

使用期权理论来估计放弃期权的价值, 使用的数据如图 13.5 所示. 该示例是一个卖出期权, 其放弃行为将恢复 500 000 的 50%.

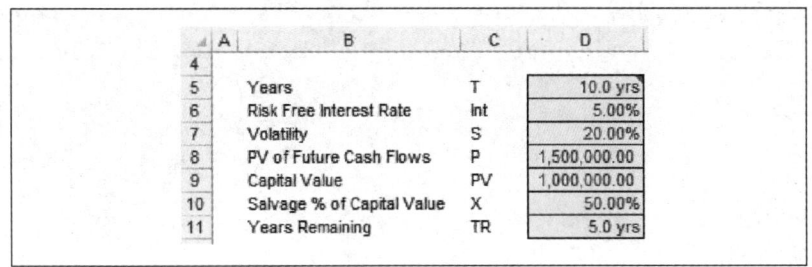

图 13.5 习题输入

项目持续时间总共为 10 年, 在最初的 5 年中可以放弃期权. 波动率估计为 20%, 无

风险利率为 5%. d1 的年化收益为 $\frac{1}{T}$ 或者 10%. 期权价格公式为:

=(EXP((0－收益)*剩余年限))*P*N(d1)－残值*(EXP((0－无风险利率)*剩余年限))*N(d2)－(EXP((0－收益)*剩余年限))*P+残值*(EXP((0－无风险利率)*剩余年限))

期权价值可以与放弃期权的价值相比较. 敏感性分析表将表明随着波动率上升的价格变化情况.

13.5 小结

期权理论可以应用到对放弃期权、扩张或延迟期权的可能性估值当中. 由于上涨和下跌都被估值, 该方法避免了由传统的净现值技术得出的"全或无"估值的缺陷.

第14章 估 值

14.1 估值方法

估值模型通过使用资金的时间价值原则或者更简单的市场原则来评估资产、股票和股份或可知未来收益的价值．使用不同的方法估值并不一定得出相同的结论，市场中使用的方法是多种多样的．本章的目的在于列举基本的用于估值的数学方法，其大致可以分为以下四类：
- 资产和调整后的资产估值．
- 股利模型．
- 市场模型．
- 自由现金流估值．

我们可以从不同的角度对企业进行估值，例如，清算价值可以与企业盈利大相径庭．而股利流也不同于现金流，尽管长期投资者可能会单纯地关注企业的潜在收益．类似地，这也取决于是买入还是卖出．由于未来收益代表的是一种预测，金融模型必须包含全部相关的输入数据并能够进行关键变量的风险分析．估值更像是一个范围而不是一个点，需要进行方法间的比较，还要与同行进行比较．

图 14.1 和图 14.2 中的输出结果给出了模型的基本数据，模型为一个简略的损益表和带有附加信息的资产负债表．估值方法需要的信息有收入、股息和现金流信息，且这些信息都可以从数据中获得．零周期为最后的历史数据，其后有五个预测周期．

		0	1	2	3	4	5
17	Earnings before Interest and Tax (EBIT)	15.00	20.00	23.00	26.00	29.00	32.00
18	Interest Paid	(10.00)	(15.00)	(16.00)	(17.00)	(18.00)	(19.00)
19	Earnings before Tax	5.00	5.00	7.00	9.00	11.00	13.00
21	Tax at 20.0%	(1.00)	(1.00)	(1.40)	(1.80)	(2.20)	(2.60)
23	Net Income	4.00	4.00	5.60	7.20	8.80	10.40
25	Dividends at 25.0%	(1.00)	(1.00)	(1.40)	(1.80)	(2.20)	(2.60)
27	Retained Earnings	3.00	3.00	4.20	5.40	6.60	7.80
29	Supplemental Data						
30	Depreciation	-	(20.00)	(13.00)	(11.00)	(12.00)	(12.00)
31	Capital Expenditure		(10.00)	(10.00)	(20.00)	(20.00)	(30.00)
32	Change in Net Working Capital	-	17.37	6.33	6.28	(1.78)	0.17
33	Change in Other Assets	-	10.00		9.00	(4.00)	3.00

图 14.1 损益表

	A	B	C	D	E	F	G	H
14								
15			0	1	2	3	4	5
34								
35	Balance Sheet							
36	Assets							
37	Net Working Capital		30.00	13.00	7.20	1.60	4.20	5.00
38	Net Fixed Assets		200.00	210.00	220.00	240.00	260.00	280.00
39	Other Assets		20.00	10.00	10.00	1.00	5.00	2.00
40	Total Assets		250.00	233.00	237.20	242.60	269.20	287.00
41								
42	Liabilities							
43	Loan % at 8.0%		50.00	40.00	50.00	60.00	90.00	80.00
44	Bank Loan % at 8.0%		100.00	90.00	80.00	70.00	60.00	80.00
45	Total Debt		150.00	130.00	130.00	130.00	150.00	160.00
46								
47	Equity		100.00	103.00	107.20	112.60	119.20	127.00
48								
49	Total Liabilities and Equity		250.00	233.00	237.20	242.60	269.20	287.00
50								
51	Gearing		150.00%	126.21%	121.27%	115.45%	125.84%	125.98%
52	ROE		4.00%	3.88%	5.22%	6.39%	7.38%	8.19%
53	No of Shares		50.00					
54	Share Price		5.00					
55	Market Value		250.00					
56								
57	CheckSum: No errors		-	-	-	-	-	-

图 14.2　资产负债表

模型中使用的其他变量如下：

税率：20.00%

贷款：8.00%

银行贷款：8.00%

无风险收益率：5.00%

风险溢价：6.00%

增长率：5.00%

未来债券贴现率：8.00%

股息支出率：25.00%

14.2　资产

通过观察账目，得到当前基于股东资金或股权的股权价值为 100.0．这只是会计净值，其中考虑到了许多价值确定中的重要因素．当然也会存在以下问题．

- 不是基于资产的重置成本，而是基于历史成本．
- 使用历史数据而未提及未来和机构的未来盈利能力．
- 忽略了信息的价值和某些未在资产负债表中出现的非金融资本，如知识和专利．某些领域的非金融资产（诸如法律、保健、信息、咨询和个人服务）比传统的固定资产更具有价值．

- 会计方法建立在一系列标准和惯例的基础上,这些标准和惯例可以通过不同的应用影响价值.例如,使用折旧方法时,可以仅通过选择周期或者从加速折旧法转换到直线法来提高或降低盈利.
- 有大量的"资产负债表外"项目可以掩饰借贷的真实水平或提高盈利,从而提高净资产.例如,出售应收账款、经营性租赁、联合经营、缩减资本开支、或有负债(如石棉)、退休金、衍生品、金融工具和当前及未来的诉讼.

14.3 市场方法

股票市场和盈利方法使用股价、每股收益和价格/每股收益(P/E)作为基准或对比.其中的数学方法非常简单并且不需要使用电子表格,然而在比较和定价过程中往往需要确定基准.如果特定股票价格会由于收购传言而上涨或者在冲击中下跌,那么当价格影响该股票的市场情绪时,它所代表的是自愿买方和卖方之间的公平价格.

基本的计算为:

$$市场价值 = 股票数 * 股价$$

该模型需要:
- 税收和付息之后的盈利(NPAT).
- 股票数.
- 计算的每股收益(EPS).
- 市盈率(P/E).

估值可以由以下两种方式得出:
- (P/E)×每股收益=股价.
- 股价×股票数=市场价值.

电子表格中显示了净收入和股票数量,由此可以计算出每股收益近似等于 0.07. 当前的股价为 5.0,所以市盈率为 71.43.

因此,估值为:(P/E)×净盈利:71.43×3.50=250.0.

图 14.3 中的数据表给出了 P/E 比率的敏感性分析.公式为:

$$证券价值 = 可持续收入 * 近似 P/E 比率 + 非运营资产价值$$

由于需要确定可持续收入,适当调整模型可能更有利于计算.调整内容如下:
- 可能不匹配的历史和预测增长模式.
- 盈利的弹性("特性").
- 账务调整及其对估值的影响.
- 调整企业不可控的外部因素.
- 上市/非上市调整,因为私人企业通常按照同行的百分比进行估值来反映其不可交易性.

该方法也有一些缺陷,具体如下:
- 高市盈率预示着股票具有升值的前景,但这也取决于该行业和市场的市场情绪,例如,20 世纪晚期的科技泡沫,以及银行业高度繁荣随后崩溃.

	A	B	C	D	E	F	G	H
4								
5		Net Income	4.00					
6								
7		Number of Shares	50.00					
8								
9		Earnings per Share	0.08					
10								
11		Current Share Price	5.00					
12								
13		P/E Ratio	62.50					
14								
15		Market Value (No * Price)	250.00					
16		P/E * Net Income	250.00				Interval	10.00
17								
18		P/E	50.0	60.0	70.0	80.0	90.0	100.0
19		250.00	175.00	210.00	245.00	280.00	315.00	350.00

图 14.3 市场方法

- 该方法没有建立在资金的时间价值概念或者真实前景的基础上.
- 方法并不包括企业为了未来周期的回报而在当前进行的投资. 巨额投资会降低盈利, 并导致未来现金流的增长.
- 企业可以在任何时间发行股票, 而乐观情绪会造成对股票和股票市场的过高估值.
- 没有考虑不同的会计方法或标准的变化, 这些会影响盈利但不会改变标的现金流.

然而, 市场方法反映了人们愿意为特定股票支付的价值, 并且在有效市场中, 新闻或其他负面信息会很快演变为股价损失.

14.4 多期股息贴现模型

当购买股票时, 你实质上购买的是股利现金流. 除非卖出股票, 否则股利就是唯一的收入, 所以价值可以看成是预期未来股利的现值. 简单的永续股利公式是 Gordon 增长模型, 它是对现金流的无限趋势进行估值的一条捷径, 其公式为:

$$P_1 = \frac{D_1}{E(R_1) - g}$$

其中:

$D_1 =$ 下一周期的股利, 即 $D_0 * (1+g)$

$E(R_1) =$ 预期回报

$g =$ 隐含增长 $=$ 股权成本 $- \dfrac{股利收益}{(1+股利收益)}$

在图 14.4 中, 股利为 0.018, 增长率为 8.5%, 因此价值计算为:

$$价值 = \frac{[(0.020 * (1+8.5\%)]}{(9.42\% - 8.5\%)}$$

简单的股息模型假设始终保持恒定的增长率. 使用预测股利和不同的贴现率可以建立多阶段模型. 在上面的模型中, 该公司预计未来 5 年将出现一段快速增长时期, 之后将趋于平稳增长. 股利率为 25.0%, 电子表格中也给出了收入和股利值.

	A	B	C	D	E	F	G	H	I
4									
5		Assumed Terminal Growth		8.50%					
6		Earnings Retention Rate		75.00%					
7		Cost of Equity		9.42%					
8									
9		Period	0	1	2	3	4	5	6
10									
11		Return on Equity (ROE)	4.00%	3.88%	5.22%	6.39%	7.38%	8.19%	9.42%
12		Dividend Portion		0.97%	1.31%	1.60%	1.85%	2.05%	2.35%
13									
14		Net Income	4.00	4.00	5.60	7.20	8.80	10.40	
15		Dividends	(1.00)	(1.00)	(1.40)	(1.80)	(2.20)	(2.60)	
16									
17		Nominal Dividend / Share	0.020	0.020	0.028	0.036	0.044	0.052	0.056
18									
19		Growth		-	40.00%	28.57%	22.22%	18.18%	
20		Overall Growth Rate		21.06%					
21									
22		Terminal Value							6.16
23									
24		One Stage Value		2.37					
25		Two Stage Value per Share		4.06					
26		Firm Value		202.91					

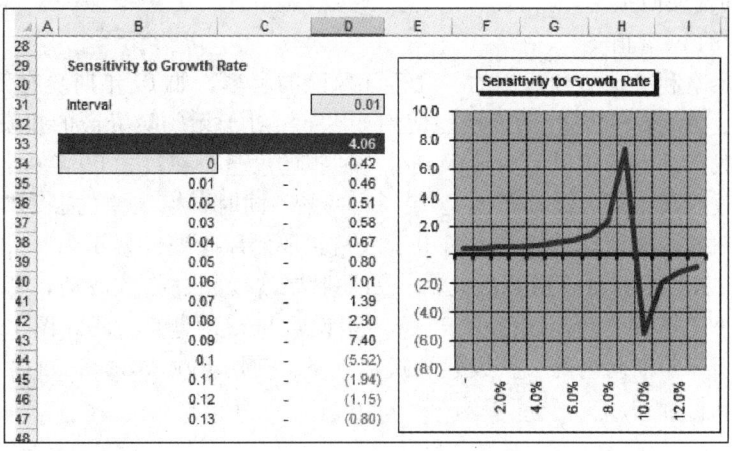

图 14.4　股息模型

预测股利按照证券成本进行贴现，因此最终的股利由永续公式得出．其最终价值为：

```
单元格I22: =I17/(C7-C5)
```

股价为：

```
单元格D25: =NPV(C7,D17:H17)+PV(C7,H9,0,-I22)
```

使用该方法得到的估值为每股 4.06 或者总值 202.91．该模型的基础是稳定的增长或持续到无穷大的股利．这其实是一种简化形式，例如，股利不能比盈利增长得快，因为在足够多的周期中，股利超过盈利是不可持续的．

该模型对增长率也十分敏感．当增长率收敛至贴现率时，价值将迅速增长，而如果增长率超过了贴现率，其价值可能变为负值．图 14.5 中的图形给出了快速上升和在增长率超过 8.5％后急剧下降的过程．

	A	B	C	D
28				
29		Sensitivity to Growth Rate		
30				
31		Interval		0.01
32				
33				4.06
34		0	-	0.42
35		0.01	-	0.46
36		0.02	-	0.51
37		0.03	-	0.58
38		0.04	-	0.67
39		0.05	-	0.80
40		0.06	-	1.01
41		0.07	-	1.39
42		0.08	-	2.30
43		0.09	-	7.40
44		0.1	-	(5.52)
45		0.11	-	(1.94)
46		0.12	-	(1.15)
47		0.13	-	(0.80)

图 14.5　增长率敏感性

14.5 自由现金流估值

自由现金流方法侧重于预测企业将产生的现金,并以一个风险调整后的利率进行贴现来反映债务和股权的混合与相关成本.考虑到其他方法在使用资金的时间价值或包括未来前景方面的缺陷,现金流背后的推理其实侧重于不被会计方法或标准修改的有形未来收益.具体方法如下:
- 预测经营现金流并准备电子表格中相关的财务报表.
- 计算合适的贴现率(对于每一个资金来源,资金成本使用加权平均资本成本公式).
- 确定一个合适的残值(续营价值使用永续Gordon增长模型)或者其他适用的多重模型,例如对于付息、税收、折旧和摊销前收入(EBITDA)的企业价值(EV)模型.
- 在加权平均资本成本的基础上计算现金流的现值和终值.
- 添加多余现金和现金等价物,去除债务的市场价值.
- 企业价值减去债务加上现金等于证券价值.
- 解释和测试计算结果并假设使用敏感性分析来形成潜在估值范围.

资本成本

该模型生成了所有资本提供者未来5年的预测现金流.因此,贴现率或者资本成本需要反映出系统性风险和每种形式的资本成本.这是加权平均的资本成本.股权计算使用标准的资本资产定价模型作为投资组合理论的扩展,其公式为:

$$E(R_i) = R_f + \beta_i [E(R_m) - R_f]$$

其中

$E(R_i)$=股票i的预期回报

R_f=无风险利率

$E(R_m)$=市场的预期回报

β_i=股票i的beta值

这里的无风险利率是一种适用的、几乎无风险的利率,如10年期政府债券.英国目前的历史波动幅度为3%~5%,而该模型使用5%.相对于无风险资产的投资,风险溢价是对投资者投资股票进而承担风险所要求获得的回报的度量.在过去50年中,每年的收益都有所变化,伦敦股票市场的波动范围为10%~12%.同时,标准差也很重要,它可以反映股票相对政府债券的波动性.模型通过电子表格选取的风险溢价为6%.

beta(β)表示的是相对于指数的波动.如果股票波动超过指数波动,那么该值大于1;如果股票波动小于指数波动,该值小于1.为了说明beta的计算过程,图14.6中的模型包含股票价格表上5年期间内的一些股票和指数价格.使用AVERAGE和STDEVP函数可以算出简单的均值和标准差.

单元格C7:=STDEVP(C10:C70)

	A	B	C	D
4				
5				
6		Mean	4,306.35	552.20
7		Std Deviation	574.74	289.63
8				
9		Date	Index	Company X
10		01-Dec-20	4,647.75	933.90
11		01-Nov-20	4,517.93	852.00
12		01-Oct-20	4,351.73	841.50
13		01-Sep-20	4,284.45	858.01
14		01-Aug-20	4,293.30	729.91
15		01-Jul-20	4,093.35	584.21
16		01-Jun-20	4,194.90	463.37
17		01-May-20	3,994.20	426.75
18		01-Apr-20	3,722.55	364.21
19		01-Mar-20	3,611.70	388.36
20		01-Feb-20	3,291.98	334.48
21		01-Jan-20	2,969.85	290.92
22		01-Dec-19	3,028.20	236.99
23		01-Nov-19	3,012.30	244.26
24		01-Oct-19	3,239.48	195.54
25		01-Sep-19	3,418.65	193.44
26		01-Aug-19	3,313.28	183.02
27		01-Jul-19	3,215.33	188.82
28		01-Jun-19	3,644.10	176.60
29		01-May-19	3,587.70	184.75
30		01-Apr-19	4,122.45	256.73
31		01-Mar-19	4,536.75	262.36
32		01-Feb-19	4,592.78	268.70
33		01-Jan-19	4,631.63	250.10
34		01-Dec-18	4,375.50	300.12
35		01-Nov-18	4,386.90	326.66
36		01-Oct-18	4,454.33	352.20
37		01-Sep-18	4,387.13	290.92
38		01-Aug-18	4,023.60	291.68
39		01-Jul-18	3,838.95	285.59
40		01-Jun-18	4,587.23	425.07

图 14.6 原始股票价格

这些价格需要转化为在无风险利率下的超额收益图（见图 14.7）. beta 表计算各个周期的收益，之后减去周期性无风险利率：

    单元格C23: =IF(Stock_Prices!C11 <> 0, (Stock_
    Prices!C10 - Stock_Prices!C11) / Stock_
    Prices!C11,0)

    单元格E23: =C23-Beta!$D$6

图 14.8 中的散点图是关于 XY 的散点图，其中不包含序列线，公式为：

    Chart: =SERIES(Beta!$E$22,Beta!$E$23:
    $E$82,Beta!$F$23:$F$82,1)

该图以指标为 X 轴，以企业为 Y 轴描述了超额收益.

由于图本身无法完全表达其中的含义，我们在图中加入一条趋势线来指示方向. 如果选择一个序列并单击右键，就可以插入线性或者其他类型的趋势线. 如果单击选项，也可以插入正在使用的回归方程和 R^2（拟合优度）值（见图 14.9）. 这是一种计算股票 beta 值的方法，因为 beta 是趋势线的斜率. 一个简单回归方程的形式为：

	A	B	C	D	E	F
20						
21		Date	Index	Company X	Above Average Risk Free	
22					Index	Company X
23		01-Dec-20	2.87%	9.61%	2.46%	9.20%
24		01-Nov-20	3.82%	1.25%	3.40%	0.83%
25		01-Oct-20	1.57%	(1.92%)	1.15%	(2.34%)
26		01-Sep-20	(0.21%)	17.55%	(0.62%)	17.13%
27		01-Aug-20	4.88%	24.94%	4.47%	24.52%
28		01-Jul-20	(2.42%)	26.08%	(2.84%)	25.66%
29		01-Jun-20	5.02%	8.58%	4.61%	8.17%
30		01-May-20	7.30%	17.17%	6.88%	16.75%
31		01-Apr-20	3.07%	(6.22%)	2.65%	(6.64%)
32		01-Mar-20	9.71%	16.11%	9.30%	15.69%
33		01-Feb-20	10.85%	14.97%	10.43%	14.55%
34		01-Jan-20	(1.93%)	22.76%	(2.34%)	22.34%
35		01-Dec-19	0.53%	(2.97%)	0.11%	(3.39%)
36		01-Nov-19	(7.01%)	24.92%	(7.43%)	24.50%
37		01-Oct-19	(5.24%)	1.09%	(5.66%)	0.67%
38		01-Sep-19	3.18%	5.69%	2.76%	5.27%
39		01-Aug-19	3.05%	(3.07%)	2.63%	(3.49%)
40		01-Jul-19	(11.77%)	6.92%	(12.18%)	6.50%
41		01-Jun-19	1.57%	(4.41%)	1.16%	(4.83%)
42		01-May-19	(12.97%)	(28.04%)	(13.39%)	(28.46%)
43		01-Apr-19	(9.13%)	(2.15%)	(9.55%)	(2.56%)
44		01-Mar-19	(1.22%)	(2.36%)	(1.64%)	(2.78%)
45		01-Feb-19	(0.84%)	7.44%	(1.26%)	7.02%
46		01-Jan-19	5.85%	(16.67%)	5.44%	(17.08%)
47		01-Dec-18	(0.26%)	(8.13%)	(0.68%)	(8.54%)
48		01-Nov-18	(1.51%)	(7.25%)	(1.93%)	(7.67%)
49		01-Oct-18	1.53%	21.06%	1.12%	20.65%
50		01-Sep-18	9.03%	(0.26%)	8.62%	(0.68%)
51		01-Aug-18	4.81%	2.13%	4.39%	1.72%
52		01-Jul-18	(16.31%)	(32.81%)	(16.73%)	(33.23%)
53		01-Jun-18	0.56%	(8.69%)	0.14%	(9.11%)

图 14.7 调整后的股票价格

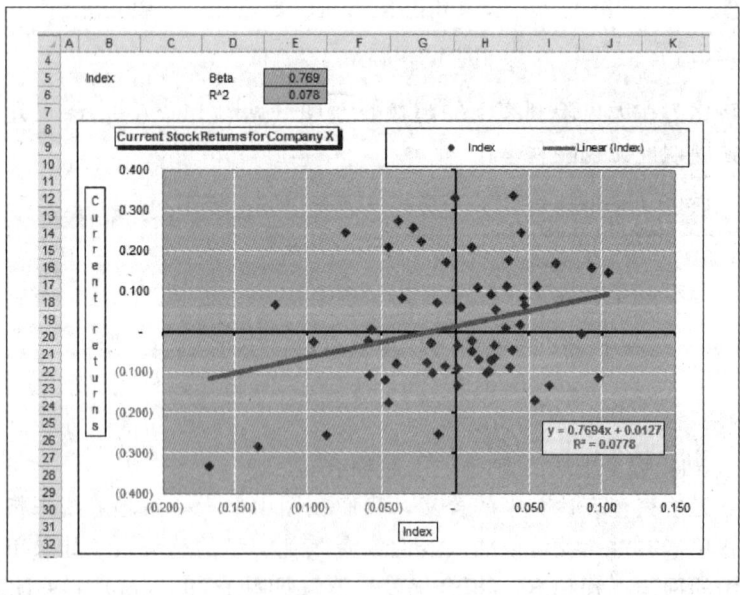

图 14.8 散点图

$$y = mx + b$$

其中

m＝斜率

x＝下一个或预测 x 值

b＝截距

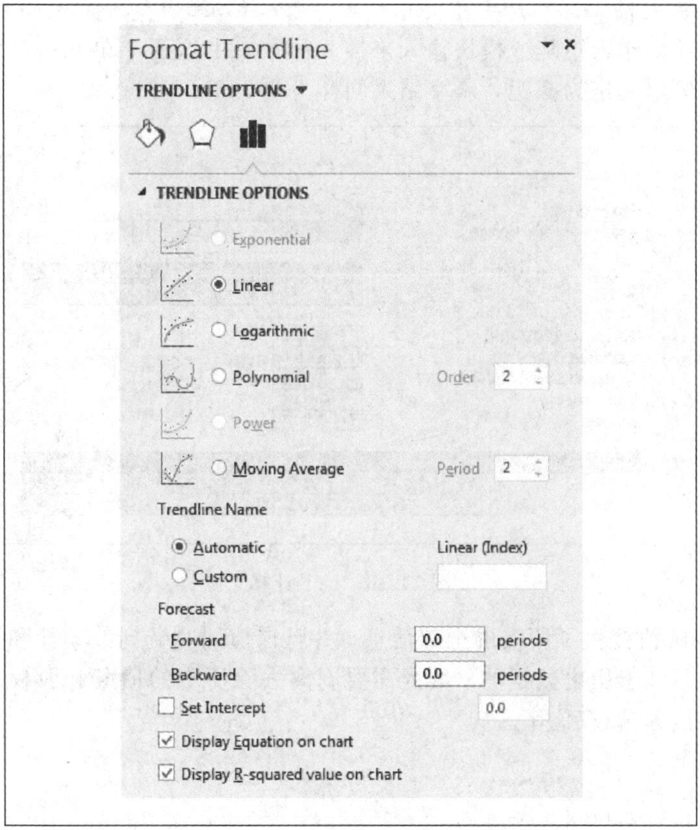

图 14.9 趋势线选项

此处，方程为 $y=0.7694x+0.0127$，则斜率为 0.7694。

使用 Excel 中的动态函数，还有其他方法计算 beta。一条回归线的斜率由以下公式给出：

$$\text{斜率} = \frac{\text{协方差}_{xy}}{\text{方差}_x}$$

COVAR 和 VARP 函数可以用来计算这两项，或者 Excel 包含的名为 SLOPE 和 INTERCEPT 的函数可以直接计算数值：

```
Covariance 单元格 D11: =COVAR($E$23:$E$82,
$F$23:$F$82)
Variance 单元格 D12: =VARP(E23:E82)
Slope 单元格 D14: =SLOPE($F$23:$F$82,$E$23:$E$82)
```

以上方法得到相同的结果为 0.7694. Excel 还拥有名为 LINEST 的矩阵函数, 可以同时计算截距和斜率:

单元格D9: =LINEST(Beta!$F$23:$F$82,Beta!$E$23:$E$82,,TRUE)

用于插入函数的单元格 D9 的条目如图 14.10 所示. 所有的条目都使用 F4 锁定, 所以公式可以向右拖动至单元格 D10. 选定单元格后, 通过＜Control＋Shift＋Enter＞键可以在编辑栏上将两个单元格作为矩阵或模块输入来插入函数. 由这两个单元格, 可以同时计算出截距和斜率. 右侧单元格为截距, 斜率结果同样为 0.7694.

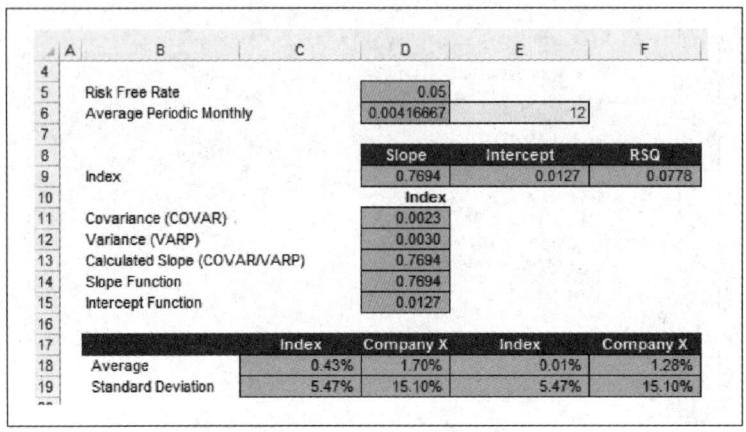

图 14.10　beta 计算

这为计算 beta 值提供了所需的全部信息, 并且该值同时受到波动性和企业财务杠杆的影响. 由于数据是基于历史数据的, 因此需要剥离去除历史的债务和股权的影响, 之后再重新插入远期的债务/股权比率.

杠杆公式如下:

- 资产（无杠杆）beta: $Beta_U = \dfrac{Beta_L}{\left[1+(1-税率)*\left(\dfrac{负债}{权益}\right)\right]}$

- 股权（杠杆）beta: $Beta_L = Beta_U * \left[1+(1-税率)*\left(\dfrac{负债}{权益}\right)\right]$

单元格C12: =($C$11/(1+(1-$C$9)*$C$10))
单元格G12: =(C12*(1+(1-$C$9)*G10))

公式中的无杠杆 beta 基于 20% 的税率和 60% 的债务/股权比率. 预测的债务/股权比率为 52%, 因此, 远期的 beta 稍低于历史的 beta（见图 14.11）.

对于再杠杆化 beta, 股权成本可以使用资本资产定价模型（CAPM）的公式来计算. 债务成本是两项的加权成本, 在乘以（1－税率）后等于 5.6%. 加权资本成本（WACC）计算公式是每种资本来源的成本的加权. 以上的工作是找出每种来源的权重并且相乘得到成本:

	A	B	C	D	E	F
4						
5		**(1) Equity**				
6		Risk Free Rate	5.00%		$C$6: ' =Beta!D5	
7		Risk Premium	6.00%		$C$7: ' =Data!C10/100	
8						
9		Tax Rate	20.00%		$C$9: ' =Data!C6/100	
10		Historical Debt/Equity Ratio	60.00%		$C$10: ' =(Data!C43+Data!C44)/(Data!C53*Data!C54)	
11		Calculated Beta	0.7694		$C$11: ' =Beta!D9	
12		Asset Beta	0.5198		$C$12: ' =($C$11/(1+(1-$C$9)*$C$10))	
13		Unleveraged Cost of Equity	8.12%		$C$13: ' =C6+C7*C12	
14						
15		Historical CAPM	9.62%		$C$15: ' =C6+C7*C11	
16		Forecast D/E Ratio	52.00%		$C$16: ' =(Data!D43+Data!D44)/(Data!C53*Data!C54)	
17		Equity Beta	0.7361		$C$17: ' =($C$12*(1+(1-$C$9)*$C$16))	
18						
19		Leveraged Cost of Equity	9.417%		$C$19: ' =C6+C17*C7	
20						
21		**(2) Debt**			$C$21:	
22		Cost of Debt	8.00%		$C$22: ' =((Data!C7/100)*(Data!D43/Data!D45))+((Dat	
23		Tax Rate	20.00%		$C$23: ' =C9	
24						
25		Net of Tax Cost of Debt	6.400%		$C$25: ' =C22*(1-C23)	
26						
27		**(3) Weightings**				
28		Equity	250.00		65.79%	$C$28: ' =Data!C53*Data!C54
29		Debt	130.00		34.21%	$C$29: ' =Data!D43+Data!D44
30		Total	380.00		100.00%	$C$30: ' =SUM(C28:C29)
31						
32		**(4) Weighted Average Cost of Capital**				
33						
34		Equity	6.195%			$C$34: ' =C19*E28
35		Debt	2.189%			$C$35: ' =C25*E29
36						
37		WACC	8.385%			$C$37: ' =SUM(C34:C36)

图 14.11 beta 计算

$$\text{WACC 公式：}\frac{\text{负债}}{\text{负债}}+\text{权益} * \text{债务成本}+\frac{\text{权益}}{\text{负债}}+\text{权益} * \text{股权成本}$$

由公式得到资本成本为 8.38%．从图 14.12 中可以看出，当债务成本为常数时，资本成本随着杠杆的升高而下降．而上升的杠杆也有可能导致债务成本的不断增加，因此资本成本也开始升高．模型可以很容易地扩展到从杠杆率和借款率中挑选合适的比率．

自由现金流估值

自由现金流（Free Cash flow，FCF）表同时提供了现金流、资本成本和终值．计算表从电子表格中获取数据并生成一个自由现金流（见图 14.13）．该现金可以用来向股票持有人支付红利以及向债务或债券持有人支付利息．在单元格 I20 中使用如下不变公式计算终值：

$$\frac{(9.8 * (1+\text{增长}))}{(\text{WACC}-\text{增长})}$$

其他可以用来计算终值的方法包括：

- EV/EBITA 或其他倍数．
- 市盈率．
- 清算价值．
- 重置成本．
- 账面价值．
- 市值账面价值比．
- 带有淡出的资本成本因素的 2 级或 3 级不变公式．

Sensitivity to Debt Ratio

	0.0838
-	0.0943
10.0%	0.0905
20.0%	0.0867
30.0%	0.0828
40.0%	0.0790
50.0%	0.0752
60.0%	0.0713
70.0%	0.0675
80.0%	0.0637
90.0%	0.0598
100.0%	0.0560

图 14.12　债务比率敏感性

Units $'000	0	1	2	3	4	5
Earnings before Interest and Tax (EBIT)	15.00	20.00	23.00	26.00	29.00	32.00
Less Tax at 20.0%	(3.00)	(4.00)	(4.60)	(5.20)	(5.80)	(6.40)
EBIT * (1 - Tax)	12.00	16.00	18.40	20.80	23.20	25.60
Depreciation	-	20.00	13.00	11.00	12.00	12.00
Operating Cash Flow	12.00	36.00	31.40	31.80	35.20	37.60
Less Capital Expenditure	-	(10.00)	(10.00)	(20.00)	(20.00)	(30.00)
Less Change in Net Working Capital	-	17.00	5.80	5.60	(2.60)	(0.80)
Less Change in Other Assets	-	10.00	-	9.00	(4.00)	3.00
Free Cash Flow	12.00	53.00	27.20	26.40	8.60	9.80
Terminal Value: (9.80*(1+Growth))/(WACC-Growth)						304.03
Total Cash Flow		53.00	27.20	26.40	8.60	313.83
Weighted Average Cost of Capital	8.38					
FCF Valuation at 8.38%	308.84					
Subtract Debt	(150.00)					
FCF Equity Value	158.84					

图 14.13　自由现金流估值

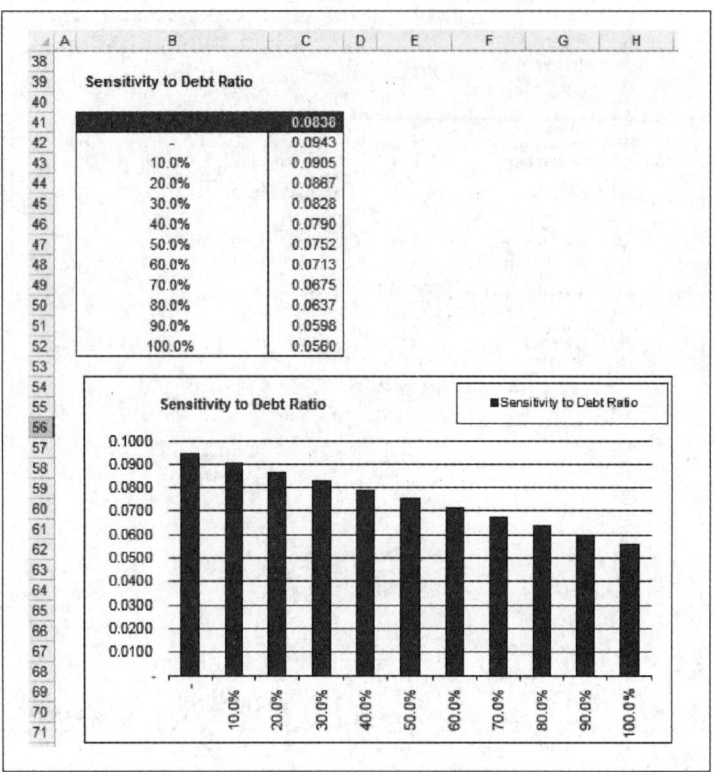

企业价值308.84是在资本成本为8.38%时对现金流和终值进行贴现得到的．这实际上是债务和股权市场价值的总和．由于需要股权价值，因此当前的债务被减掉，剩下股权价值为158.84．

计算表方法没有清晰地展示投资和现金流模型的各种元素，解决办法是模仿该过程并给出计算的各个步骤．图14.14中的图形是尝试给出股权价值组成部分的示例．该图显示出由终值计算得出的价值比约为65%．不考虑多重市场中方法的相对复杂性，结果仍然依赖于终值增长率、杠杆、资本成本和预测现金流等关键因素．

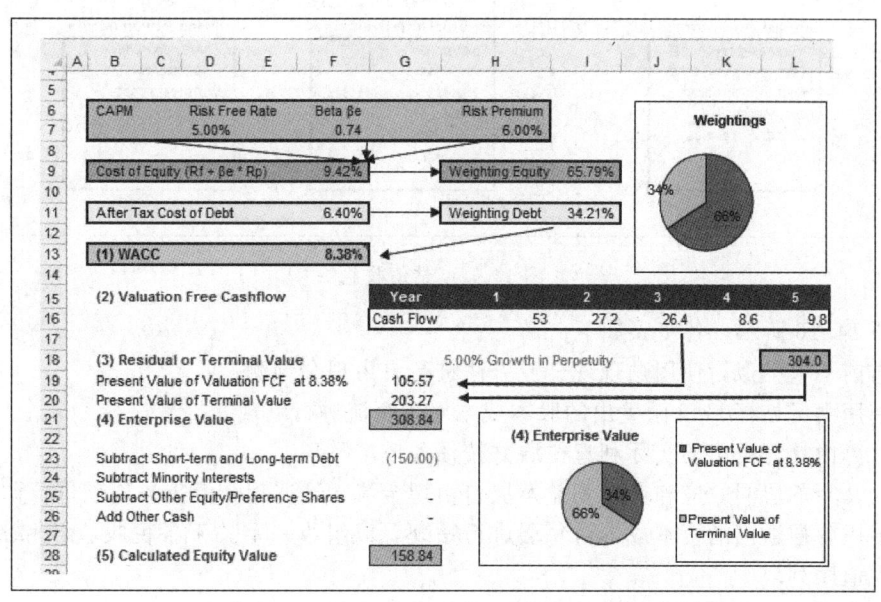

图14.14 由现金流和终值得出的价值比

14.6 调整现值法

调整现值（Adjusted Present Value，APV）方法是自由现金流的一种变体．它不是派生复合值，而是将不同段的值组合在一起来展示价值从何而来．上面的自由现金流方法没有显示杠杆或成本改进的价值，对于风险分析来说，这可能有助于发现获得适当回报的潜在风险．

各层的示例如下：
- 利润改进．
- 工厂关闭或成本降低．
- 协同效应．
- 营运资本改进．
- 出售资产．
- 高终值增长．

在图14.15中，基础情形下每股估值为1.0，如果所有的计划都得以实现，那么由各"层"显示的潜在价值为1.6．因此，模型需要划分出各个组成部分．

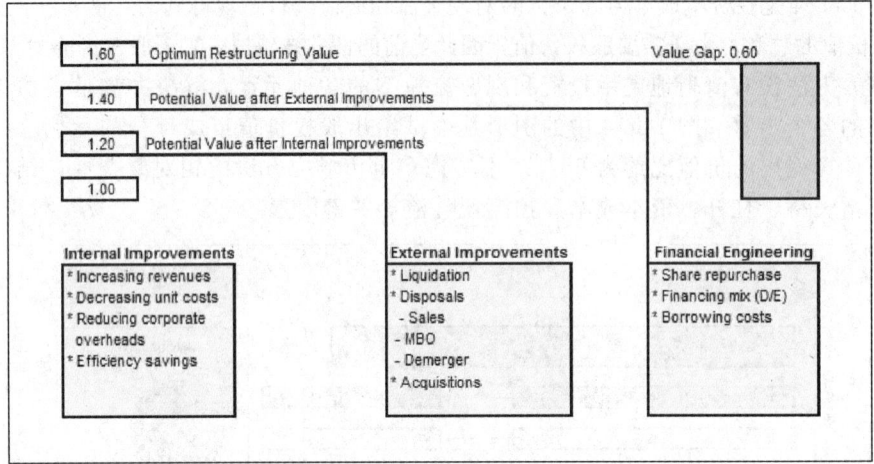

图 14.15　估值收益

如图 14.16 所示，各步骤如下：
- 与前一节类似，使用贴现现金流方法进行自由现金预测.
- 使用由无杠杆 beta 派生出的股本成本对现金流进行贴现.
- 计算由杠杆得出的实际利息税盾并按债务成本贴现.
- 为其余的协同效应和交易利益发展自由现金流．这些现金流需按税项进行调整.
- 使用各层适当的资本成本对每层进行贴现，以组成一个关于各税收收益和成本的净现值序列.
- 集合所有元素获得调整后的现值，其等价于公司的企业价值.
- 按照自由现金流方法，减去债务以形成股本价值.

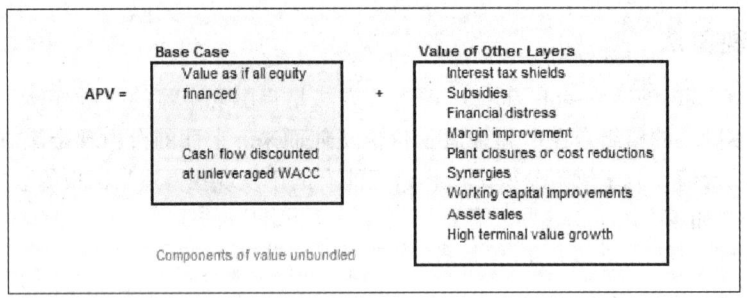

图 14.16　APV 结构

图 14.17 中的现金流使用的是无杠杆 beta 的股本成本．其计算在 WACC 表中完成：

无风险利率：5.00%

风险溢价：6.00%

资产 beta：0.52

无杠杆股本成本：8.12%.

```
 A      B                                          C              D        E       F       G       H       I
 4
 5                                                                 0        1       2       3       4       5
 6
 7   Free Cash Flow of Assets                                    12.00    53.00   27.20   26.40    8.60    9.80
 8
 9   Terminal Value: (9.80*(1+Growth))/(Equity-Growth)                                                    329.91
10
11   Total Cash Flow                                             12.00    53.00   27.20   26.40    8.60  339.71
12
13   Risk Free Rate                                               5.00
14   Risk Premium                                                 6.00
15   Asset Beta                                                   0.52
16   CAPM Cost of Equity                                          8.12
17   Base EV at 8.12%                                           329.40
18
19   Subtract Short-term and Long-term Debt                    (150.00)
20   Subtract Minority Interests
21   Subtract Other Equity/Preference Shares
22   Add Other Cash
23   APV Equity Value                                           179.40
```

图 14.17　APV 基础情况

终值的计算也使用相同的股权成本 (见图 14.18). 其结果是公司为完全股权投资时的现值. 这是在任何金融工程或杠杆之前的基础情况.

```
 A      B                                          C              D        E       F       G       H       I
 4
 5                                                                 0        1       2       3       4       5
25
26   Interest Tax Shield
27   Interest Tax Shield at Tax Rate of 20.00%                    2.00     3.00    3.20    3.40    3.60    3.80
28   Terminal Value of Tax Shields                                                                         133.00
29   Interest Tax Shield Cash Flow                                2.00     3.00    3.20    3.40    3.60  136.80
30
31   Interest Tax Shield at 8.00%                                97.51
32
33
34   Adjustments
35   Adjustment                                                             -       -       -       -       -
36   Terminal Value of Tax Shields
37   Interest Tax Shield Cash Flow                                          0       0       -       0       0
38   Adjustment Value                                               -
39
40   Adjusted EV Present Value                                  426.91
41
42   Subtract Short-term and Long-term Debt                    (150.00)
43   Subtract Minority Interests
44   Subtract Other Equity/Preference Shares
45   Add Other Cash
46
47   APV Equity Value                                           276.91
```

图 14.18　利息税盾

下一阶段是绘制利息税盾. 利息税盾是电子表格中第 18 行的支付利息乘以税率. 同样, 终值的计算也形成了一个总现金流, 可以按照债务成本进行贴现. 这个过程可以重复用于其他的成本或税收受益层. 调整后的现值就是上述各组成部分之和. 这个过程也可以应用于其他类型的现金模型, 如投资或项目融资, 与单一输出相比, 该模型需要更多的灵活性.

14.7　经济利润

经济利润是考察公司收入的另一种方式. 传统资本度量下的收入是计算投资于资本、资产或股本的回报. 由于资本水平可以通过资产负债表外融资来改变, 也可以通过转换会计方法来提高利润水平, 因此这种方法着眼于寻求真实的价值生成. 会计方法的缺点包括:

- 收入确认,而非现金.
- 伪造账目和演示.
- 依照收入/本金比率选择项目/交易的缺陷.

模型中使用的公式为:

$$EVA = 开放本金 + (本金成本 * 使用资本额)$$

它将提供一个期限内使用资本的成本,并且任何增长必须来自于资本收入而非利润.因此,公司可以通过在资本成本之上获得更高的收入来提升价值,并且会导致以下情况:

- 投资某些收入高于风险补偿的新项目带来的增长.
- 遏制非经济活动的投资和资本挪用.

在一个完全模型中资本是以下各项的总和:

- 普通股权价值.
- 资产负债表上的非常规损失(收益).
- 优先股及少数股东权益.
- 全部债务(账面而非市场价值).

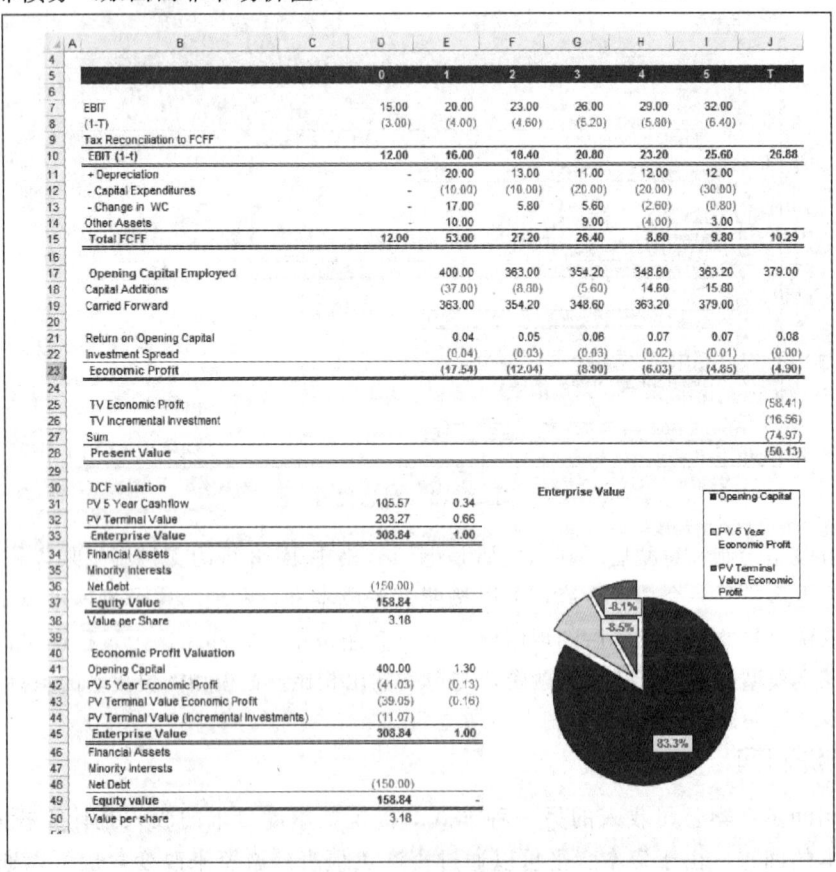

图 14.19 经济利润

- 非资本化租赁、缺少市场销路的证券的现值.
- 其他根据诸如 LIFO 储备、商誉、会计储备、市场、资本化价值、调研和发展所做出的调整.

图 14.19 中的表在第 27 行给出了基于 WACC 表得出的资本成本上经济利润的计算. 总计数值由开放资本加上收益或损失的现值得到. 图 14.19 中所示的实际上是一个能够把未来现金流归纳为一个现值以展示整体状况的简单净现值模型.

出于完整性考虑，在模型中还有一个比较图表用来演示每种方法得出的不同值（见图 14.20）. 由图中可以看出，现金和股息模型计算出的价值低于当前的市场价值.

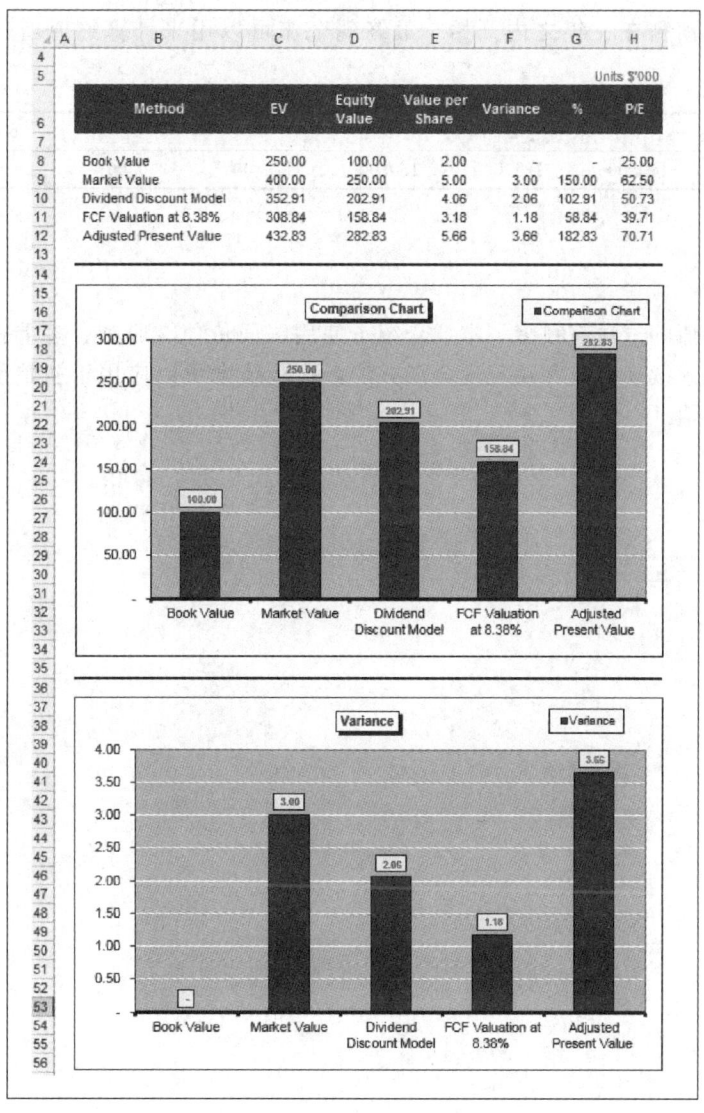

图 14.20 价值比较

14.8 习题

某公司的数据如下. 建立一个现金流价值的 Excel 模型以及两个敏感性分析表: 一个对应 WACC 的一维表和一个对应 WACC 和增长率的双向表.

WACC: 10.00
增长率: 1.00
债务: 250.00
少数股权: 100.00

年度现金流预测在一年之内开始. 最终现金流可以用来计算终值增长. 相关数据见下表.

年	1	2	3	4	5	6	7
现金流	100.00	125.00	150.00	175.00	200.00	225.00	250.00

14.9 小结

评估公司价值的方法有很多, 本章介绍了使用账面价值、股利、多重和现金流方法的数学基础. 利用永续现金流和贴现现金流方法, 这些技术可以应用于初始预测和较长时期的股利或现金估值.

第15章 租　　赁

15.1 租赁经济学

租赁可以与贷款相比，但其唯一的担保通常是设备而不是固定费用或其他担保．这种经济模式从出现至今，已经有了3000年的悠久历史，因为它的基本好处是允许借方通过支付一定的费用而拥有租赁物品的使用权，以有助于资金周转．19世纪50年代，英国滚石租赁公司利用新的股份公司立法将车辆出租给新的铁路运营公司，而在19世纪70年代，租赁在美国帮助了许多类似状况的公司．此后英国的情况已经全面展开，后国有化的运营公司和铁路租赁公司选择租赁新的铁路车辆．

以下是租赁的定义：

租赁是指所有者（出租方）允许另一方（承租方）在特定时间段内使用资产以换取租金的协议．资产可以是固定的或可移动的工厂或房地产．资产的所有权和使用权是分开的，允许一方为购买资产提供资金，另一方在其业务或贸易中使用该资产．

租赁主要有以下三种形式．

- 融资租赁（美国称为资本租赁）．它与贷款类似，在租赁期内，租金冲销掉所有的资本成本．
- 经营租赁．出租方不仅要通过租金获利，而且在租赁期满后，还要销售或者处理资产，从而100%获得投资收益．这样，租赁资产就涉及租赁和交易．
- 租赁或分期付款租赁与融资租赁类似，但不同的是，承租方通常在租赁期满时拥有自动购买权．通常有一个名义购买费用来过户．

在英国，用户在融资租赁期满时没有自动购买商品的权利，因为在撰写本文时，税收折旧通常遵循法定所有权．自动转账会将合约变成分期购买安排．英国的情况一直很复杂，7年以上的长期租约遵循经济所有权，以使英国与欧洲更加一致，并降低递延税收减免的出租方利益．此外，国际会计准则有可能发生变化，这将要求所有租约在年度报告中以类似方式予以确认．

在英国，为把几乎所有法律所有权的利益提供给用户，常见的逾期约定其实是一种名义上的租金和部分销售收益．在欧洲大陆，税收优惠通常伴随着经济所有权而产生，而融资租赁通常允许在到期时简单地转移所有权．

承租方获得的好处可以归纳为：

- 把固定资产成本进行摊销以达到节省成本或者盈利的目的．
- 属于贷款和清算之外的一种新的融资形式．

- 100%融资而完全不需要存款.
- 成本基于租赁而非采购.
- 租赁期满后,可能拥有租赁的资产.
- 可灵活进行固定资产升级,其附加的好处可能优于传统贷款.
- 租赁资产是唯一抵押品,不需要其他担保.
- 可以把银行信用额度用于其他商业融资目的.
- 用于销售终端时,可有助于销售.
- 与固定资产购买相比,一般情况下,租赁这种形式会得到更加忠实的履行.
- 按照会计准则将资产负债表处理为经营租赁或租赁,可以在不披露贷款的情况下进行表外融资,从而提高杠杆率和流动性比率.

出租方的好处包括:
- 在美国和英国,可以获得税收抵扣的好处.
- 从购买成本和租赁收入之间获得收益.
- 可以收取文本费用、检查费用和租赁合同终止费用.
- 租赁期满后,可销售资产以获取资产残留价值.
- 与传统销售相比,租赁能以较低的市场费用,在可控的风险情况下,达到商业目的.

租赁的主要计算如下,后面将通过示例进行讨论:
- 利率.
- 摊销.
- 会计核算.
- 结算.
- 出租方和承租方评估.

15.2 利率

不考虑税收和其他现金流,租赁评估应包括确定固有利率和计算其他变量. 第2章中提到的货币计算的基本时间价值是基于变量的,其中:

N——定期付款次数

I——定期利息

PV——现值或资本价值

PMT——定期支付

FV——终值

下图示例显示了在没有终值或残值的情况下,10年租赁的年度还款情况. (见图15.1)相关数据见下表.

项目	输入	注释
N	10	
支付间隔	12	年度租金
I	10%	
PV	−1000	
PMT	?	
无初始租金	0	
FV	0	
预付/欠款	0	1＝预付，0＝欠款

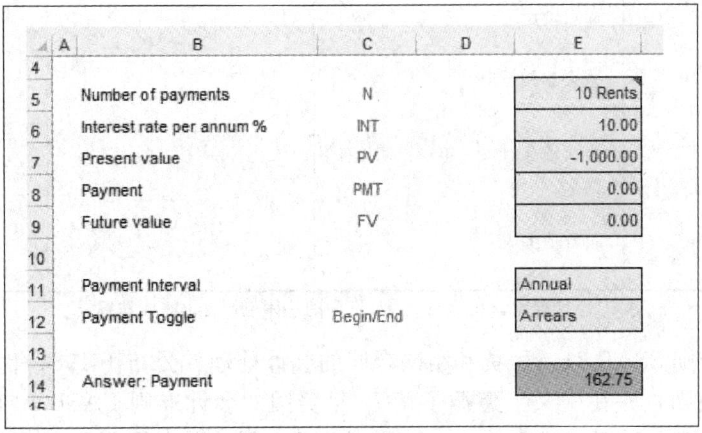

图 15.1 支付示例

单元格 E14 中使用 PMT 函数得到租金为 162.75，这意味着从现在开始投资，12 个月内支付 10 次 162.75 英镑的租金，此后每年支付 9 次以上，产生的名义毛收益率为 10%（见图 15.2）。

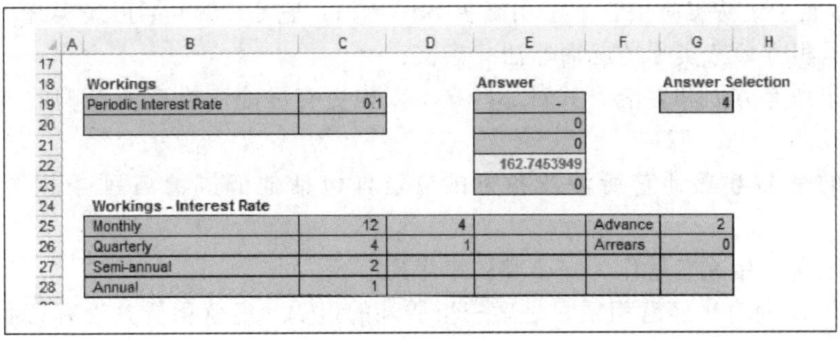

图 15.2 操作

图 15.2 中的单元格 E19：E23 用逻辑语句把非手工输入的值强制转化为 0。因为单元格 E8 是 0，所以付款在单元格 E22 中计算。下面将使用该示例进行会计核算、结算和评估。

15.3 分类

会计实务要求披露与租赁相关的一般会计信息见下表．各国要求披露的信息水平各不相同，最新国际会计准则 IAS 17 就是用来规范会计和报告披露的．如果不对租赁进行披露，资产负债表无法平衡，承租方就可以让租赁缩水，增加流动性，从而在年度报表中掩盖财务风险．

	融资租赁		经营租赁	
	损益表	资产负债表	损益表	资产负债表
1. 承租方	折旧（直线）法	固定资产	租金	无分录[①]
	摊销利息	减去累积折旧		
		当前债务（<一年）长期债务		
2. 出租方	财务收入	租赁债务人		固定资产减去折旧

注：①根据该地区的 GAAP 会计准则，在下一个会计期间的总体租赁支出需要披露．

英国会计准则 SSAP 21《租赁和租购合同的会计处理》公布于 1984 年．它首次确立了租赁资本化的规则，并在广义上遵循了 1976 年美国的会计准则 FASB 13 确立的原则．此外，它引入了"实质重于形式"的概念，要求基于实际情况，而不要拘泥于法律文本．

SSAP 21 要求用户根据实际情况而不是法律意义上的资产归属权，来处理租赁交易的资本化．当租赁把风险和收益统统转嫁给承租方的时候，承租方可以把租赁作为贷款来处理．SSAP 21 的第 15 章规定了所有权转移给承租方．这样就避免了前文提到的承租方企图掩盖租赁以增加资产流动性的行为．

FRS5 标准《交易实质报告》中明确了 SSAP 21，它于 1994 年正式实施．其中有很多条款都鼓励承租方参考实际情况而非法律条文：

- 应确定所有方面和影响，并对那些在实践中更有可能产生商业影响的方面给予更多的重视．
- 重要的是要考虑到它所涉及各方的立场，包括他们同意各项条款的明显期望和动机．
- 应该把所有相关交易作为一个整体来考虑．

就 SSAP 21 而言，经营租赁只是融资租赁外的租赁．经营租赁并没有把所有者的风险和收益统统转嫁给承租方，所以不需要资本化．这样使得出租方能维持一个实质上的利息收入．租赁合同不能冲销租赁资产，所以出租方需要处理资产，以 100% 获得资产的价值．风险决定了双方在租赁中的实际身份．

在如何处理风险和收益转移的问题上，SSAP 21 通过简单的 90% 检验给出了一些指导：

如果在租赁开始时，最低租赁付款（包括任何初始付款）的现值基本上等于租赁资产的允许价值（通常为90%或以上），那么应该将涉及的所有风险和收益都转移给承租人。

目前最新的会计准则是被英国大公司广泛采纳的 IAS 17。作为一个国际准则，它允许租赁期满后，将资产销售给承租人，这在英国本来是不允许的。因此，这个会计准则似乎更为宽松，因为它提供了不同类型租赁的范例，而没有包含正式的现值检验。随着会计准则的持续发展，未来几年可能会采用新的准则，要求所有租赁资产资本化，而把原先不确切的贷款形式从经营租赁中移除。

IAS 17 的要点如下：
- 融资租赁要把实际的风险和收益都转移给承租方。
- 承租方要根据公平价值和最少偿还额来资本化租赁资产。
- 租赁还款要被分为（i）减少负债和（ii）按负债减少的金融费用。
- 除非无法明确最终所有权，承租方要按照资产可利用时间进行折旧。在后一种情况中，使用较短的使用寿命和租期。
- 承租方应该支付经营租赁费用。

为了更加完善，美国的标准还包括以下检验。如果下面任何表述成立，那么该租赁成为资产负债表上的资本（融资）租赁。
- 所有权自动转移（英国-不是赊售协议和条件销售协议）。
- 廉价购买权（英国-不是一个租赁和分期购买合同）。
- 租赁期占据了资产经济使用年限的 75% 及以上。（英国-SSAP 21-不包含类似的检验）
- 现值，或者更准确地说，最低租金，是资产的公平市场价值减去出租方的投资赋税优惠所得的 90%（这与英国现值检验相似）。

因此，该模型需要对会计处理进行双重检查，这是通过贴现租金支付，并将现值与假定的资本价值进行比较来实现的。首先，关键点是承租方要考虑直接还款，而且去掉残值，因为这通常都是承租方的风险；其次，承租方使用资金边际成本，因为这里不太可能知道出租方的资金成本。该模型给出了基本的计算（见图 15.3）。

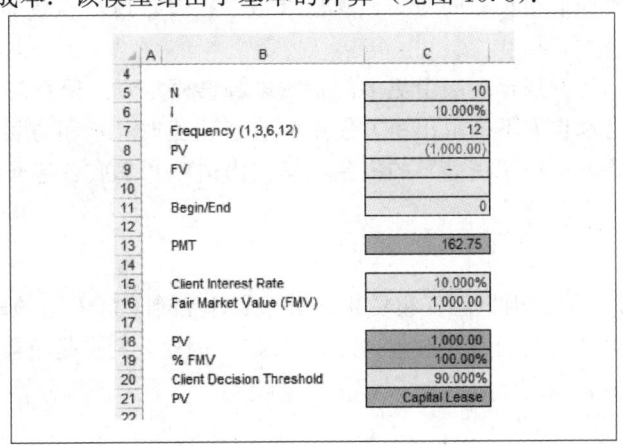

图 15.3　承租人现值计算

分类表中的模型重复租金计算．客户资金成本为10%，固定资产价值假设为1000．单元格C18是以10%的比率得出10租金的现值，即1000．将90%作为决策点，在单元格C21中使用简单的IF语句可以判定该租赁是融资租赁还是资本租赁．

接下来的问题可能是确定资产残值，通过强制现值低于90%资产价值，把租赁重新分类为经营租赁．图15.4中给出了一个一维数据表．在25%附近，现值低于90%．当然，这些数字假设出租方和承租方的利率相同，如果承租方的利率高，资产的残值会降低．

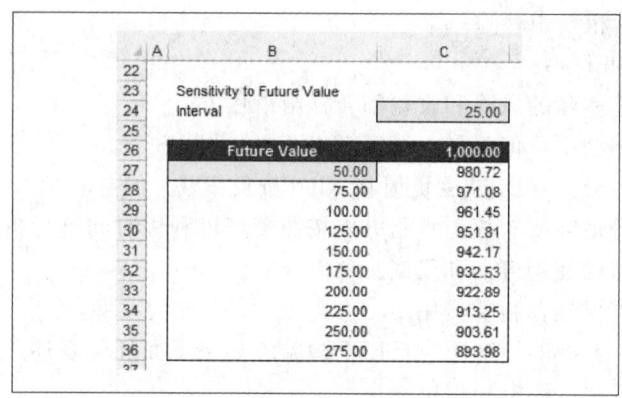

图 15.4 敏感性

其他一些由出租方引起的可变因素如下：
- 租赁期，因为最低期限包括合同义务期限（主租赁期）和延长租赁期（如果承租方决定延长租赁）．较短的租赁期可以降低现值，因为利息较少．
- 终止条款通常不是很明确，但是包含了终止条款会让最低支付额现值降到90%以下．
- 升级条款．由于一些计算机出租方会使用技术更新条款，其负面影响会在下一个租赁中体现．对最低还款额进行估值，可以使租赁处于负债平衡表之外，但承租方仍需要继续租赁．
- 有时续租需要提前很长时间通知，这让承租方在履行最小租赁周期的租约时面临很大困难．
- 灵活的租赁和还款规定会吸引更多的租赁以补偿固定资产回款．
- 对于利率，当承租方不知道出租方使用的确切残值时，承租方可以使用增量借款利率．这可能要讨论将"正确"的借款利率作为边际利率或者基准利率加上保证金．

15.4 摊销

承租方需要根据会计准则把融资租赁租金分成资本和利息，并且该还款计划使用IPMT和PPMT函数计算每期的利息和本金（见图15.5）．因此，利息是租金减去支付的本金：

```
单元格E16: =IF(B16<=$E$5+IF($E$9=0,0,0),PPMT($E$12,
B16,$E$5,$E$7,$E$8,$E$9),0)
单元格F16: =IF(E16=0,0,$E$13-E16)
```

此外，也可以利用 CUMPRINC 函数计算多个周期的本金支付总和．

单元格D16：=-IF(E16=0,0,CUMPRINC($E$12,$E$5,-$E$7,$B$16,B16,$E$9))

	A	B	C	D	E	F	G
4							
5		No of Payments		N	10		
6		Interest Rate		I	10.00%		
7		Present Value		PV	-1,000.00		
8		Future Value		FV	0.00		
9		Begin or End of Period		Type	0		
10		Payments per Annum			1		
11							
12		Periodic Interest Rate			10.00%		
13		Payment		PMT	162.75		
14							
15		Period	Function	CUMPRINC	PPMT	Int	Balance
16		1	62.75	62.75	62.75	100.00	(937.25)
17		2	131.77	131.77	69.02	93.73	(868.23)
18		3	207.69	207.69	75.92	86.82	(792.31)
19		4	291.20	291.20	83.51	79.23	(708.80)
20		5	383.07	383.07	91.87	70.88	(616.93)
21		6	484.12	484.12	101.05	61.69	(515.88)
22		7	595.28	595.28	111.16	51.59	(404.72)
23		8	717.55	717.55	122.27	40.47	(282.45)
24		9	852.05	852.05	134.50	28.25	(147.95)
25		10	1,000.00	1,000.00	147.95	14.80	-
26		11	-	-	-	-	-
27		12	-	-	-	-	-
28							
29		Total			1,000.00	627.45	

图 15.5 摊销

15.5 会计核算

会计报表构建了承租方会计分录．损益表上的栏目由 10 年以上的直线折旧和摊销利息组成（见图 15.6）．费用在 G 栏，总额在 H 栏．在初期，会计分录的总数大于支付的现金．

	A	B	C	D	E	F	G	H
4								
5			(A) Profit and loss					
6		Period no	Obligation	Rents paid	Obligation during period	Deprn	Actuarial charge	Total charges
7								
8		0	1,000.00	-	1,000.00	-	-	-
9		1	1,000.00	(162.75)	837.25	100.00	100.00	200.00
10		2	937.25	(162.75)	774.51	100.00	93.73	193.73
11		3	868.23	(162.75)	705.49	100.00	86.82	186.82
12		4	792.31	(162.75)	629.57	100.00	79.23	179.23
13		5	708.80	(162.75)	546.05	100.00	70.88	170.88
14		6	616.93	(162.75)	454.19	100.00	61.69	161.69
15		7	515.88	(162.75)	353.14	100.00	51.59	151.59
16		8	404.72	(162.75)	241.98	100.00	40.47	140.47
17		9	282.45	(162.75)	119.71	100.00	28.25	128.25
18		10	147.95	(162.75)	(14.80)	100.00	14.80	114.80
19		11	0.00	-	0.00	-	-	-
20		12	0.00	-	0.00	-	-	-
21								
22				(1,627.45)		1,000.00	627.45	1,627.45

图 15.6 损益表

资产负债表显示净账面价值作为原始值加上损益表的累计折旧（见图 15.7）. 负债是现值减去摊销资本，其差额作为时间性差异. 时间性差异在租赁期结束时就消失了.

	A	B	I	J	K
4					
5			(B) Balance sheet		
6		Period no	Net book asset value	Liabilities	Timing diff.
7					
8		0	1,000.00	1,000.00	-
9		1	900.00	937.25	(37.25)
10		2	800.00	868.23	(68.23)
11		3	700.00	792.31	(92.31)
12		4	600.00	708.80	(108.80)
13		5	500.00	616.93	(116.93)
14		6	400.00	515.88	(115.88)
15		7	300.00	404.72	(104.72)
16		8	200.00	282.45	(82.45)
17		9	100.00	147.95	(47.95)
18		10	-	0.00	(0.00)
19		11		0.00	(0.00)
20		12		0.00	(0.00)
21					
22					

图 15.7　资产负债表

该模型具有校验总计，因为折旧已经加到了初始资本价值上，并且总体费用必须与总体支付利息相等. 类似地，IF 语句控制包含的条目，因此控制其他列的计算，例如：

```
Cell F9: =IF(B9<=Amortization!$C$6-Amortization!$
F$33,ABS(Amortization!$C$8)/Amortization!$C$6,0)
```

所有贷款和租赁现金流都用 IF 语句来处理. 如果周期数小于等于总周期数量，要包含租金；否则，要包含残值或者未来值.

15.6　结算

由于租赁合同下的主要担保是资产的市场价值或减记价值，因此，对于出租方来说，绘制出对比结算价值的资产的当前价值或下降价值的图表很重要. 理想的状况是，资产总是比资本化价值值钱. 但是，资产很少遵循摊销曲线，往往在早期阶段迅速下降，然后趋于平稳. 例如，与此相比，机动车辆的价值在头两年往往比接下来的三年下跌得更多. 以下是对资产的考虑.

- 资产的使用. 过多的使用会缩短固定资产的经济寿命.
- 技术上的考虑. 因为快速的变化往往使设备会被较快淘汰.
- 经济因素. 因为在经济繁荣时期，对二手设备的需求通常更大.
- 政府的规定. 因为健康和安全或其他考虑可能会增加重新销售或为设备寻找第二个用户的价格.
- 开发二级市场. 例如汽车二手市场，汽车的价值可以快速确定.

- 承租方因素. 因为有些用户倾向于保留而不是归还设备.
- 投资组合问题. 即出租方不愿意在设备类型、承租方类别或区域上设置过多的权重.

出租方应该考虑下列因素，以提高基础租赁证券的价值:

- 制造商和型号. 因为专业设备的价值下降得更快.
- 数量. 因为有些出租方会比较喜欢统一规格而不是七拼八凑的设备，例如 100 张办公桌.
- 年限. 一些固定资产可能是二手设备.
- 成本. 包括硬性成本和软性成本，如安装成本.
- 功能和性能.
- 特别性能. 某些特别性能有可能降低设备的价值.
- 正常的生命期.
- 正常磨损或经济寿命.
- 更换或维护费用.
- 技术升级和相关成本.

该模型需要对结算进行计算，然后定期与设备的预测价值进行比较（见图 15.8）. 全部租赁未还款额=定期租赁还款 * 还款次数＋任意残值或未来值. 每经过一个还款期，D 列中减去一次还款额，至租赁期末，租金剩余应该为 0. 结算以按最终利率进行贴现的剩余现金流为基础. 租赁的固有利率为 10%，而单元格 D9 中的贴现率为 5%，因此实际存在 5% 的罚金.

单元格E13: =NPV($D$9,C14:$C$25)

							Units $'000
Capital Value		1,000.00		Results			
Quarterly Rental		162.75		Maximum Exposure		(404.62)	
Number of Rentals		10.00		% Capital		40.46	
Final Rental		-					
Discount Rate		5.00%					

Period	Rental	Rents Outstanding	Discounted Amount	Value Deduction	Written Down	Net Value	(Exposure) or Cover
-	-	1,627.50	1,256.71	-	-	1,000.00	(256.71)
1	162.75	1,790.25	1,156.80	15.00%	(150.00)	850.00	(306.80)
2	162.75	1,953.00	1,051.89	15.00%	(150.00)	700.00	(351.89)
3	162.75	2,115.75	941.73	15.00%	(150.00)	550.00	(391.73)
4	162.75	2,278.50	826.07	12.50%	(125.00)	425.00	(401.07)
5	162.75	2,441.25	704.62	12.50%	(125.00)	300.00	(404.62)
6	162.75	2,604.00	577.10	10.00%	(100.00)	200.00	(377.10)
7	162.75	2,766.75	443.21	10.00%	(100.00)	100.00	(343.21)
8	162.75	2,929.50	302.62	5.00%	(50.00)	50.00	(252.62)
9	162.75	3,092.25	155.00	5.00%	(50.00)	-	(155.00)
10	162.75	3,255.00	-	-	-	-	-
11	-	3,255.00	-	-	-	-	-
12		3,255.00	-	-	-	-	-
	1,627.50	31,736.25		100.00%	(1,000.00)	4,175.00	(248.67)

图 15.8 结算

G 列中是周期性减少值，H 列中的固定资产价值不断减少。这是一个简单的百分比减少的计算过程。I 列中的暴露值是设备价值减去结算值。在租赁初期，设备价值减少得比较快。图 15.9 清楚地表现了出租方风险。如果承租方在租赁期间破产，出租方的损失约为 40%。

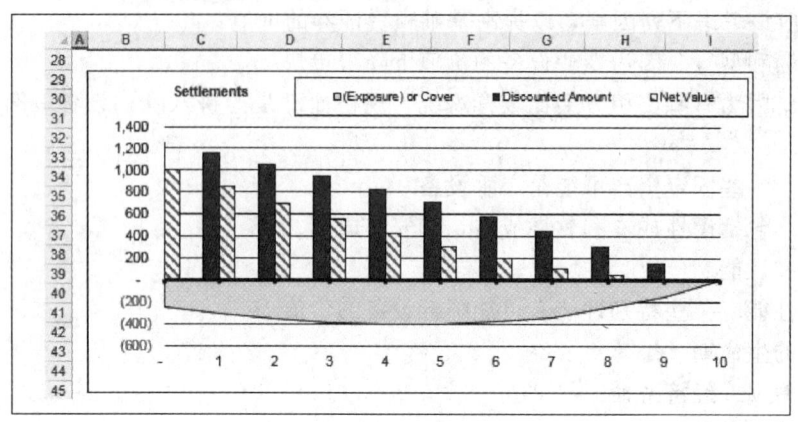

图 15.9　风险图表

图 15.10 中体现了折余价值与分期付款资产余额之间的区别。折余价值的曲线是向下弯曲的，而分期付款的曲线是向上弯曲的。图中曲线体现了两者的不同，两者的最大差异出现在租赁期中间。

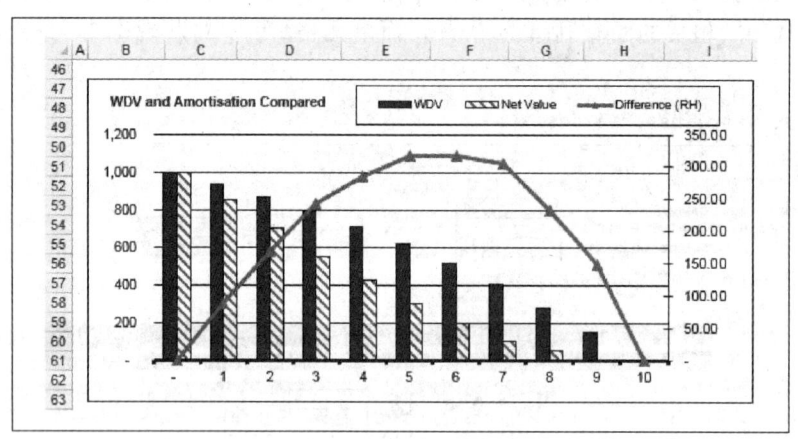

图 15.10　折余价值与摊销的比较

15.7　出租方评估

评估租赁的方法有很多种，例如简单的数字和或基于税后现金流的净精算方法。这里使用的例子是 10 年期的租赁，其利率是 10%，每年还款 162.75。问题是这种情况是否值得出租方进行投资。10% 只代表交易的名义利率，与任何收益价值或衡量收益的指标无关。出租方变量有：

- 还款次数.
- 还款方式,是递增、递减,还是非定期还款模式.
- 预先支付租金或定金.
- 税率和税收方式.
- 出租方预期的收益.
- 借贷成本.
- 初始直接成本.
- 设备购买成本和折扣.
- 终止费用、代理人费用或者其他费用.
- 可返还的定金(如果存在).
- 残值、最终租金.

一种解决方案是把租赁视为投资机会,绘制现金流图并计算内部收益率. 投资回报必须是来自所有股权收益、负债成本、税率和杠杆的加权平均资本成本. 当计算的收益等于资本成本时,租金就必定足够高了,可使每一笔投入的资产都能得到相应回报.

第一步是设定现金流并测试现有租金是不是足够高. 图 15.11 中,负债比率为 90%,债务成本和股权成本分别是 7.5% 和 10%. 在单元格 J7 中得到该模型的资本回报率是 6.4%.

单元格 J7: =((D11*(1-D14))*D10)+(D12*(1-D10))

单元格 J6 中的初始租金是 162.75:

单元格 J6: =PMT(D8,D6,-ABS(D5),D9,D7)

图 15.11 出租方分录

在此期间，出租方还需要考虑管理和其他费用，并将其计入租金（见图15.12）。这些列在第17行和第18行，将会增加租赁中现金流支出。第一个现金流格中是已知现金流，它包括了初始资本价值、租金、杂项支出和坏账。为简便起见，税收抵扣设为每年10%，但是，这可以在底部的工作表中手动更改。不同国家使用加速折旧法或直线法来评估减记资产价值。

	A	B	C	D	E	F	G	H
65								
66		Capital Allowances Workings included in Tax						
67		FYA		WDV Percent	WDV		Capital Tax Cashflow	
68		WDA						
69		CA	1	10.00%	(100.00)		20.00	
70		CA	2	10.00%	(100.00)		20.00	
71		CA	3	10.00%	(100.00)		20.00	
72		CA	4	10.00%	(100.00)		20.00	
73		CA	5	10.00%	(100.00)		20.00	
74		CA	6	10.00%	(100.00)		20.00	
75		CA	7	10.00%	(100.00)		20.00	
76		CA	8	10.00%	(100.00)		20.00	
77		CA	9	10.00%	(100.00)		20.00	
78		CA	10	10.00%	(100.00)		20.00	
79		Sales proceeds					-	
80					(1,000.00)		200.00	
81								

图15.12 税收折余价值

折旧需要被减去，才能在图15.11第27行计算应纳税所得额。税率设为20%，第29行体现了净收入。因为折旧不是现金流，所以将其加回来形成第31行的资产现金流回报。如果租金是正确的，那么内含收益率应该与资本成本相同。C33得出内部收益率为6.36%，比预期少了0.11%：

单元格C31： =IRR(C31:M31,0.1)

所需的租金可以直接使用因子法计算，而不需要用到Solver（规划求解）和Goal Seek（目标搜寻）。如果使用金融计算器，步骤如下：
- 在租赁开始时计算成本的净流出= PV 因子：
  ——计算最终残值（如果适用）。
  ——计算净残值的现值。
  ——现值或其他任何已知的现金流。
- 计算未知的定期租赁支付的 PV 值，令 \$1 等于单次支付：
  ——如果签约时预付多个租金，那么将预付租金数加入因子中＝租金因子。
- 计算 PMT：PV 因子/租金因子。

计算结果是定期租金。图15.13左边体现了设备、折旧、杂费和坏账的所有已知现金流的现值。贴现利率就是单元格J7中的资本成本。税后价值是需要计算的，因为资产回报现金流都是税后的。折旧的税收净值＝现值＊税率。另一方面，成本的现值可以乘以（1－税率）。结果是单元格D43中所有已知现金流税后的现值的附加值。

图15.13的右边是租赁因子，是一个简单的资金时间价值计算器。需要计算五次\$1的应付租金按6.40%的利率折算的现值，并由 PMT 函数生成一个因子，其值等于7.223。同样，需要将该值乘以（1－税率）得到净因子为5.778。

	A	B	C	D	E	F	G	H	I	J	K	L	M	N
37														
38		After tax NPV value				Calculation of rental								
39		Equipment		(1,000.00)		N		10						
40		Depreciation		144.45		INT		6.40%						
41		SG&A		(57.78)		PMT		-1.00						
42		Bad debts		(28.89)		FV		0.00						
43		NPV		(942.22)		Toggle		0.00						
44														
45		Net of tax factor / NPV				PV		7.223						
46		Calculated Rental		163.07		Net of Tax		5.778						
47														
48														
49		(B) Calculated Rental												
50				0	1	2	3	4	5	6	7	8	9	10	Total
51		Initial cash		(1,000.00)										
52		Rent			163.07	163.07	163.07	163.07	163.07	163.07	163.07	163.07	163.07	163.07	815.34
53		Depreciation			(100.00)	(100.00)	(100.00)	(100.00)	(100.00)	(100.00)	(100.00)	(100.00)	(100.00)	(100.00)	(500.00)
54		SG&A		-	(10.00)	(10.00)	(10.00)	(10.00)	(10.00)	(10.00)	(10.00)	(10.00)	(10.00)	(10.00)	(50.00)
55		Bad debts			(5.00)	(5.00)	(5.00)	(5.00)	(5.00)	(5.00)	(5.00)	(5.00)	(5.00)	(5.00)	(25.00)
56		Taxable income		(1,000.00)	48.07	48.07	48.07	48.07	48.07	48.07	48.07	48.07	48.07	48.07	240.34
57		Taxes @ 20%		-	(9.61)	(9.61)	(9.61)	(9.61)	(9.61)	(9.61)	(9.61)	(9.61)	(9.61)	(9.61)	(48.07)
58		Net income		(1,000.00)	38.45	38.45	38.45	38.45	38.45	38.45	38.45	38.45	38.45	38.45	192.27
59		Depreciation			100.00	100.00	100.00	100.00	100.00	100.00	100.00	100.00	100.00	100.00	500.00
60		ROA cash flow		(1,000.00)	138.45	138.45	138.45	138.45	138.45	138.45	138.45	138.45	138.45	138.45	692.27
61														
62		IRR%:		6.40%										

图 15.13 租金确认

租金为 942.22/5.778，等于 163.07，之后可以将其插入到现金流中（见图 15.13）。单元格 C62 中得出的收益是 6.4%．因此，最低租金应收取的是租金和成本费用为 163.07．使用 RATE 函数向客户收取的名义费率为 10.05%．

租金基于表顶部的输入数据，由于股权价值远高于税后债务，因此将杠杆降至 50% 导致资本成本提高至 7.63%，租金需求提高至 181.46%，同时客户利率升至 12.61%（见图 15.14）．因此，可以使用简单的名义利率或作为货币的买卖利率之间的差额来评估租赁．为了进行更准确的评估，需要考虑所有增量现金流，以确保租赁收益率等于或大于风险调整后的资本成本．这种方法提供了一种包括所有相关的成本和相应的租赁定价的方法．

	A	B	C	D	E	F	G	H	I	J	K	L	M	N
37														
38		After tax NPV value				Calculation of rental								
39		Equipment		(1,000.00)		N		10						
40		Depreciation		134.20		INT		8.00%						
41		SG&A		(53.68)		PMT		-1.00						
42		Bad debts		(26.84)		FV		0.00						
43		NPV		(946.32)		Toggle		0.00						
44														
45		Net of tax factor / NPV				PV		6.710						
46		Calculated Rental		176.29		Net of Tax		5.368						
47														
48														
49		(B) Calculated Rental												
50				0	1	2	3	4	5	6	7	8	9	10	Total
51		Initial cash		(1,000.00)										
52		Rent			176.29	176.29	176.29	176.29	176.29	176.29	176.29	176.29	176.29	176.29	881.43
53		Depreciation			(100.00)	(100.00)	(100.00)	(100.00)	(100.00)	(100.00)	(100.00)	(100.00)	(100.00)	(100.00)	(500.00)
54		SG&A		-	(10.00)	(10.00)	(10.00)	(10.00)	(10.00)	(10.00)	(10.00)	(10.00)	(10.00)	(10.00)	(50.00)
55		Bad debts			(5.00)	(5.00)	(5.00)	(5.00)	(5.00)	(5.00)	(5.00)	(5.00)	(5.00)	(5.00)	(25.00)
56		Taxable income		(1,000.00)	61.29	61.29	61.29	61.29	61.29	61.29	61.29	61.29	61.29	61.29	306.43
57		Taxes @ 20%		-	(12.26)	(12.26)	(12.26)	(12.26)	(12.26)	(12.26)	(12.26)	(12.26)	(12.26)	(12.26)	(61.29)
58		Net income		(1,000.00)	49.03	49.03	49.03	49.03	49.03	49.03	49.03	49.03	49.03	49.03	245.15
59		Depreciation			100.00	100.00	100.00	100.00	100.00	100.00	100.00	100.00	100.00	100.00	500.00
60		ROA cash flow		(1,000.00)	149.03	149.03	149.03	149.03	149.03	149.03	149.03	149.03	149.03	149.03	745.15
61														
62		IRR%:		8.00%										

图 15.14 50%杠杆

15.8 承租方评估

承租方以现金或其他融资形式评估租赁的方式各不相同．所报的年度百分率可能具有误导性，评估过程中要考虑下列因素：

- 总成本和现金流．
- 整体财务战略．
- 经营租赁和融资租赁的资本结构或会计处理方法．
- 流动性方面的考虑，如较少的保证金．
- 现有贷款机构的债务能力和资本充足性．
- 按照预定的计划，升级固定资产的灵活性．
- 提前终止合同所产生的较少罚金方面的考虑．
- 简单的所有权和租赁期．
- 简单和没有太多限制的证明文件．
- 作为销售辅助的管理上的一些便利．
- 其他软性指标上的考虑，以及租赁优于购买的偏好．例如美国 30％ 以上的设备来自租赁而非购买，英国的比例是 25％ 左右．

图 15.15 的单元格 H6 中计算的总费用和单元格 H7 中计算的简单利率都无法提供太多信息．标准利率 10％ 要与 D10 中的税前利率 12％ 作对比．在税前阶段，租赁看起来比贷款更加有效．

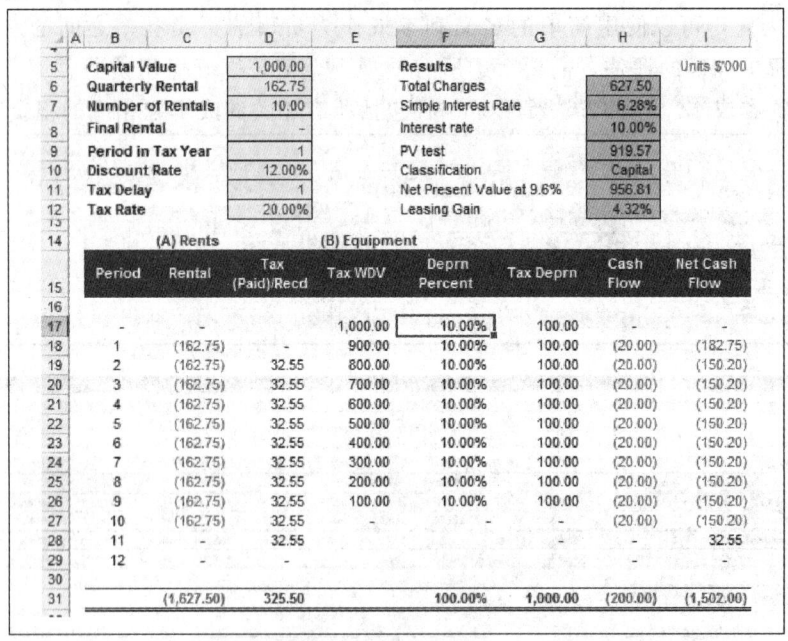

图 15.15 租赁与购买的现金流对比

一种更具包容性的方法是，利用适用税收制度的增量现金流，以税后借款成本贴现，绘制租赁与借款的税后成本图。税收延迟设定为一年，因此 C 和 D 列标出了应付租金和 30.0% 的税收减免：

单元格 D19：=-OFFSET(C19,-$D$11,0)*$D$12

税收抵扣被作为负数处理，因为一旦承租方决定租赁，就不存在减免。将其包含在租赁现金流中的好处是只需要一个净现值，而不需要分别对应租赁和购买的现值。税收抵扣设定为每年 10%，因此按 20% 的税率计算，税收抵扣为 100（见图 15.15）。自协议签订之日起一年内，20 中有 10 笔现金流。因为租金的税收减免比资本的税收减免晚，而这个租金是每年拖欠的租金税收减免。I 列中的整体现金流是每个租期内的租金加上租金和资本的税收减免。

税前利率为 12%，并且由于现金流是税后的，贴现率必须乘以（1－税率）。在 9.6% 的税率下，租赁的净现值为 956.81（见图 15.16），再次得到租赁收益为 4.32%。还要使用 TABLE 函数进行敏感性分析，因为随着贴现率的修正，相对关系会发生改变（见图 15.16）。盈亏平衡点出现在 11.5%。

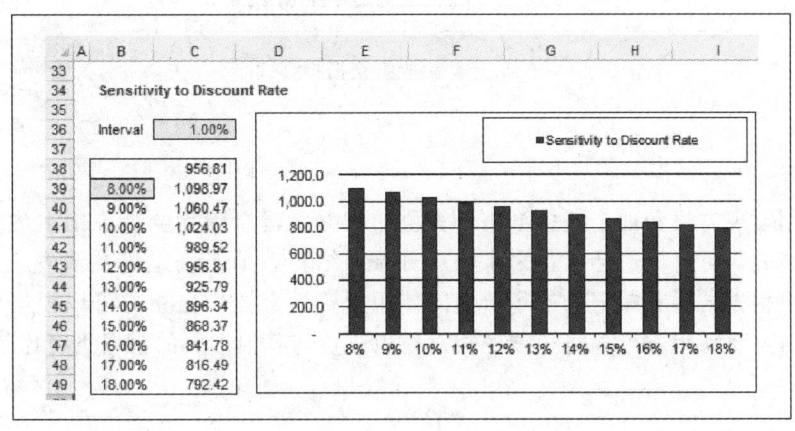

图 15.16　贴现率敏感性

15.9　习题

使用以下数据完成一个电子数据表，从出租方的角度来评估租约：

资本成本：100 000.00

残值：10.00%

租赁期：5.00 年

SG&A（杂项）：(50.00) 每年从第 1 年开始（间接费用起始日为第 0 年）

坏账：(10.00) 每年从第 1 年开始

其他费用　　　　　　　　　　　　　　　　　　　　　　　　　　　　　(1 000.00)

债务/股本百分比　　　　　　　　　　　　　　　　　　　　　　　　　　75.0%

债务	10.0%
股权	15.0%
税率	20.0%

税收体系使用20%的余额递减折旧法，即Excel中的DB函数。

请计算出所需要的租金和客户利率，并参考本章的方法做一张杠杆敏感性表（见图15.17）。

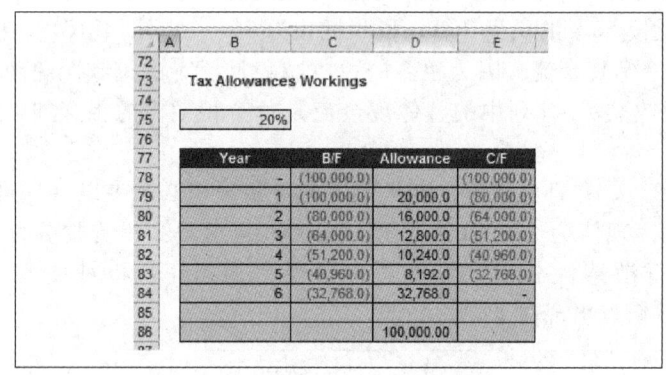

图15.17 税收折余抵扣测试

15.10 小结

租赁使用贴现方法和现金流模型来计算税前收益，建立国际会计准则下的会计处理方法。使用摊销表，可以构造会计报表来生成分录。结算有助于确定潜在损失，并使用贴现现值来比较出租方结算和减记的市场价值。使用投资现金流，出租方可以根据资本成本对租赁进行评估，而承租方可以将租赁的相对税后收益与其他形式的融资进行比较。

第 16 章 基础统计学

16.1 方法

统计学用于采集、分析、解释和呈现数值数据. 本章主要介绍一些在金融数据分析和理解中常用的数学技巧. 在金融计算器上运用这些方法会花费大量的时间, 但 Excel 提供了一组函数和向导, 用于快速分析数据. 例如, 你可能希望通过评估和度量历史数据中的风险, 对未来结果进行预测和推断.

本章中的技术包括:
- 描述、理解和总结数据集合.
- 通过分布确定概率以及如何使用它们.
- 从样本中抽样和估计结果.
- 对数据集进行假设并进行检验.
- 通过相关性和回归寻找关系或联系.

16.2 描述统计量

当把数据集描绘成散点图或表格时, 很难理解数据或识别模式, 因此需要某些方法来尝试理解数据中的关键因素, 从而获知数据的"形状"或者"分布". 例如, 希望了解一项投资的回报、风险或其可能的范围, 其中两个关键因素为:
- 集中趋势——数据的"中心".
- 离差——分散的程度.

集中趋势的度量包括算术均值(平均值)、几何均值、中位数和众数. 这些度量表明数据聚集的值. 离差的度量包括极差(最大值减去最小值)、平均绝对偏差、方差和标准差. 在公司金融中, 因为公司金融理论假设金融机构和个人是"风险厌恶者", 并且寻求与预期收益相差不大的收益, 因此, 离差常常用于度量风险. 统计学理论能够协助分析数据集模式.

总体

本章的第一个文件 (MFMaths3e_16a.xls) 包含了一个名为 Data 的工作表, 其中有四种股票指数的原始数据, 并且其右边有每年收益或损失的百分比 (见图 16.1). 一个总体包含一组或一个集合中的所有成员或全部条目, 例如, 在交易所交易的所有股票的每股收益. 由于表中给出了所有的数据而非一个样本, 因此可以计算出总体的集中趋势和离差,并且可以确保获得精确的结果.

No	1	2	3	4	1	2	3	4
1	1,414.60	1,414.60	206.30	259.60				
2	1,437.00	1,451.50	206.80	260.90	1.6%	2.6%	0.2%	0.5%
3	1,545.90	1,577.10	221.90	275.90	7.6%	8.7%	7.3%	5.7%
4	1,670.80	1,697.80	233.90	292.70	8.1%	7.7%	5.4%	6.1%
5	1,662.50	1,757.20	230.50	304.80	(0.5%)	3.5%	(1.5%)	4.1%
6	1,604.80	1,698.50	242.40	321.30	(3.5%)	(3.3%)	5.2%	5.4%
7	1,651.80	1,773.00	245.80	320.20	2.9%	4.4%	1.4%	(0.3%)
8	1,560.10	1,692.20	231.10	284.40	(5.6%)	(4.6%)	(6.0%)	(11.2%)
9	1,663.20	1,765.10	247.90	298.40	6.6%	4.3%	7.3%	4.9%
10	1,557.80	1,667.50	226.30	270.00	(6.3%)	(5.5%)	(8.7%)	(9.5%)
11	1,634.20	1,753.90	239.00	284.00	4.9%	5.2%	5.6%	5.2%
12	1,638.60	1,800.00	244.20	290.90	0.3%	2.6%	2.2%	2.4%
13	1,681.00	1,819.90	237.20	277.80	2.6%	1.1%	(2.9%)	(4.5%)
14	1,810.20	1,992.60	269.10	328.40	7.7%	9.5%	13.4%	18.2%
15	1,981.20	2,128.40	279.20	360.50	9.4%	6.8%	3.8%	9.8%
16	1,999.50	2,192.20	286.70	367.10	0.9%	3.0%	2.7%	1.8%
17	2,052.50	2,221.90	283.40	364.70	2.7%	1.4%	(1.2%)	(0.7%)
18	2,205.00	2,359.20	285.10	372.50	7.4%	6.2%	0.6%	2.1%
19	2,286.10	2,558.20	299.00	373.50	3.7%	8.4%	4.9%	0.3%
20	2,362.90	2,712.10	313.70	387.70	3.4%	6.0%	4.9%	3.8%
21	2,251.70	2,587.80	324.80	414.20	(4.7%)	(4.6%)	3.5%	6.8%
22	2,368.00	2,755.70	316.80	406.00	5.2%	6.5%	(2.5%)	(2.0%)
23	1,751.80	1,966.20	246.80	295.10	(26.0%)	(28.6%)	(22.1%)	(27.3%)
24	1,581.90	1,756.00	225.30	269.30	(9.7%)	(10.7%)	(8.7%)	(8.7%)
25	1,714.70	1,976.00	242.00	307.50	8.4%	12.5%	7.5%	14.2%
26	1,792.80	2,105.90	252.10	313.30	4.6%	6.6%	4.1%	1.9%
27	1,770.80	2,102.10	262.80	340.30	(1.2%)	(0.2%)	4.2%	8.6%
28	1,744.50	2,077.30	253.90	341.50	(1.5%)	(1.2%)	(3.4%)	0.4%
29	1,804.60	2,158.10	256.30	346.80	3.4%	3.9%	0.9%	1.6%
30	1,786.40	2,166.70	257.20	341.70	(1.0%)	0.4%	0.4%	(1.5%)

Formula: =(C7-C6)/C6

图 16.1 数据集

通常包含整个组的运算是不可能的或者成本太高. 样本是总体的一个子集. 从伦敦证券交易所选取的 50 只股票的集合可以成为一个样本，该样本的特征通常被称为统计量（而不是总体的参数）.

数据集和频数分布

数据通常以表的形式表示，从中很难理解数据中的模式. 图 16.2 中给出了 Select Char 工作表中第一个指标的图表，该图表将在下一节中作为示例. 这种数据集最好用频率表或直方图来描述，这样你就可以看到指数上涨 10%、15% 等的年份. 结果图将展示在中心值或均值周围的数据分布情况，并显示与中心值的离差.

做直方图的第一步是确定用于统计结果的间隔，使结果能落在间隔之内. 在图 16.3 中，间隔取为 3%，各年的数据可以被统计并落入各自的分类档中.

使用电子表格，通过使用 Excel 中的 FREQUENCY 函数或分析工具库中的直方图函数，可以从频数表构造出图 16.4 中的图表. 这是一个数组函数，必须选择它作为一个块并使用 <Control+Shift+Enter> 进行输入. 这清晰地显示某时期内数据的分布情况（参见 Returns

Histogram 工作表）。下一步，为了理解这些数据，需要计算集中趋势和离差的度量，并将它们进行比较.

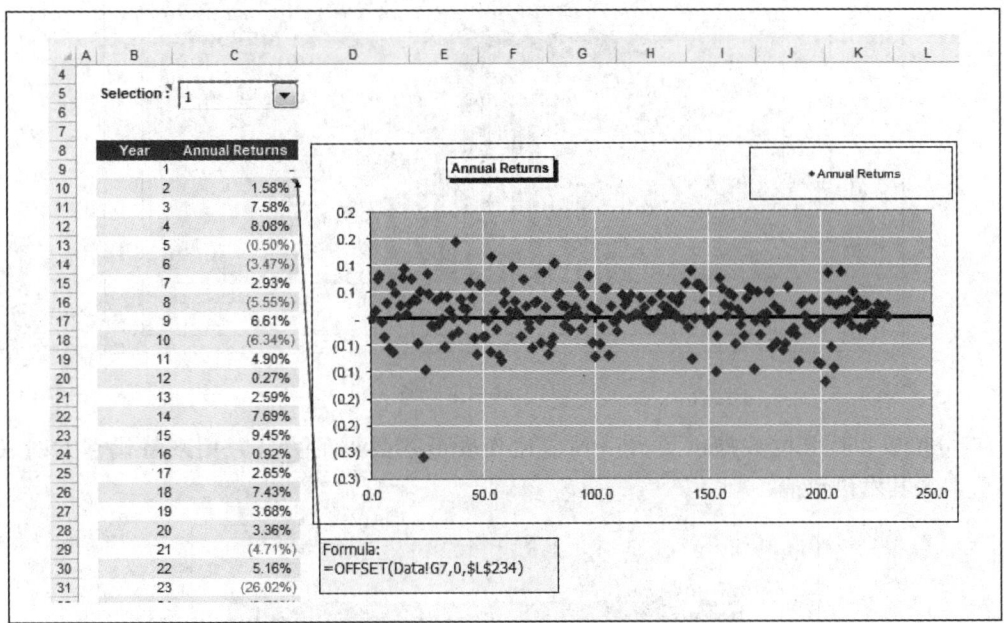

图 16.2　数据散点图

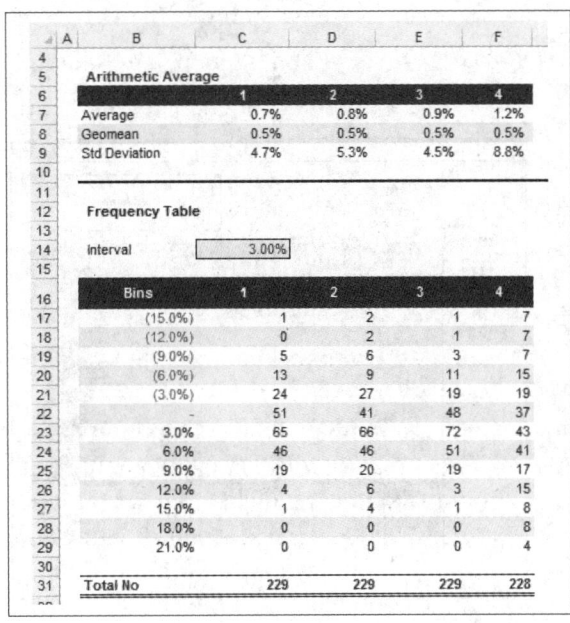

图 16.3　频数表

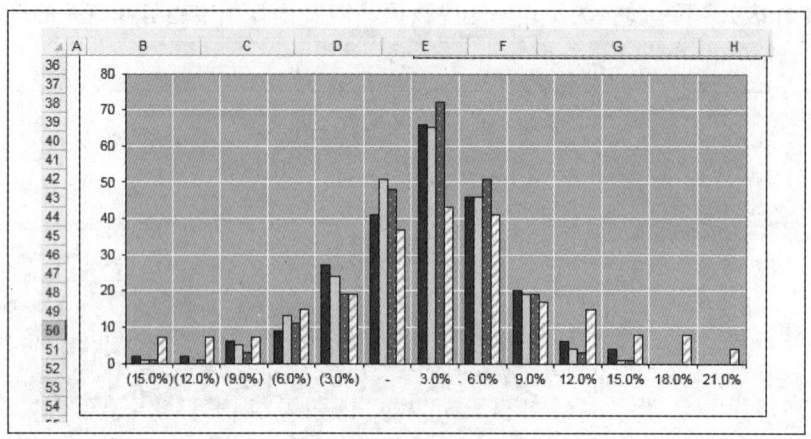

图 16.4 频数直方图

四分位数和百分位数提供了另一种描述列表形式数据的方法，用来替代直方图（见图 16.5）。其术语包括：

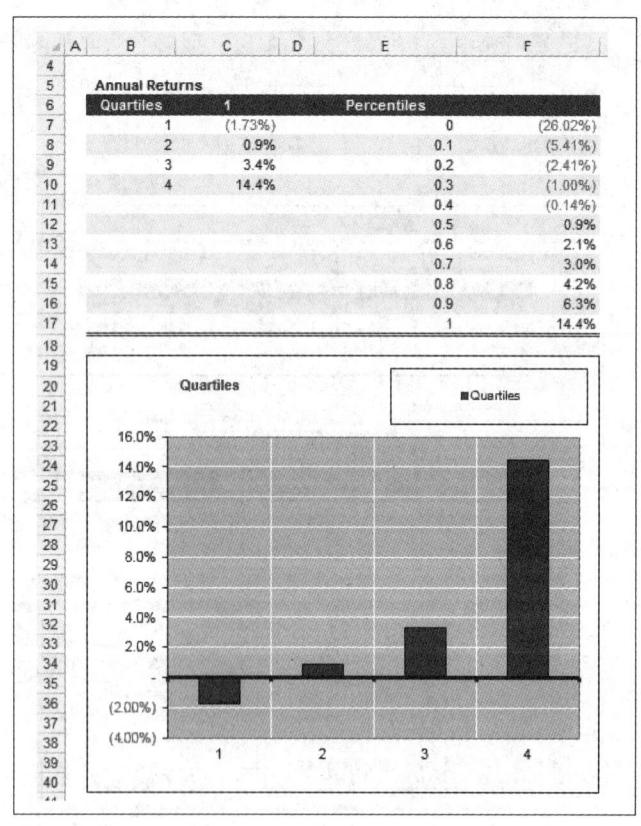

图 16.5 四分位数和百分位数

- 四分位数——四等分.
- 五分位数——五等分.
- 十分位数——十等分.
- 百分位数——百等分或百分比.

为了手工计算百分位数，数据必须按照升序存储且结果为累积分布. 为了得出数值，一般使用公式：$(n+1) * \frac{y}{100}$，其中 y 为所需的百分比.

均值

算术平均或平均值是集中趋势的关键度量，它可以确定一个数据集的中心，由全部数值的总和除以数据点或观察值的个数得到：

$$\overline{X} = \frac{\sum_{i=1}^{N} X_i}{N}$$

符号 $\overline{X}$ 表示样本均值，μ 为整体参数. 给出如下数据和均值：

增加：149.18%

数量：229

平均值：0.65%

在这种情况下，这个周期内的平均回报率为 0.65%，但是正如频数表所示，它覆盖了不同年份的广泛差异.

算术均值的一般特征为：
- 所有区间和比率数据集都具有算术平均.
- 所有数据值必须包含在计算中才能准确.
- 各数据与均值的离差之和等于零.
- 一个数据集只有一个算术平均.

几何平均是另一种用于计算连续周期收益或度量复合增长率（如对于股份）的方法. 计算算术平均的 Excel 函数为 GEOMEAN 和 AVERAGE. 公式如下：

$$G = \sqrt[N]{X_1 * X_2 \cdots\cdots X_N}$$

该公式与图 16.6 中的单元格给出的 $(X_1 * X_2 * \cdots\cdots X_N)^{\frac{1}{N}}$ 是相同的.

	A	B	C	D	E	F
4						
5		Arithmetic Average				
6			1	2	3	4
7		Average	0.7%	0.8%	0.9%	1.2%
8		Geomean	0.5%	0.5%	0.5%	0.5%
9		Std Deviation	4.7%	5.3%	4.5%	8.8%

图 16.6 平均和几何平均

几何平均总是小于算术平均,且两者之差随着基本数据的波动而增加. 为了便于理解,下面给出一个示例,如果以 1000 购买一家公司的股票,一年之后其交易价格为 2000. 两年之后,股票又回落至 1000,也就意味着没有实际的收益. 公式为:

$$几何平均 = ((1+100\%)*(1-50\%))\wedge\left(\frac{1}{2}\right)-1 = 0$$

相关数据见下表.

	价格	收益
示例股票	1000.00	
	2000.00	100.00%
	1000.00	(50.00%)
合计		50.00%
N		2.00
均值		25.00%
几何平均		—

众数

众数是度量集中趋势的另一种方法,指出现频率最高的值. 如果一个数据集中每个值都只出现一次,那么它没有众数. 示例数据就是这种情况,其中没有值重复,并且 ISERROR 函数与 MODE 搭配使用.

中位数

当数据按照升序或者降序排列时,MEDIAN 函数得到数据的中点. 50% 的观测值在中点之上,剩余 50% 在中点之下. 平均值可能会由于数据中异常值的存在而受到影响,在这种情况下,中位数是更加准确的度量,因为它不受异常值的影响. 如果数据的图形是完全对称的,那么其中位数和均值将是相同的.

极差

虽然均值、中位数和众数提供了集中趋势的度量,但通常更重要的是了解数据集中的变化性. 极差的计算没有特定的函数,最好的方法是使用 MAX 和 MIN 函数计算出最大值和最小值.

另一种表现极差的方式是使用箱线图提供一个分布的图形(见 Box Plots 工作表). 箱线图不是一个标准的 Excel 图,数据必须在网格中精确列出. 图 16.7 给出了包括第一和第三个四分位数以及最大值与最小值的表. 该图形中,第一和第三个四分位数表现为箱体,而最大值和最小值在其外部. 箱体中间的一条为中位数. 该图清晰地展示了极差,可以看到指标 4 的极差或波动性要大于其他三个.

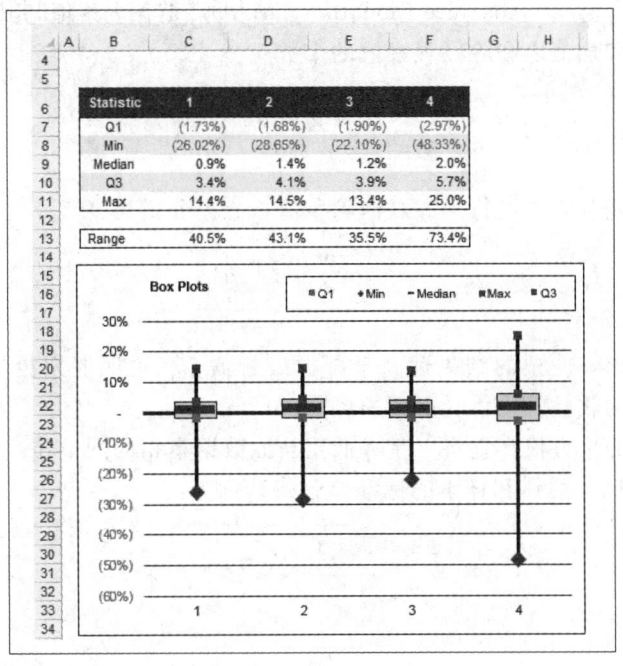

图 16.7 箱线图

方差和标准差

变异总是存在于一个数据集中,因此像均值或中位数这样的单独度量可能会误导结论.如果两个数据集具有相同的均值或中位数,你如何比较它们?你还需要知道变化的量或数据在均值附近如何聚集.当风险存在时,收益只是事情的一个方面,必须要对变化性加以度量.

标准差是最常用的变化性度量,它是从数据集中任意一点到中心的典型距离.在示例数据集中(见图 16.1),标准差代表了风险,因为我们希望知道每种指数最可能的收益以及收益与均值的偏离程度.这可以通过图 16.8 所示的平均绝对偏差和方差建立起来.

		1	2	3	4	1	2	3	4
7	Addition	845,579.1	916,996.5	160,765.2	230,927.5	149.18%	193.57%	198.88%	275.08%
8	Number	230.00	230.00	230.00	230.00	229.00	229.00	229.00	229.00
9	Mean	3,676.43	3,986.94	698.98	1,004.03	0.65%	0.85%	0.87%	1.20%
10	St Dev	1,521.82	1,594.27	392.17	837.43	4.73%	5.33%	4.54%	8.81%
12	Median	3,472.55	3,905.85	548.35	687.10	0.87%	1.35%	1.20%	1.97%
13	Mode	-	-	299.00	-	-	-	-	-
14	Range	5,517.60	5,645.20	1,306.40	4,133.20	40.45%	43.13%	35.54%	73.36%
15	Kurtosis	(1.07)	(1.29)	(1.28)	3.92	3.96	4.03	2.77	4.55
16	Skew	0.39	0.22	0.44	1.95	(0.87)	(1.01)	(0.83)	(1.00)

图 16.8 方差、中位数、偏度和峰度

平均绝对偏差（Mean Absolute Deviation，MAD）是各观察值与其均值离差绝对值的平均．这只是方差和均值之和除以观察值的个数．

$$\mathrm{MAD} = \frac{\sum_{i=1}^{n} |X_i - \mu|}{n}$$

计算方差的下一步是各方差进行平方以消除负值，方差公式为：

$$\sigma^2 = \frac{\sum_{i=1}^{n} |X_i - \mu|^2}{n}$$

由上述数值可以看出，股票的结果远高于票据或者债券，说明股票投资具有更高的风险．似乎你要得到更高的收益就要承受更高的风险．

标准差是方差的平方根，它将方差降低至与原数据集相同的单位．σ 和 μ 与总体关联，而 s 和 $\overline{X}$ 与样本关联．总体和样本的标准差公式分别为：

$$\sigma = \sqrt{\frac{\sum_{i=1}^{n} |X_i - \mu|^2}{n}}$$

$$s = \sqrt{\frac{\sum_{i=1}^{n} |X_i - \overline{X}|}{n-1}}$$

使用 Excel 函数 VAR 和 STDEV 可以简化这些计算．标准差是离差的一个关键度量，可以用于描述数据集的波动性．均值或中位数提供了中心值，而标准差则显示了基于历史数据的结果偏离中心的程度．

标准差可以用于提供关于任意自均值出发的标准差范围内的观测值的洞察．切比雪夫不等式指出，对于任何总体或样本，落在均值周围的 k 个标准差内的观测值百分比最小为：

$$1 - \frac{1}{k^2}, \quad \text{所有 } k > 1$$

这意味着由标准差可以计算出最小离差，并且它不依赖于分布的形状（见图 16.9）．

	A	B	C	D
77				
78		Chebyshev's Inequality : 1 – 1/k^2		
79		K	Percentage	
80		1.25	36.00%	
81		1.50	55.56%	
82		1.75	67.35%	
83		2.00	75.00%	
84		2.25	80.25%	
85		2.50	84.00%	
86		2.75	86.78%	
87		3.00	88.89%	
88		3.25	90.53%	
89		3.50	91.84%	
90		3.75	92.89%	
91		4.00	93.75%	

图 16.9 切比雪夫不等式

标准差之间的比较是没有意义的，除非为了获得相对离差而将它们标准化．例如，两个项目具有相似的净现值，标准差为 100．第一个项目的资本成本为 1000，第二个项目的为 5000．标准差必须转换成一个变异系数，以便比较这些数字．变异系数可以通过标准差除以参照值计算得出：$\frac{\sigma}{X}$．

偏度

离差的度量表明结果偏离中心值的可能性，而对称性的度量提供更多关于偏差可能是正的还是负的信息．我们知道，均值或中位数和标准差用于了解数据分布的形状．如果一个分布关于其均值是对称的，那么出现正离差和负离差的概率相等．在正态分布中，级数呈钟形且关于均值对称．该分布的主要性质包括：

- 中位数和算术平均相等．
- 约 66% 的点集中在均值增加或减去一个标准差的范围内，两个或三个标准差范围内的值分别达到 95% 和 99%．
- 该级数可以由它的均值和标准差描述．

SKEW 函数给出关于对称程度的数值．非对称分布的偏度可能是正的，也可能是负的：

- 正偏度意味着右偏．
- 负偏度意味着在这个方向的左侧有更多的异常值形成一个偏倚．

在对称的正态分布中（图 16.10 中间的图形），均值、中位数和众数都是相同的．正偏度（右偏）分布中，排序为众数、中位数和均值．如果偏度是负的（左偏），排序则为均值、中位数和众数．超过 0.5 的值一般被认为是大数值．

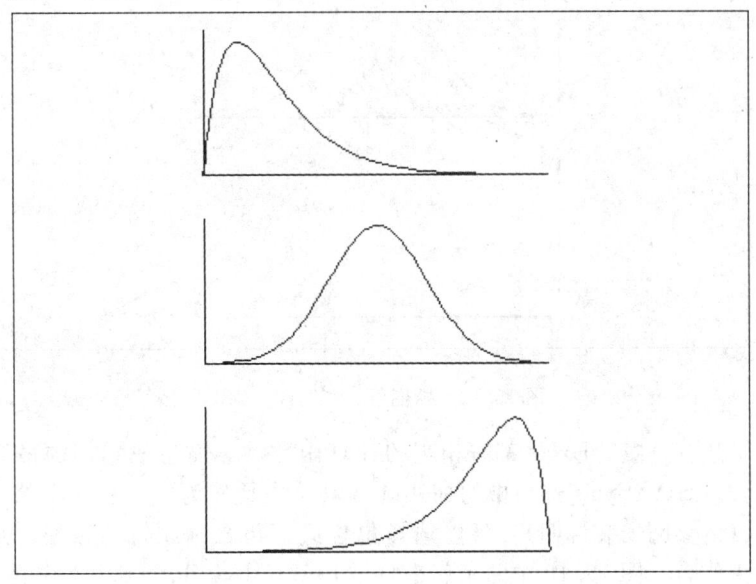

图 16.10　偏度：正（右）、对称和负

偏度公式为：

$$S = \frac{1}{n}\sum_{i=1}^{n}\left(\frac{X_i - \mu}{\sigma}\right)^3$$

峰度

峰度可以由 KURT 函数计算并描述分布的形状：尖峰表示分布的峰高于正态分布，平峰则意味着其峰低于正态分布．

峰度公式为：

$$K = \frac{1}{n}\sum_{i=1}^{n}\left(\frac{X_i - \mu^4}{\sigma^4}\right)$$

如图 16.11 所示，小于 3 的值表示圆形分布，而正态分布为 3，大于 3 表示一个峰值分布．如果一个分布的值大于 3，那么这个分布就会显示出超值峰度，因此超值峰度定义为峰度减去 3．峰度计算在风险管理中十分重要，因为我们通常会假设分布是正态的，并且不具有超值峰度．而实践经验告诉我们，这一假设并不总是成立的，风险往往不包含在均值或中位数周围的中心区域，而是在分布尾部的极端部分．

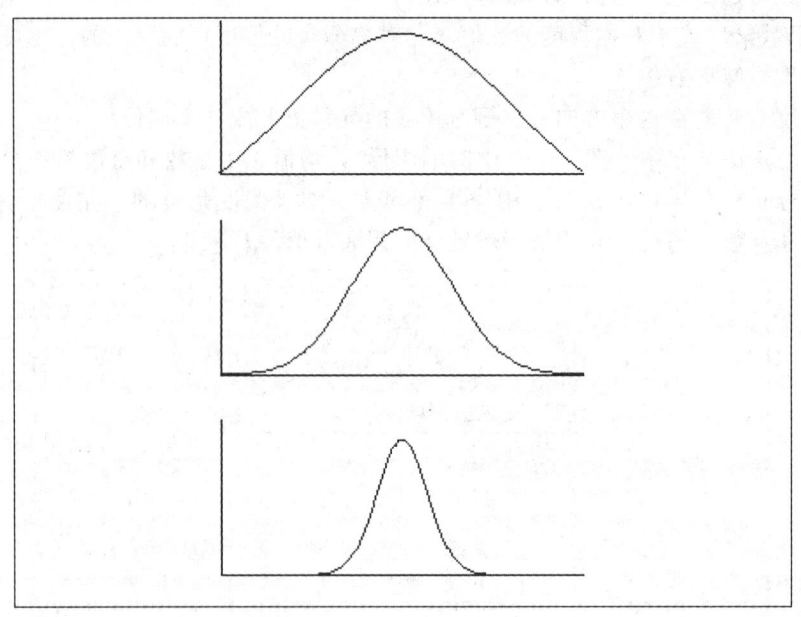

图 16.11　峰度值：<3，3，>3

对于所有描述统计量，Excel 都有相应的计算函数，然而生成它们的最简单方法是使用 Data 菜单上 Data Analysis 选项中的描述统计量．这是作为插件程序中的分析工具包的一部分安装的（请参阅安装说明）．可以选择包含或不包含标题行的数据，并将输出区域指定为单独的工作表．图 16.12 中的示例来自于 Descriptive Statistics 工作表．

	A	B	C	D	E	F	G	H	I	J	K
4											
5			1	2	3	4	1	2	3	4
6											
7		Mean	3,676.43	3,986.94	698.98	1,004.03	0.65%	0.85%	0.87%	1.20%
8		Standard Error	100.35	105.12	25.86	55.22	0.31%	0.35%	0.30%	0.58%
9		Median	3,472.55	3,905.85	548.35	687.10	0.87%	1.35%	1.20%	1.97%
10		Mode	#N/A	#N/A	299.00	#N/A	#N/A	#N/A	#N/A	#N/A
11		Standard Deviation	1,521.82	1,594.27	392.17	837.43	0.05	0.05	0.05	0.09
12		Sample Variance	2,315,926.11	2,541,695.16	153,800.04	701,290.13	0.00	0.00	0.00	0.01
13		Kurtosis	(1.07)	(1.29)	(1.28)	3.92	3.96	4.03	2.77	4.55
14		Skewness	0.39	0.22	0.44	1.95	(0.87)	(1.01)	(0.83)	(1.00)
15		Range	5,517.60	5,645.20	1,306.40	4,133.20	0.40	0.43	0.36	0.73
16		Minimum	1,414.60	1,414.60	206.30	259.60	(26.02%)	(28.65%)	(22.10%)	(48.33%)
17		Maximum	6,932.20	7,059.80	1,512.70	4,392.80	14.43%	14.48%	13.45%	25.02%
18		Sum	845,579.10	916,996.50	160,765.20	230,927.50	149.18%	193.57%	198.88%	275.08%
19		Count	230	230	230	230	229.00	229.00	229.00	229.00
20		Largest(1)	6,932.20	7,059.80	1,512.70	4,392.80	14.43%	14.48%	13.45%	25.02%
21		Smallest(1)	1,414.60	1,414.60	206.30	259.60	(26.02%)	(28.65%)	(22.10%)	(48.33%)
22		Confidence Level(95.0%)	197.72	207.13	50.95	108.80	0.62%	0.69%	0.59%	1.15%

图 16.12　描述统计量

16.3　概率分布

研究过去的违约或损失能够给未来事件的预测提供帮助. 概率论要求为所有可能的结果分配一个概率值. 这是预计结果发生的百分比. 例如, 图 16.13 中给出一只股票在六个月内的价格.

基于概率分析, 期望值为 91.00. 虽然可以创建一个只有一个点答案的模型, 但是更多情况下实际得到的结果是一个范围. 第一节描述了分布, 本节进一步介绍概率分布的广泛应用.

一般来说, 概率分布包括连续和离散两种形式:

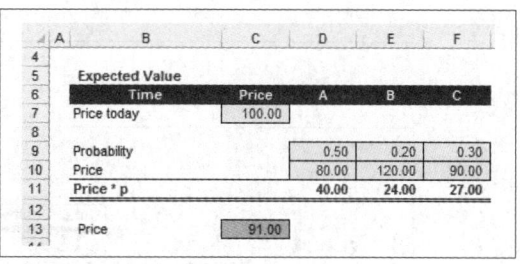

图 16.13　期望值

- 连续随机变量在最高值和最低值之间会出现无穷多个可能的结果, 因为这些值是沿着刻度测量的. 我们预期资本回报可能在 10%~15% 之间, 但是其精确结果却具有无限多的可能性.
- 离散随机变量在上下限之间的结果有明确的数量, 例如在一个投资组合中有 X 只股票.

变量 X 的概率记为 $p(X)$, 其两条关键性质为:

- $0 \leqslant p(X) \leqslant 1$ 说明概率值必须在 0~1 之间.
- $\sum p(X) = 1$ 说明所有概率值相加必须等于 1.

这意味着概率必须小于等于 1 并且大于等于 0. 其次, 各概率值的和必须等于 1. 解释统计结果最常用的方法是比较. 目前建模中主要使用三种分布: 均匀分布、二项分布和正态分布.

均匀分布

均匀分布意味着特定结果的概率相等. 这等价于各值之间的随机概率. 对于离散分布, 可以写成如下形式:

$$X(1,2,3,4,5), \quad p(X) = 0.2$$

对于连续的变量, 虽然在上下界之间有无穷多个数值, 但是其出现的概率是确定的. 图 16.14 和图 16.15 给出了在离散和连续两种形式下, 随机生成的 50 个值. 离散型的值在 1~5 之间都是整数, 而连续型的值在取值范围内包含小数.

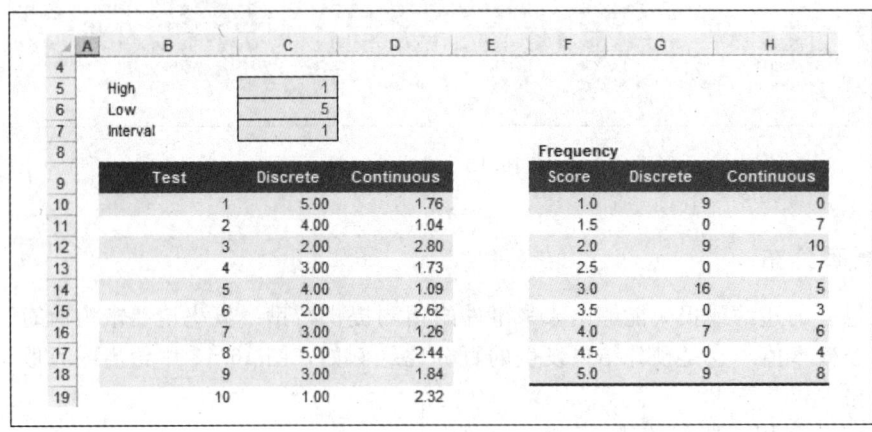

图 16.14 均匀分布

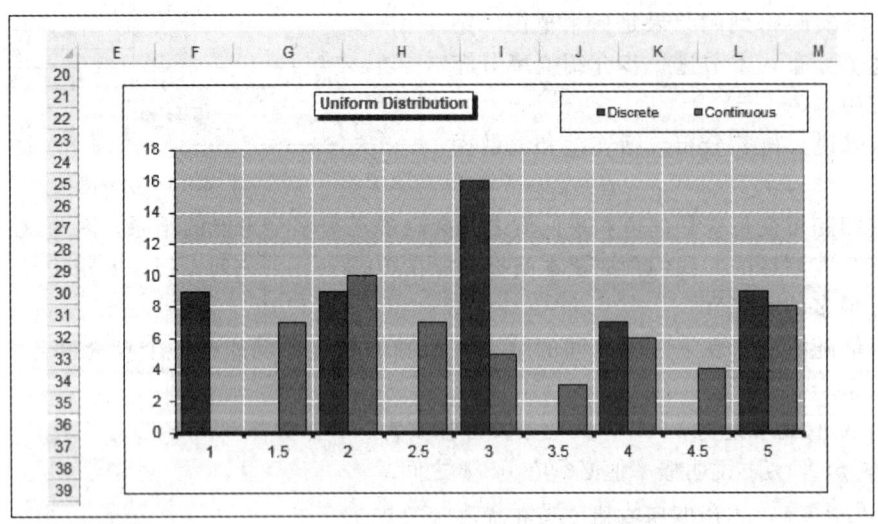

图 16.15 均匀分布图

相关的 Excel 函数是单元格 C10 和 D10 中的 RAND 和 RANDBETWEEN 函数. RANDBETWEEN 生成一个位于上限和下限之间的整数. RAND 生成 0~1 之间设定精确度的随机数.

```
单元格C10: =RANDBETWEEN($C$5,$C$6)
单元格D10: =RAND()*($C$6-$C$5)+$C$5
```

二项分布

二项分布用于表示成功或失败，或者用于建立在连续的离散周期内资产的变化表．例如，二叉树可以用于在一系列时间周期内建立衍生品的定价．资产在一段时间内可能会上升或者下降，但很少情况下会保持不变．在每一次的独立试验中，成功的概率是一个常数，各试验是彼此独立的．最终的结果依赖于一系列的试验．计算公式在图 16.16 中给出，仅需要应用简单的乘法．

	A	B	C	D	E	F	G
4							
5				Probability	Value	Percentages	
6		Value today			5,000.00		
7		Probability Up		0.60	5,500.00	1.10	
8		Probability Down		0.40	4,500.00	0.90	
9		Steps		2.00			
10							
11							
12			Step 1 Probability	Step One	Step 2 Probability	Step 2	V*P
13							
14					0.36	6,050.00	2,178.00
15			0.60	5,500.00			
16					0.24	4,950.00	1,188.00
17		5,000.00					
18					0.24	4,950.00	1,188.00
19			0.40	4,500.00			
20					0.16	4,050.00	648.00
21							
22		Expected Value Σp(x)x			1.00		5,202.00

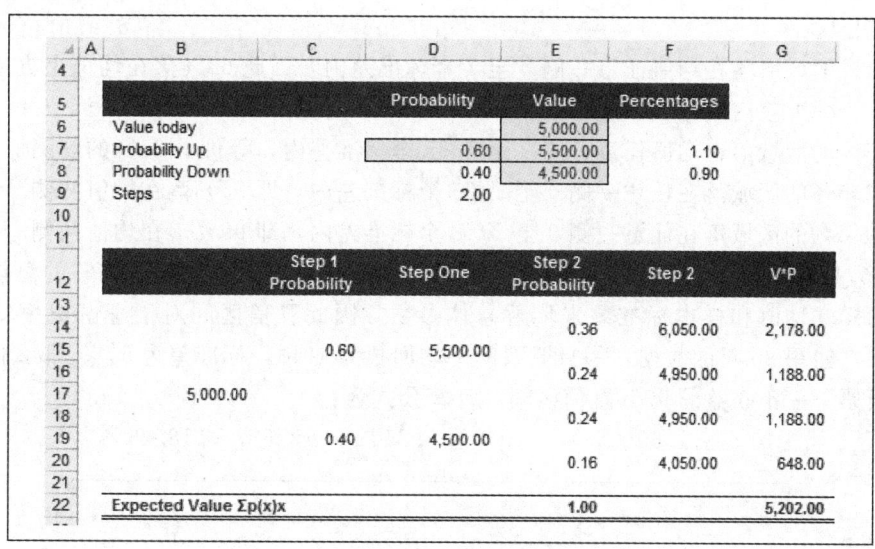

图 16.16　二项分布示例

股票价格由 5000 上涨至 5500 的概率为 60%，下跌至 4500 的概率为 40%．第二个周期的概率计算如下．在第一种情况下，股票被认为在两个周期内都会上涨，其概率为 0.6 乘以 0.6．价格在每个周期内上涨 10%，且加权值为该值乘以概率．图 16.17 给出了达到期望值的乘法过程．

	A	B	C	D	E	F	G
23							
24		Probability Table					
25			p(UU)	0.60*0.60	0.3600	X*1.10*1.10	2,178.00
26			P(UD)	0.60*0.40	0.2400	X*1.10*0.90	1,188.00
27			p(DU)	0.40*0.60	0.2400	X*0.90*1.10	1,188.00
28			p(DD)	0.40*0.40	0.1600	X*0.90*0.90	648.00
29							
30		Sum			1.0000		5,202.00

图 16.17　概率表

正态分布

正态分布是金融计算中最重要的分布,因为它是建立许多信用和投资组合模型的基础. 正态分布数据的实例有很多,并且正态分布是很多统计检验中的基本假设. 该分布的关键特征有:
- 中部有一个峰,左右两边有尾部.
- 该分布可以由其均值和方差描述.
- 偏度为 0,即该分布是关于均值完全对称的.
- 峰度为 3,因此超值峰度为 0.

由于正态分布是对称的,我们可以推测出结果落在自均值出发的一个或多个标准差范围内的百分比:
- 34%的区域落在均值任意一侧 0 至 1 个标准差内,因此 68%落在均值上方或下方的一个标准差内.
- 45%的区域落在均值任意一侧 0 至 1.65 个标准差内,等价于 90%的观测值.
- 47.5%的区域落在任意一侧 0 至 1.96 个标准差内,即 95%落在均值两侧.
- 49.5%的区域落在任意一侧 0 至 2.58 个标准差内,即 99%落在均值两侧.

图 16.18 和图 16.19 是理想情况下的结果,然而数据集中可能没有完整的总体,这样就必须用样本均值和样本标准差来代替总体参数,因此置信区间对于理解概率结论很重要. 例如,使用 20 年的数据,一只股票的平均回报为 10%,标准差为 5%. 那么你可能想知道该股票下一年收益的 90%置信区间. 计算公式为:

$$10\% \pm 1.65(5\%) = 10\% \pm 8.25\% = 1.75\% \sim 18.25\%$$

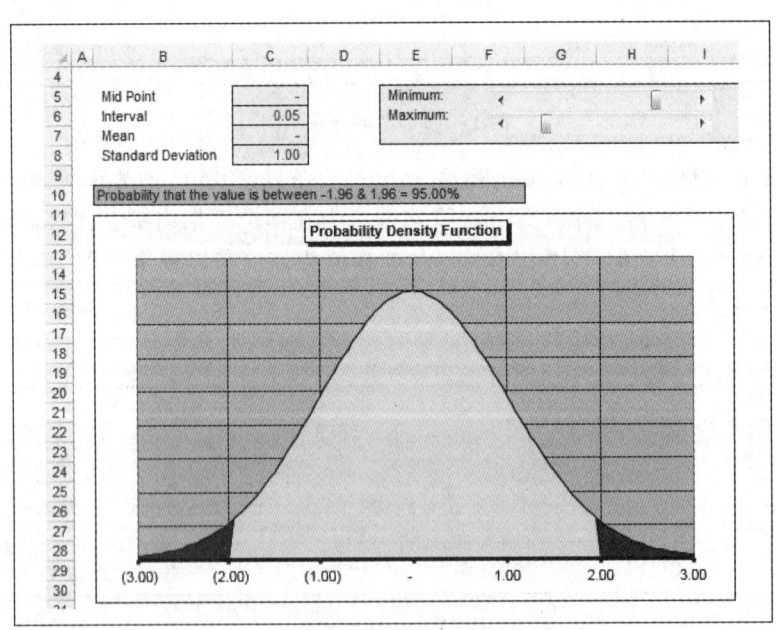

图 16.18 两个标准差覆盖 95%的区域

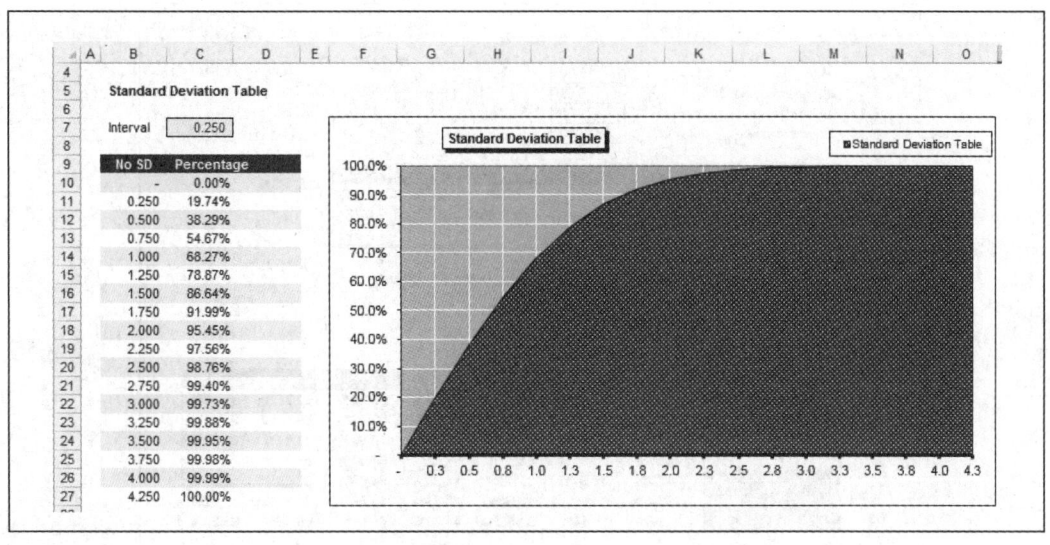

图 16.19　标准差及百分比（使用 NORMSDIST 函数）

关于分布的 Excel 函数如下.

NORMDIST　　正态累积分布
NORMINV　　正态累积分布的反函数
NORMSDIST　标准正态累积分布
NORMSINV　　标准正态累积分布的反函数

单元格 C48 on Normal_Distribution:
=NORMDIST(B48,$C$7,$C$8,FALSE)

在进行对比时，将分布转换成标准正态分布通常是有用的，而这一过程通常与 z 值相关，计算公式如下：

$$z = \frac{(数据点 - 总体均值)}{标准差} = \frac{[x - \mu]}{\sigma}$$

计算步骤为：

- 确定均值和标准差（AVERAGE 和 STDEV）.
- 取值并减去均值.
- 将上一步的结果除以标准差.

通过计算得出的 z 值满足：

- 几乎全部的标准分（99.7%）落在正负 3 之内.
- 一个负的标准分说明该点的值低于均值，正的则说明该点的值高于均值.
- 标准分为 0 意味着原始分为均值.
- 一个标准正态分布的得分有其特殊值，因为该分布的均值为 0，标准差为 1.

图 16.20 中显示了一个均值为 10%，标准差为 5% 的示例，它给出数值落在 6～14 之间的概率为 57.6%，并且图中列出了更多数值的组合结果.

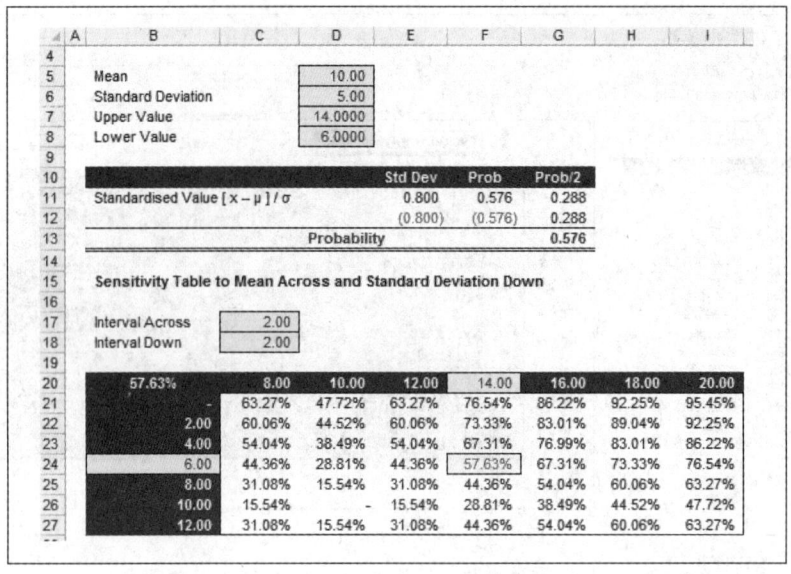

图 16.20 标准正态分布

单元格 E11：=(D7-D$5)/D$6
单元格 F11：=NORMSDIST(E11)+NORMSDIST(E11)-1

在单元格 E11 中，$z=\dfrac{(14-10)}{5}=0.80$．该值与 57% 的概率在正态分布下使用 NORMSDIST 所得的结果相同．其被分为两个来表示分布中较低的一半，而高于均值的另一半也具有相同的结果，因此整体的概率为 57.6%．图 16.21 提供了上下限之间的其他数值．

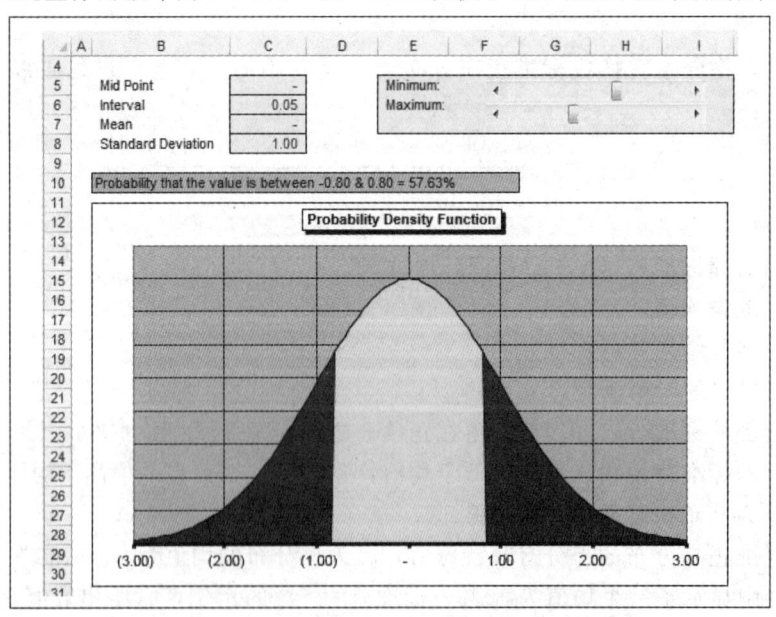

图 16.21　57.6% 级数下的区域

```
单元格B10 on Normal_Distribution: ="Probability that
 the value is between
"&TEXT(MIN(Normal_Distribution!G49:G50),"0.00")&"&
"&TEXT(MAX(Normal_Distribution!G49:G50),"0.00")&" =
"&TEXT(G51,"0.00%")
```

图 16.22 中给出了 z 值表，它包含了对 z 使用概率密度函数得到的值. 该值显示观测 z 值的概率小于给定值.

	B	C	D	E–I	J
4					
5	Mean		-	Values from Standard Normal	10.00
6	Standard Deviation		1.0000		5.00
7	Upper Value		14.0000		0.80
8	Lower Value		6.0000		(0.80)
9					
10	Upper (z)		0.7881	$D$10: ' =NORMDIST(J7,$D$5,$D$6,TRUE)	
11	Lower (z)		0.7881	$D$11: ' =1-NORMDIST(J8,$D$5,$D$6,TRUE)	
12	Total Probability		0.5763	$D$12: ' =D10-(1-D11)	
13					

14		-	0.01	0.02	0.03	0.04	0.05	0.06	0.07	0.08	0.09
15	-	0.5000	0.5040	0.5080	0.5120	0.5160	0.5199	0.5239	0.5279	0.5319	0.5359
16	0.10	0.5398	0.5438	0.5478	0.5517	0.5557	0.5596	0.5636	0.5675	0.5714	0.5753
17	0.20	0.5793	0.5832	0.5871	0.5910	0.5948	0.5987	0.6026	0.6064	0.6103	0.6141
18	0.30	0.6179	0.6217	0.6255	0.6293	0.6331	0.6368	0.6406	0.6443	0.6480	0.6517
19	0.40	0.6554	0.6591	0.6628	0.6664	0.6700	0.6736	0.6772	0.6808	0.6844	0.6879
20	0.50	0.6915	0.6950	0.6985	0.7019	0.7054	0.7088	0.7123	0.7157	0.7190	0.7224
21	0.60	0.7257	0.7291	0.7324	0.7357	0.7389	0.7422	0.7454	0.7486	0.7517	0.7549
22	0.70	0.7580	0.7611	0.7642	0.7673	0.7704	0.7734	0.7764	0.7794	0.7823	0.7852
23	0.80	0.7881	0.7910	0.7939	0.7967	0.7995	0.8023	0.8051	0.8078	0.8106	0.8133
24	0.90	0.8159	0.8186	0.8212	0.8238	0.8264	0.8289	0.8315	0.8340	0.8365	0.8389
25	1.00	0.8413	0.8438	0.8461	0.8485	0.8508	0.8531	0.8554	0.8577	0.8599	0.8621
26	1.10	0.8643	0.8665	0.8686	0.8708	0.8729	0.8749	0.8770	0.8790	0.8810	0.8830
27	1.20	0.8849	0.8869	0.8888	0.8907	0.8925	0.8944	0.8962	0.8980	0.8997	0.9015
28	1.30	0.9032	0.9049	0.9066	0.9082	0.9099	0.9115	0.9131	0.9147	0.9162	0.9177
29	1.40	0.9192	0.9207	0.9222	0.9236	0.9251	0.9265	0.9279	0.9292	0.9306	0.9319
30	1.50	0.9332	0.9345	0.9357	0.9370	0.9382	0.9394	0.9406	0.9418	0.9429	0.9441
31	1.60	0.9452	0.9463	0.9474	0.9484	0.9495	0.9505	0.9515	0.9525	0.9535	0.9545
32	1.70	0.9554	0.9564	0.9573	0.9582	0.9591	0.9599	0.9608	0.9616	0.9625	0.9633
33	1.80	0.9641	0.9649	0.9656	0.9664	0.9671	0.9678	0.9686	0.9693	0.9699	0.9706
34	1.90	0.9713	0.9719	0.9726	0.9732	0.9738	0.9744	0.9750	0.9756	0.9761	0.9767
35	2.00	0.9772	0.9778	0.9783	0.9788	0.9793	0.9798	0.9803	0.9808	0.9812	0.9817
36	2.10	0.9821	0.9826	0.9830	0.9834	0.9838	0.9842	0.9846	0.9850	0.9854	0.9857
37	2.20	0.9861	0.9864	0.9868	0.9871	0.9875	0.9878	0.9881	0.9884	0.9887	0.9890
38	2.30	0.9893	0.9896	0.9898	0.9901	0.9904	0.9906	0.9909	0.9911	0.9913	0.9916
39	2.40	0.9918	0.9920	0.9922	0.9925	0.9927	0.9929	0.9931	0.9932	0.9934	0.9936
40	2.50	0.9938	0.9940	0.9941	0.9943	0.9945	0.9946	0.9948	0.9949	0.9951	0.9952
41	2.60	0.9953	0.9955	0.9956	0.9957	0.9959	0.9960	0.9961	0.9962	0.9963	0.9964
42	2.70	0.9965	0.9966	0.9967	0.9968	0.9969	0.9970	0.9971	0.9972	0.9973	0.9974
43	2.80	0.9974	0.9975	0.9976	0.9977	0.9977	0.9978	0.9979	0.9979	0.9980	0.9981
44	2.90	0.9981	0.9982	0.9982	0.9983	0.9984	0.9984	0.9985	0.9985	0.9986	0.9986
45	3.00	0.9987	0.9987	0.9987	0.9988	0.9988	0.9989	0.9989	0.9989	0.9990	0.9990

图 16.22 z 值表（累计概率表）

对于正的数据值，对应 0.80 的 z 值为 0.7881，因而总的计算过程如下：

$$概率 = F(0.7881) - F(-0.7881)$$

$$概率 = 0.7881 - (1 - 0.7881) = 57.6\%$$

因此，一个值在 6～14 之间的概率等于 57.6%.

16.4 抽样/中心极限定理

完整的总体通常无法获得、不完整或收集成本过高，因此有必要使用一个样本并从中推断出结论，就好像它是整个总体. 简单随机样本是指各数据点出现在样本数据集中的可能性相等. 从该样本，我们可以确定期望样本均值，而无须使用整个总体.

最基础的统计理论是中心极限定理，其认为当样本足够大时样本分布均值是正态的. 中心极限定理表明如果从一个均值为 μ，标准差为 σ 的概率分布中选取一个样本，那么 $\overline{X}$ 样本的抽样分布近似于均值为 μ，标准差为 $(\sigma/\sqrt{n})$ 的正态分布.

关键是不管原始概率分布如何，抽样分布 $\overline{X}$ 都是正态的. 随着样本量的增加，其分布越来越接近正态. 无论总体分布如何，都可以从样本均值中得到总体均值的特定推断. 样本需要取得足够大，在实践中一般要求数据点多于 30 个. 例如，一只股票的投资是有风险的，但是如果从某一股指中抽取 30 只股票作为随机的投资组合，个体的风险会降低，并且投资风险接近市场风险. 移除个体（非系统性）风险后剩余的就是市场（系统性）风险.

当使用样本时，需要一个关于可能误差的度量. 在总体已知的情况下，这可以由标准误差给出. 公式如下：

$$\sigma\overline{x} = \frac{\sigma}{\sqrt{n}}$$

但是在实践中，总体的标准差一般是未知的，因此样本的标准差要使用以下公式进行计算：

$$s = \sqrt{\frac{\sum_{i=1}^{n}|X_i - \overline{X}|^2}{n-1}}$$

所以，标准误差（见图 16.23）为：

$$S\overline{x} = \frac{s}{\sqrt{n}}$$

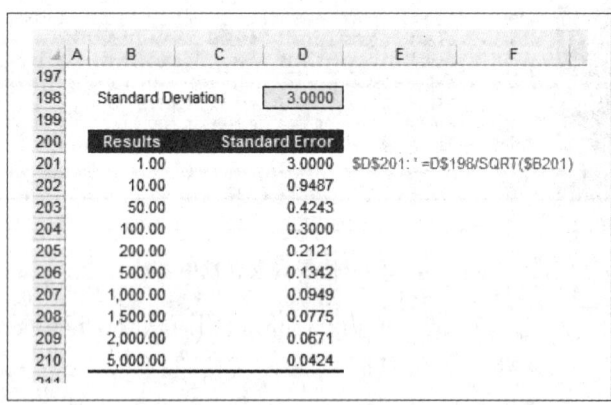

图 16.23 标准误差表

图 16.23 中的表显示了随着结果数量的增加标准误差的减少. 在文件 MFMaths3e_16b.xls 中, 图 16.24 的示例总体是 Sampling_Data 工作表上的一个模拟数据集, 其中包含 1000 个净现值和贴现率. 从中抽取 100 个随机样本进行分析. 每次按 F9 键, Excel 文件就会重新计算一个新样本. D 列的随机数据, 参考总体分布中选定的行号, 自动生成在上下限之间的随机数. 行号随后被输入 OFFSET 函数以寻找正确的行. 每次按 F9 键, 数值都会发生改变.

单元格 D68: =RANDBETWEEN(Sampling_Data!$G$11, Sampling_Data!$G$12)

	Sample Data					
	Data		Random	Interest Rate	NPV	$'000
68	1		460	11.5650%	709,994	
69	2		214	12.9159%	668,946	
70	3		791	11.5731%	1,192,994	
71	4		644	11.0168%	1,045,702	Formula: =RANDBETWEEN(Sampling_Data!$G$11,Sampling_Data!$G$12)
72	5		502	12.3113%	154,122	
73	6		31	13.0931%	593,966	
74	7		941	11.7633%	774,192	
75	8		653	14.5518%	107,758	Formula: =OFFSET(Sampling_Data!$B$7,D68,0)
76	9		865	11.7092%	274,820	
77	10		373	12.5064%	586,471	
78	11		828	13.6482%	841,710	
79	12		892	12.0254%	647,092	
80	13		516	11.2472%	1,217,477	Formula: =OFFSET(Sampling_Data!$C$7,D68,0)
81	14		990	12.3372%	884,324	
82	15		514	12.2734%	930,827	
83	16		713	11.7103%	1,135,941	
84	17		331	11.3817%	837,971	
85	18		697	13.1695%	894,018	
86	19		11	12.7375%	1,173,050	
87	20		233	12.0990%	216,386	
88	21		534	10.6825%	881,185	
89	22		721	12.2639%	773,296	
90	23		544	11.6718%	453,772	
91	24		271	12.7857%	784,057	
92	25		286	12.9791%	1,048,184	
93	26		997	13.0591%	434,082	
94	27		82	11.4038%	497,148	
95	28		489	11.2483%	882,805	

图 16.24 样本数据

样本散点图并未给出太多的信息 (见图 16.25), 需要将数据重新整理为频率表和直方图, 如图 16.26 所示. 左边的表显示了依照范围给出的结果, 图 16.27 中则给出了验证中心极限定理的钟形曲线. 图 16.26 中右边的结果包括总体和样本的均值、标准差和标准误差以及它们之间的差. 当标准差十分接近时, 样本的标准误差要大于总体的标准误差.

当使用样本获取均值、标准差和标准误差时, 置信值将有助于显示对计算结果的依赖程度. 图 16.28 中的表格表示 80%~99% 的置信区间. 如前面所述, z 值是离均值的标准差数. 下一列将 z 值乘以标准误差 ($\sigma\sqrt{n}$) 得到一个货币值, 然后从样本均值中加上或减去这些数值, 以得出置信水平的上限和下限. 数值落在 602 364~698 696 间的置信度为 90%.

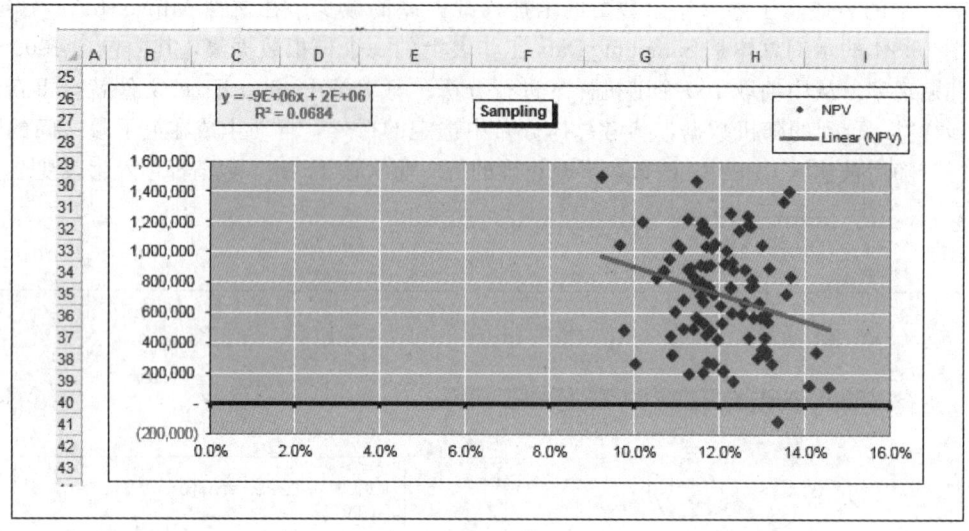

图 16.25 样本散点图

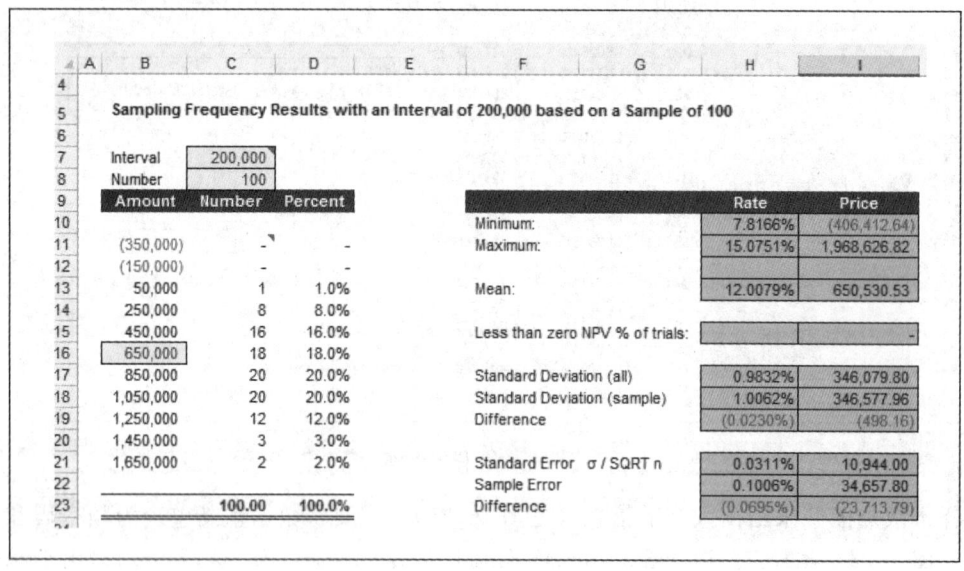

图 16.26 样本频数和样本结果

大数

与中心极限定理相关联的是大数定律．它表明随着观测值不断增加，一个分布接近其理论分布．图 16.29 中的表给出了比率和净现值的总体与样本之间标准误差的差异．在 30 个观测值后，差异减小，这提高了样本代表总体分布的可信度．

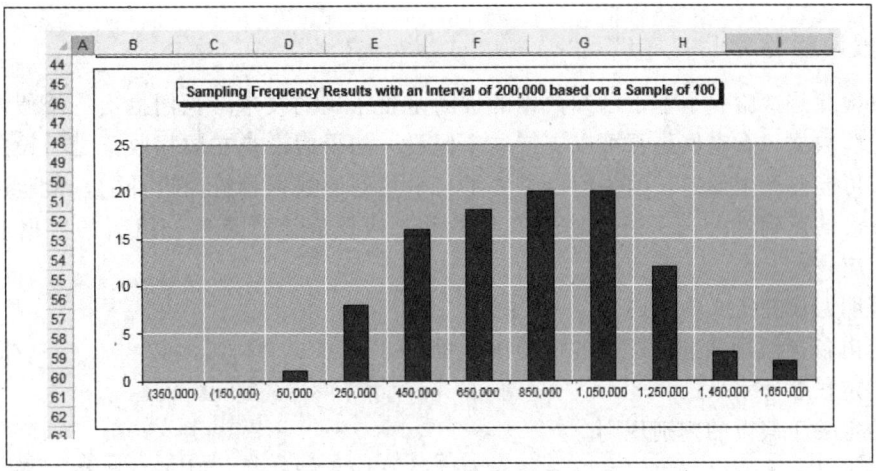

图 16.27 样本图

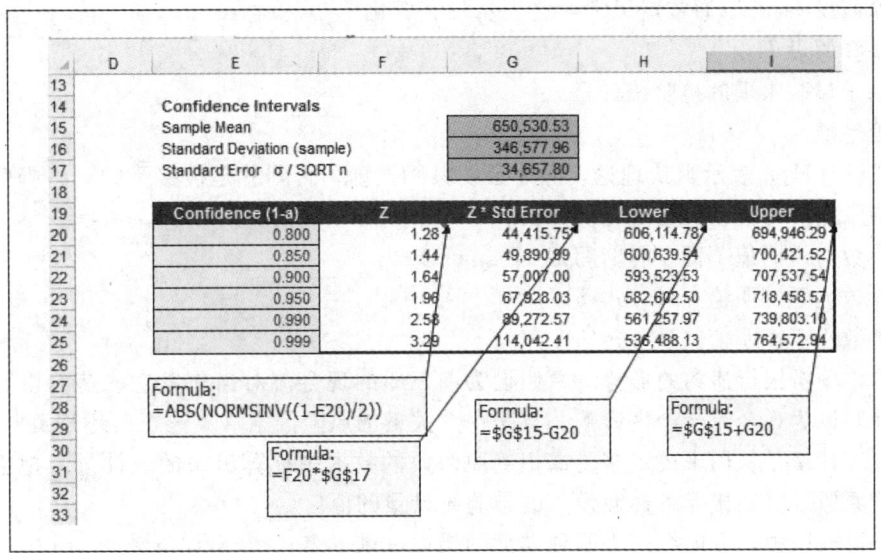

图 16.28 置信区间

试验	(0.06%)	(21,162.83)
10	(0.0687%)	(22,887.36)
20	(0.0663%)	(23,567.63)
30	(0.0764%)	(25,043.14)
50	(0.0694%)	(22,475.11)
75	(0.0636%)	(23,484.13)
100	(0.0712%)	(21,240.07)

图 16.29 比率和价格的标准误差差异

16.5 假设检验

假设检验是检验一个基于已知数据的推断是否正确的技术. 我们提出一个假设, 收集数据并检验数据, 看它们是否可以支持这个假设. 如果假设是在数据收集之后设定的, 那么检验有可能会产生偏差, 因为假设是为了与采集到的数据相符而设计的, 检验过程只是在印证假设的正确性. 为了避免使用有偏检验, 假设应该总是在一组新的数据上进行检验. 我们应该:

- 声明假设并定义检验内容.
- 给出备择假设并选定适当的检验统计量.
- 指定显著性水平.
- 给定关于假设的判别规则.

在完成以上步骤后, 我们可以选择样本并计算样本统计量. 基于这些统计量, 可以通过检验结果得出结论. 检验中的要素主要有:

- 原假设 H_0——通常情况下, 这表示没有变化.
- 备择假设 H_a.
- 基于显著水平的检验统计量.
- 拒绝域.

原假设 (H_0) 表示默认理论, 除非证明其不正确, 否则总是被接受的. 备择假设在数据不支持原假设时自动被接受, 例如:

- 参数与声明值不同 (有时写成 $H_a: \mu \neq 5$).
- 参数大于声明值 ($H_a: \mu > 5$).
- 参数小于声明值 ($H_a: \mu < 5$).

例如, 分析银行违约的形势. 原假设为前三年的现金流对当前发生的违约没有产生影响, 备择假设为现金流会产生影响并且是一个关键的风险因素 (不论正向还是负向).

检验统计量是从用来决定接受或拒绝原假设的数据中计算出来的统计量. 拒绝域指定那些拒绝原假设 (并接受备择假设) 的检验统计量的值.

在假设检验中, 可能会产生两种类型的错误 (见下表), 定义如下:

- Ⅰ型错误: 在原假设正确的情况下, 拒绝了原假设. 该错误发生的概率记为希腊字母 α (alpha).
- Ⅱ型错误: 在备择假设正确的情况下, 没有拒绝原假设. 该错误发生的概率记为希腊字母 β (beta).

检验决策	H_0 为假	H_0 为真
拒绝 H_0	正确	Ⅰ型错误 (α)
接受 H_0	Ⅱ型错误 (β)	正确

我们不可能完全避免Ⅰ型或Ⅱ型错误的发生, 但是可以尝试降低出错的概率. 一般来

说，Ⅰ型错误的发生概率更重要，因为拒绝原假设经常会导致结果发生根本性的改变. 在上面的信用示例中，错误拒绝现金流不重要的原假设，可能会影响未来的信用决策，或者在评估当前案例时导致降级.

Ⅱ型错误在研究设计中十分重要，在研究过程中，我们希望通过检验找出原假设和备择假设间的差异（如果存在这种差异）. 对信用事件的研究应该有足够的规模，通过在一系列产业中选择足够多的公司，来发现现金流的重要性.

α 的值究竟能有多低呢？目前能够接受的 α 值为 0.05，换句话说，错误拒绝原假设的概率为 5% 或更低.

示例：双边检验

在本例中，研究表明在一个信用协议投资组合中迟滞支付人的数量服从正态分布，其均值为 100，标准差为 30. 对一组使用不同信用评分过程的 25 批数据进行检验. 其中迟滞支付人的平均数量为 90. 这是否说明了不良率的显著下降，或者只是样本平均低于预期值？

按照上述理论，假设如下：
- H_0：迟滞支付人数量不发生改变.
- H_a：在备择信用评分过程下，迟滞支付人数量发生变化.

或者：
- H_0：信用评分过程中迟滞支付人数量均值等于 100.
- H_a：信用评分过程中迟滞支付人数量均值不等于 100.

为了评估数据，需要检验统计量，为此要计算 Z 值：

$$Z = \frac{\overline{x} - \mu}{\frac{\sigma}{\sqrt{n}}}$$

其中 $\overline{x}$ 是样本均值，μ 是原假设下的均值，σ 是总体标准差，n 为样本容量. 在本例中，$\overline{x}=90$，$\mu=100$，$\sigma=30$，$n=25$.

Z 服从标准正态分布，所以一旦计算了 Z 值，就能确定它是否为标准正态分布曲线上的极值. 如果是极值，则拒绝原假设，接受备择假设. 本例中的 Z 值为：

$$Z = \frac{90 - 100}{\frac{30}{\sqrt{25}}} = \frac{-10}{6} = -1.67$$

在计算了检验统计量之后，如果 -1.67 是极值，则需要再次对其进行评估. 因此需要找出数值落在标准正态曲线上自 0 开始超过 1.67 单位的概率，任一方向的极值都是为了拒绝原假设.

标准正态分布的值小于等于 -1.67 的概率是 0.0478. 由于标准正态分布曲线是对称的，值大于等于 1.67 的概率也是 0.0478. 因此数值落在 0 附近大于等于 1.67 个单位的概率为 $2 * 0.0478$ 即 0.0956. 这意味着结果是从随机事件中产生的概率有 9.6%（见图 16.30）.

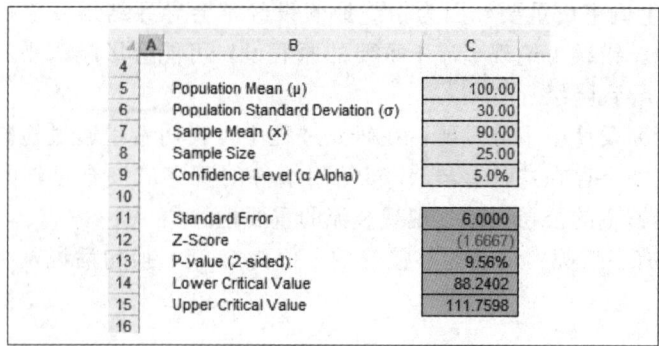

图 16.30　输入和结果（Hypothesis Testing 工作表）

概率为 5% 的置信水平除以 2. 标准差为 6，因此下临界值为 88.24（见图 16.31）.

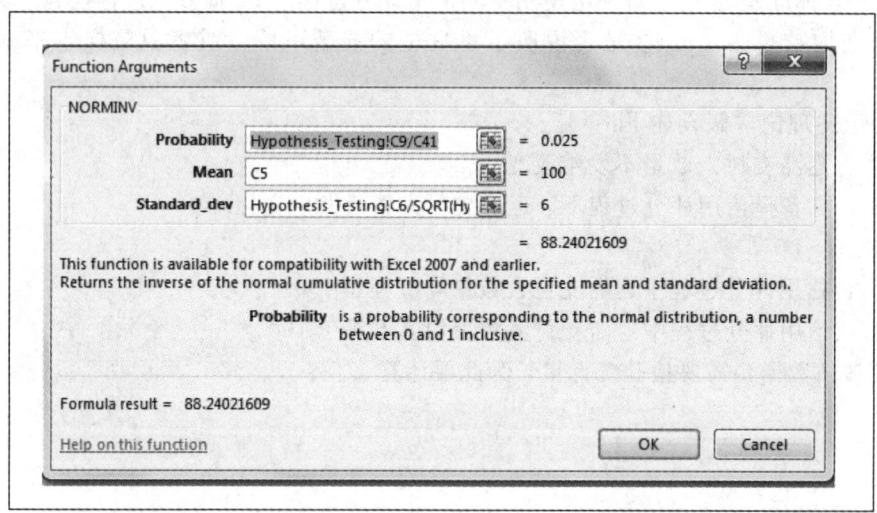

图 16.31　单元格 H45 中的 NORMINV 函数

基于数值 1.667，能够从图 16.32 的表中提取结果. 主要单位为纵向，次要单位为横向. 结果 0.0956 在 1.66 和 1.67 之间. 下限值为 88.24，上限值为 111.75.

如果拒绝了原假设并接受备择假设，变化的信用评分方式会改变迟滞支付人的数量，但有 4.0% 的概率是错误的（I 型错误）. 由于常常将 α（I 型错误的概率）的置信水平设为 0.05，因此确定结果并不能够显著地拒绝原假设. 在此情形下，计算出拒绝水平为 88.24，而样本平均为 90. 具体如图 16.33 所示.

接受

使用 α 可以计算拒绝域，即拒绝原假设的值的范围. 与拒绝域相对的是接受域，其中只包含支持接受原假设的值. 如果原假设为真，只有 α% 的值落在拒绝域中，$(1-\alpha)$% 的值落在接受域中.

Population Mean (μ)	100.0000
Population Standard Deviation (σ)	30.0000
Sample Mean (x)	95.0000
Sample Size	25.0000
Confidence Level (α Alpha)	0.0500
One or Two Tails	2.00
Sample Standard Error	6.0000
Sample - Population Mean	(5.0000)
Z	(0.8333)
P Value Total Probability: 2 Tails	0.4047
Lower Limit	88.2402
Upper Limit	111.7598

Result: Do Not Reject the Null Hypothesis

Population Standard Deviation (σ) / SQRT Sample Size

$$Z = \frac{\bar{x} - \mu}{\sigma / \sqrt{n}}$$

Tolerance 2.50%

	-	0.01	0.02	0.03	0.04	0.05	0.06	0.07	0.08	0.09
-	1.0000	0.9920	0.9840	0.9761	0.9681	0.9601	0.9522	0.9442	0.9362	0,9283
0.10	0.9203	0.9124	0.9045	0.8966	0.8887	0.8808	0.8729	0.8650	0.8572	0.8493
0.20	0.8415	0.8337	0.8259	0.8181	0.8103	0.8026	0.7949	0.7872	0.7795	0.7718
0.30	0.7642	0.7566	0.7490	0.7414	0.7339	0.7263	0.7188	0.7114	0.7039	0.6965
0.40	0.6892	0.6818	0.6745	0.6672	0.6599	0.6527	0.6455	0.6384	0.6312	0.6241
0.50	0.6171	0.6101	0.6031	0.5961	0.5892	0.5823	0.5755	0.5687	0.5619	0.5552
0.60	0.5485	0.5419	0.5353	0.5287	0.5222	0.5157	0.5093	0.5029	0.4965	0.4902
0.70	0.4839	0.4777	0.4715	0.4654	0.4593	0.4533	0.4473	0.4413	0.4354	0.4295
0.80	0.4237	0.4179	0.4122	0.4065	0.4009	0.3953	0.3898	0.3843	0.3789	0.3735
0.90	0.3681	0.3628	0.3576	0.3524	0.3472	0.3421	0.3371	0.3320	0.3271	0.3222
1.00	0.3173	0.3125	0.3077	0.3030	0.2983	0.2937	0.2891	0.2846	0.2801	0.2757
1.10	0.2713	0.2670	0.2627	0.2585	0.2543	0.2501	0.2460	0.2420	0.2380	0.2340
1.20	0.2301	0.2263	0.2225	0.2187	0.2150	0.2113	0.2077	0.2041	0.2005	0.1971
1.30	0.1936	0.1902	0.1868	0.1835	0.1802	0.1770	0.1738	0.1707	0.1676	0.1645
1.40	0.1615	0.1585	0.1556	0.1527	0.1499	0.1471	0.1443	0.1416	0.1389	0.1362
1.50	0.1336	0.1310	0.1285	0.1260	0.1236	0.1211	0.1188	0.1164	0.1141	0.1118
1.60	0.1096	0.1074	0.1052	0.1031	0.1010	0.0989	0.0969	0.0949	0.0930	0.0910
1.70	0.0891	0.0873	0.0854	0.0836	0.0819	0.0801	0.0784	0.0767	0.0751	0.0735
1.80	0.0719	0.0703	0.0688	0.0672	0.0658	0.0643	0.0629	0.0615	0.0601	0.0588
1.90	0.0574	0.0561	0.0549	0.0536	0.0524	0.0512	0.0500	0.0488	0.0477	0.0466
2.00	0.0455	0.0444	0.0434	0.0424	0.0414	0.0404	0.0394	0.0385	0.0375	0.0366

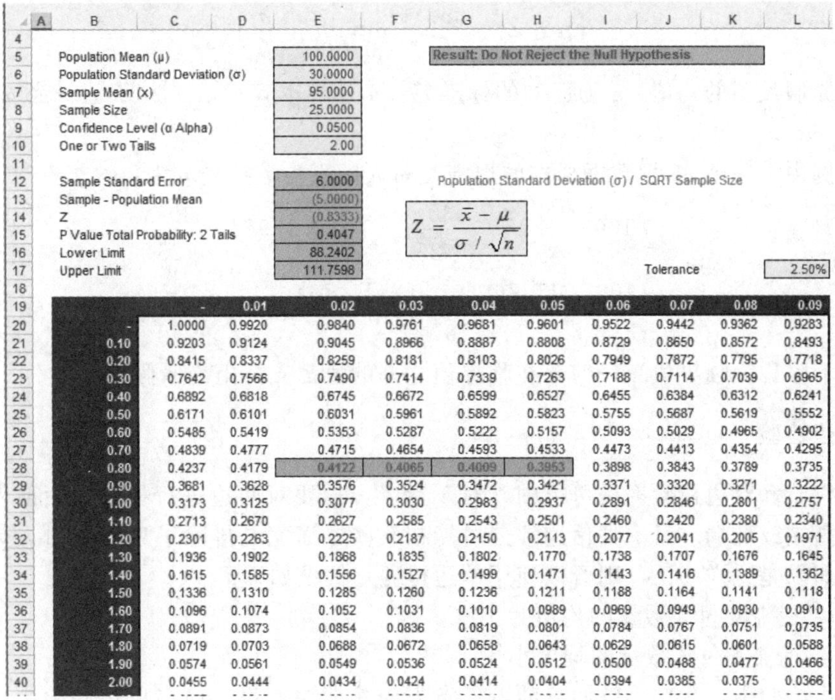

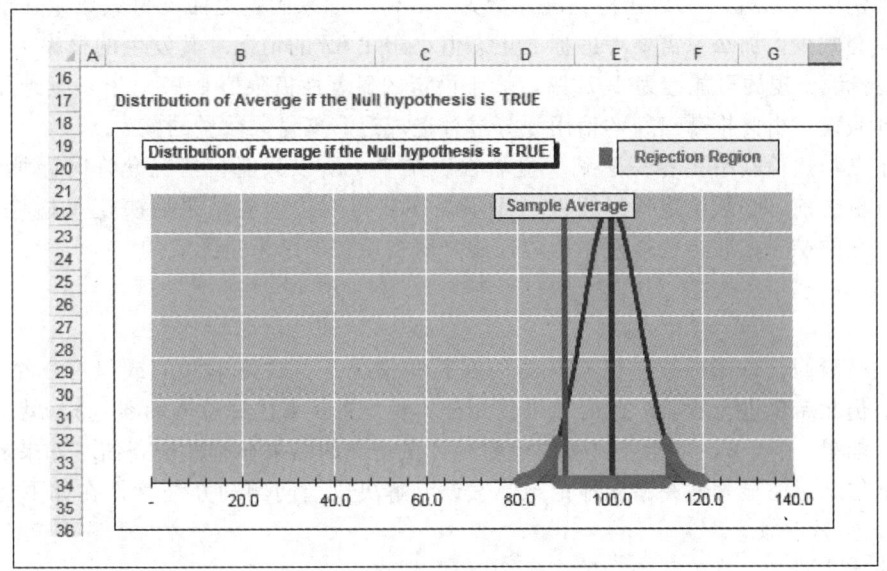

图 16.32　概率表

图 16.33　平均值的分布

Z检验的接受域的边界公式为：

$$\left(\mu - Z_{1-\frac{\alpha}{2}}\frac{\sigma}{\sqrt{n}},\quad \mu + Z_{1-\frac{\alpha}{2}}\frac{\sigma}{\sqrt{n}}\right)$$

其中μ为原假设下的均值，σ为已知的标准差，n是样本容量，Z为Z值. 当$\alpha=0.05$时，$Z_{1-\frac{0.05}{2}}=1.96$.

在示例中，一个25批数据样本的迟滞支付人的平均数接受域为：

$$= \left(100 - 1.96 \times \frac{30}{\sqrt{25}},\quad 100 + 1.96 \times \frac{30}{\sqrt{25}}\right)$$
$$= (100 - 11.76,\quad 100 + 11.76)$$
$$= (88.24,\quad 111.76)$$

边界的上下限称为临界值. 任何落在临界值之外的值都支持拒绝原假设.

示例：单边检验

单边检验和双边检验都是可行的. 对于后者，需要对两边进行检验，而前者只需要关注分布的高端或低端. 另一种信用评分可能在某些方面完全排除了迟滞支付人数量增加的可能性，如果是这样的话，则可以使用单边检验，假设如下：

- H_0：迟滞支付人数量的均值为100.
- H_a：迟滞支付人数量的均值小于100.

在双边检验中，我们可以假设朝着任意方向违背原假设，而在单边检验中，我们假设这种背离只朝着一个方向进行. 这个额外的假设能够增加检验统计量的说服力，因为需要的p值被减半了.

在示例中（见图16.34），检验统计量为-1.67. 如果假定迟滞支付人数量在新的信用评分下只会减少，那么只需要考虑标准正态值小于1.67的情况. 其发生的概率为0.0478，导致Ⅰ型错误出现的可能性为4.78%，低于设定的显著性极限值0.05. 于是拒绝原假设并接受备择假设，由此推断出新的信用评分过程造成迟滞支付人数量的减少.

由于在单边检验中更容易达到"显著性"结果，所以只能在情况允许时谨慎地使用. 在开始分析之前，必须给定备择假设（而不是在获得双边检验结果后决定单边检验）. 在得到不满意的结果之后再选择使用单边检验来获得希望的结果是无效的.

t-分布

上述检验假设总体标准差已知，然而在某些情况下，这是未知的或仅有一个小样本，但是我们仍然希望进行检验. 此时如果使用样本标准差s来代替总体标准差σ，就会产生数学问题. 如果s小于σ，可能导致使用检验统计量得到的结果显著性被高估. 如果s大于σ，则可能低估结果的显著性并错误地拒绝原假设. 解决以上问题的办法就是在如下情况中使用t-分布作为近似.

- 样本容量大，在实践中一般多于30个数据点.
- 样本虽然小，但是可以确定总体分布为正态或近似正态.

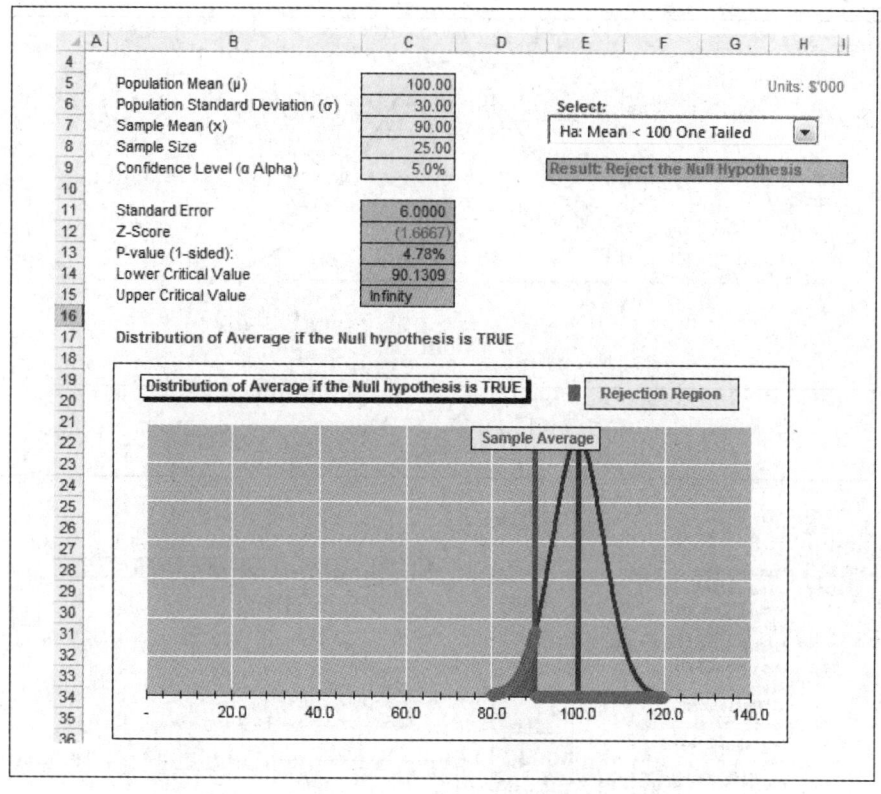

图 16.34 单边检验（Hypothesis Testing 工作表）

由 t-分布得出的检验统计量的值称为 t-统计量. 对于假设检验，一个自由度为 $n-1$ 的 t-统计量可以通过如下公式计算得到. 自由度定义为观察值数量减 1：

$$t_{m-1} = \frac{\overline{x} - \mu_0}{\dfrac{s}{\sqrt{n}}}$$

μ_0 假设样本均值
$\overline{x}$：样本均值
n：样本容量

如图 16.35 所示，自由度越大，分布越接近正态. 当自由度达到 30 时，分布几乎达到完全的正态分布. 可以通过 Comparison 工作表（见本节最后一个示例）来检验两个分布之间的差异.

图 16.36 中的示例使用上一节的数据，假设的样本标准差同样为：

$$\frac{\text{标准差}(s)}{\sqrt{\text{样本容量}}}$$

使用前面的公式得出 t-值为：$\dfrac{[90-100]}{\left[\dfrac{30}{\sqrt{25}}\right]} = 1.67.$

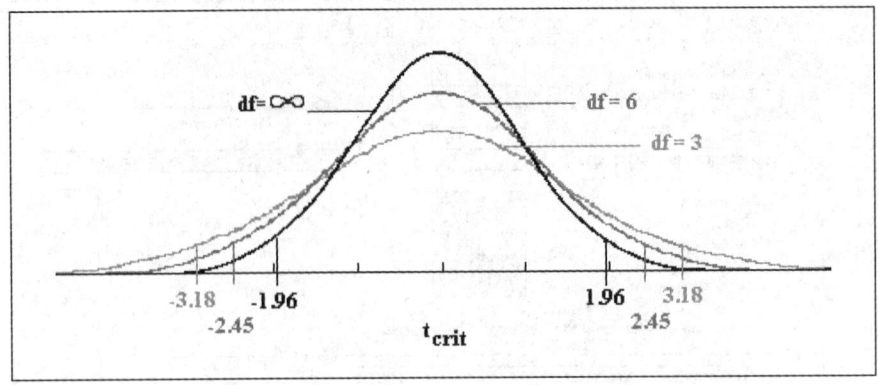

图 16.35 t-分布

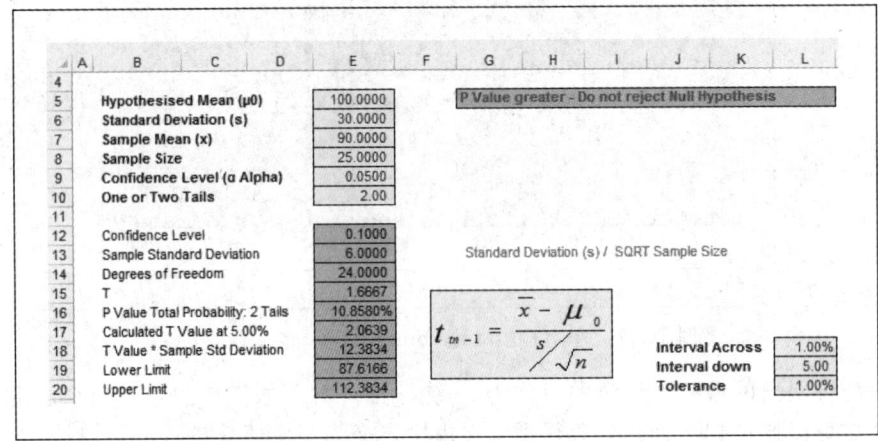

图 16.36 t-分布输入

在图 16.37 中可以找到值 1.67，图中纵向为样本容量，横向为 t-统计量。t-值和样本量交叉在 10.8%，高于 5% 的置信区间。基于以上信息，样本结论（均值 90）对 t-统计量不具有显著性。计算得出下限为：

$$下限值 = 100 - \left[2.0639 * \frac{30}{\sqrt{25}}\right] = 100 - 12.38 = 87.62$$

还可以用另一种方式显示该表，例如设定横向为置信水平，纵向为样本容量。基于样本容量 25 和置信水平 5%，临界 p-值如图 16.38 中的表所示。p-值实际是分别以 t-分布下的 t-值作为概率和自由度的函数。需要注意的是，该值随着样本量增加而下降。

对于该示例，还可以构建 95% 的置信区间。

$$总数 = 计算出的 \ t\text{-值} * \frac{标准差}{\sqrt{样本容量(n)}}$$

$$总数 = 2.0639 * \frac{30}{\sqrt{25}} = 12.38$$

$$下限 = 100 - 12.38 = 87.62$$

$$上限 = 100 + 12.38 = 112.38$$

期望值不应该大于或者小于这些数值. 样本均值为 90，并且在计算出的置信范围内. 为了验证 t-分布和正态分布的相似性，图 16.39 给出了自由度为 6 的两种分布和方差的图. 分布大部分是相似的，且方差随着自由度上升至 20 及以上而减少.

	A	B	C	D	E	F	G	H	I	J	K	L
65												
66		**Probability P Value Table**										
67		Tolerance	0.03	2.50%								
68		Interval Across	0.25	0.25								
69												
70		**T Value Across and Sample Size**										
71		0.1086	0.67	0.92	1.17	1.42	1.67	1.92	2.17	2.42	2.67	2.92
72		5.00	54.15%	41.12%	30.82%	22.95%	17.09%	12.78%	9.62%	7.30%	5.60%	4.34%
73		10.00	52.17%	38.32%	27.33%	19.03%	12.99%	8.75%	5.84%	3.88%	2.58%	1.71%
74		15.00	51.58%	37.48%	26.28%	17.84%	11.78%	7.59%	4.80%	2.99%	1.84%	1.13%
75		20.00	51.30%	37.08%	25.78%	17.28%	11.20%	7.04%	4.32%	2.59%	1.52%	0.88%
76		25.00	51.13%	36.84%	25.48%	16.94%	10.86%	6.73%	4.04%	2.36%	1.35%	0.76%
77		30.00	51.03%	36.69%	25.29%	16.72%	10.63%	6.52%	3.86%	2.22%	1.24%	0.68%
78		35.00	50.95%	36.58%	25.15%	16.57%	10.48%	6.37%	3.74%	2.12%	1.16%	0.62%
79		40.00	50.89%	36.50%	25.04%	16.45%	10.36%	6.26%	3.64%	2.04%	1.11%	0.58%
80		45.00	50.85%	36.43%	24.96%	16.36%	10.27%	6.18%	3.57%	1.99%	1.07%	0.56%
81		50.00	50.81%	36.38%	24.90%	16.29%	10.20%	6.11%	3.52%	1.94%	1.04%	0.53%
82		55.00	50.78%	36.34%	24.85%	16.23%	10.14%	6.06%	3.47%	1.91%	1.01%	0.51%
83		60.00	50.76%	36.31%	24.80%	16.18%	10.09%	6.01%	3.43%	1.88%	0.99%	0.50%
84		65.00	50.74%	36.28%	24.77%	16.14%	10.05%	5.97%	3.40%	1.85%	0.97%	0.49%
85		70.00	50.72%	36.25%	24.74%	16.11%	10.01%	5.94%	3.37%	1.83%	0.95%	0.48%
86		75.00	50.71%	36.23%	24.71%	16.08%	9.98%	5.91%	3.35%	1.81%	0.94%	0.47%
87		80.00	50.69%	36.21%	24.69%	16.05%	9.95%	5.89%	3.33%	1.80%	0.93%	0.46%
88		85.00	50.68%	36.19%	24.66%	16.03%	9.93%	5.87%	3.31%	1.78%	0.92%	0.45%
89		90.00	50.67%	36.18%	24.65%	16.01%	9.91%	5.85%	3.29%	1.77%	0.91%	0.45%
90		95.00	50.66%	36.17%	24.63%	15.99%	9.89%	5.83%	3.28%	1.76%	0.90%	0.44%
91		100.00	50.65%	36.15%	24.62%	15.97%	9.87%	5.82%	3.27%	1.75%	0.89%	0.44%

图 16.37 p—值表

	A	B	C	D	E	F	G	H	I	J	K	L
21												
22		**Confidence Level Across and Sample Size Down**										
23		2.0639	1.00%	2.00%	3.00%	4.00%	5.00%	6.00%	7.00%	8.00%	9.00%	10.00%
24		5.00	4.6041	3.7469	3.2976	2.9985	2.7764	2.6008	2.4559	2.3329	2.2261	2.1318
25		10.00	3.2498	2.8214	2.5738	2.3984	2.2622	2.1504	2.0554	1.9727	1.8992	1.8331
26		15.00	2.9768	2.6245	2.4149	2.2638	2.1448	2.0462	1.9617	1.8875	1.8213	1.7613
27		20.00	2.8609	2.5395	2.3456	2.2047	2.0930	2.0000	1.9200	1.8495	1.7864	1.7291
28		25.00	2.7969	2.4922	2.3069	2.1715	2.0639	1.9740	1.8965	1.8281	1.7667	1.7109
29		30.00	2.7564	2.4620	2.2822	2.1503	2.0452	1.9573	1.8813	1.8142	1.7540	1.6991
30		35.00	2.7284	2.4411	2.2650	2.1356	2.0322	1.9457	1.8708	1.8046	1.7451	1.6909
31		40.00	2.7079	2.4258	2.2524	2.1247	2.0227	1.9371	1.8630	1.7975	1.7386	1.6849
32		45.00	2.6923	2.4141	2.2427	2.1164	2.0154	1.9305	1.8571	1.7921	1.7336	1.6802
33		50.00	2.6800	2.4049	2.2351	2.1099	2.0096	1.9253	1.8524	1.7878	1.7296	1.6766
34		55.00	2.6700	2.3974	2.2289	2.1046	2.0049	1.9211	1.8486	1.7843	1.7264	1.6736
35		60.00	2.6618	2.3912	2.2238	2.1002	2.0010	1.9177	1.8454	1.7814	1.7237	1.6711
36		65.00	2.6549	2.3860	2.2195	2.0965	1.9977	1.9147	1.8427	1.7789	1.7215	1.6690
37		70.00	2.6490	2.3816	2.2159	2.0933	1.9949	1.9122	1.8405	1.7769	1.7195	1.6672
38		75.00	2.6439	2.3778	2.2127	2.0906	1.9925	1.9101	1.8385	1.7751	1.7179	1.6657
39		80.00	2.6395	2.3745	2.2100	2.0882	1.9905	1.9082	1.8368	1.7735	1.7164	1.6644
40		85.00	2.6356	2.3716	2.2076	2.0861	1.9886	1.9065	1.8353	1.7721	1.7152	1.6632
41		90.00	2.6322	2.3690	2.2054	2.0843	1.9870	1.9051	1.8340	1.7709	1.7141	1.6622
42		95.00	2.6291	2.3667	2.2035	2.0826	1.9855	1.9038	1.8328	1.7698	1.7130	1.6612
43		100.00	2.6264	2.3646	2.2018	2.0812	1.9842	1.9026	1.8317	1.7688	1.7121	1.6604

图 16.38 t-值表

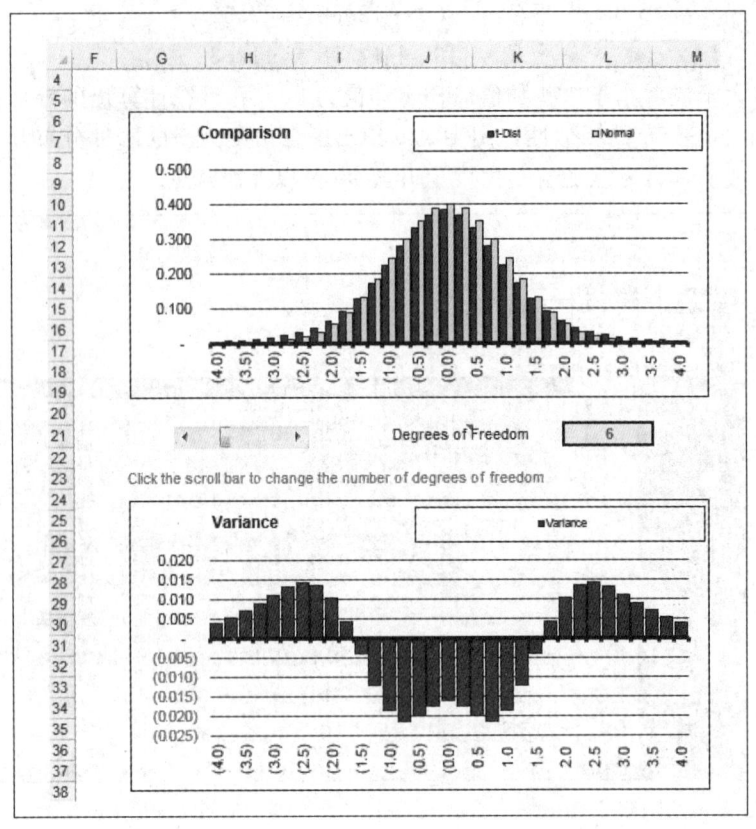

图 16.39 方差

本节介绍了更复杂的假设检验，概述了该方法，并使用 z 检验和 t-分布给出示例，根据检验统计量做出决策．每设定一个假设，需要选择合适的检验统计量，指定显著水平，并根据假设确定判断规则．在完成这些步骤后，采集样本并使用上述检验计算样本统计量．根据这些统计量，能够对检验结果做出决策．

16.6 相关性与回归

相关性与回归包含一系列技术来分析变量之间的关系．破产和违约比例（如 Z 分值）可以用一系列的比率（如负债比率或市净率）来解释，另外，你也可能认为销售量和经济增长之间存在某种联系．相关性与回归用数学方式表明变量之间关系的强度．相关性度量了变量之间线性关系的方向和程度，而回归则是总结了因变量和一个或多个自变量之间的关系．到目前为止，这两种技术都建立在数学计算的基础上，Excel 的分析工具库和函数列表中提供了全部的函数和额外的技术．

相关性

在回归中，重点是由一个变量推测另外一个，而在相关性中，重点在于一个线性模型能够在多大程度上描述两个变量之间的关系. 在回归中, 我们想要得出这种关系的程度, 以判断变量 A 的变化会使变量 B 发生正向还是负向的改变.

相关系数可以通过在电子表格中简单地建立或者直接使用函数来计算. 下面的示例使用了 Correlation_Data 工作表中的数据, 其中销售量与两个因子匹配. 目的在于通过相关性和回归分析检验关联程度.

图 16.40 中的表给出了准确的数据和得出结果的每一个步骤. 结果可能有以下两种情况.

- 正的协方差, 表示变量是同方向运动.
- 负的协方差, 表示变量是相反方向运动.

Variable 1 X	Sales Y	(X-Xx)	(X-Xx)^2	(Y-Yy)	(Y-Yy)^2	(X-Xx) * (Y-Yy)
4.06	306,853.07	0.96	0.93	(104,628.01)	10,947,019,934	(100,697.19)
4.17	340,958.93	1.07	1.15	(70,522.14)	4,973,372,335	(75,524.32)
4.05	340,626.00	0.95	0.91	(70,855.07)	5,020,441,522	(67,594.36)
3.98	364,276.73	0.88	0.77	(47,204.34)	2,228,249,785	(41,524.74)
3.75	306,061.80	0.65	0.43	(105,419.27)	11,113,223,346	(68,810.38)
3.76	345,290.73	0.67	0.44	(66,190.34)	4,381,161,207	(44,055.00)
3.64	344,295.60	0.54	0.29	(67,185.47)	4,513,887,927	(36,285.57)
3.34	365,372.33	0.25	0.06	(46,108.74)	2,126,015,973	(11,362.60)
3.35	320,751.20	0.26	0.07	(90,729.87)	8,231,910,049	(23,338.50)
3.34	356,805.53	0.24	0.06	(54,675.54)	2,989,414,755	(13,200.35)
3.00	358,996.73	(0.09)	0.01	(52,484.34)	2,754,606,023	4,903.06
3.10	394,611.80	0.00	0.00	(16,869.27)	284,572,408	(83.17)
2.87	335,069.53	(0.23)	0.05	(76,411.54)	5,838,723,558	17,656.37
2.73	382,652.60	(0.37)	0.14	(28,828.47)	831,080,917	10,721.87
2.54	385,904.93	(0.56)	0.31	(25,576.14)	654,138,975	14,291.17
2.53	423,255.07	(0.57)	0.33	11,773.99	138,626,902	(6,720.82)
2.65	365,031.33	(0.45)	0.20	(46,449.74)	2,157,578,415	20,891.67
3.22	411,889.87	0.12	0.01	408.79	167,111	49.39
3.29	416,840.60	0.20	0.04	5,359.53	28,724,518	1,052.77
3.55	454,916.73	0.45	0.20	43,435.66	1,886,656,495	19,597.32
3.41	386,281.87	0.31	0.10	(25,199.21)	635,000,054	(7,773.47)
2.97	436,676.53	(0.12)	0.02	25,195.46	634,811,167	(3,128.51)
2.85	437,341.67	(0.25)	0.06	25,860.59	668,770,249	(6,389.36)
2.68	469,642.80	(0.42)	0.18	58,161.73	3,382,786,363	(24,559.92)
2.62	414,309.87	(0.48)	0.23	2,828.79	8,002,068	(1,346.98)
3.05	462,844.07	(0.05)	0.00	51,362.99	2,638,157,008	(2,320.04)
3.08	460,096.27	(0.02)	0.00	48,615.19	2,363,436,951	(883.31)
2.86	497,817.47	(0.24)	0.06	86,336.39	7,453,972,686	(20,942.57)
2.90	436,321.60	(0.20)	0.04	24,840.53	617,051,728	(5,028.21)
2.96	478,046.07	(0.13)	0.02	66,564.99	4,430,898,239	(8,980.91)
2.73	483,738.20	(0.36)	0.13	72,257.13	5,221,092,247	(26,234.35)
2.60	516,306.27	(0.50)	0.25	104,825.19	10,988,321,002	(52,273.12)
2.53	449,861.87	(0.57)	0.33	38,380.79	1,473,085,240	(21,889.31)
2.55	510,308.33	(0.55)	0.30	98,827.26	9,766,827,173	(54,431.03)

图 16.40 协方差和相关性网格

这意味着, 如果 X 上升则 Y 下降. 例如, 随着价格的上涨, 需求一般会降低. 相关系数只能是 $-1 \sim 1$ 之间的一个.

计算相关性的第一步是计算协方差, 公式为:

$$协方差 = \frac{(X_i - \overline{X})(Y_i - \overline{Y})}{n-1}$$

n：样本容量

$\overline{X}$：变量 X 的观测值均值（参照下表中的 Xx）

$\overline{Y}$：变量 Y 的观测值均值（参照下表中的 Yy）

对于 X 和 Y 中的每一个元素，都要加上其与均值的差异值，然后除以数据点数量减 1 即可得到协方差.

X 和 Y 的原始分值在图 16.40 中的第一和第二列给出. 之后的两列是由对 X 和 Y 列使用 z 一评分变换得出.

$$z_X = \frac{X - \overline{X}}{s_X}$$

$$z_Y = \frac{Y - \overline{Y}}{s_Y}$$

从 X 和 Y 列的每个原始得分中减去均值，然后除以样本标准差.

使用 36 个观测值的全数据集，$(X-Xx)*(Y-Yy)$ 之和为（798 415）. 将该值除以观测值个数减 1，得到协方差为 $-22\,122$. 数值本身并不具有很大意义，因为它与两个变量密切相关，因此，要把协方差转换为协方差系数来考察变量的变动情况. 公式如下：

$$r_{xy} = \frac{\text{协方差} - X - \overline{Y}}{(s_x)(s_y)}$$

在上面的公式中，s 是由之前给出的公式计算的 X 或 Y 的标准差.

$$\text{样本标准差} = s = \sqrt{\frac{\sum_{i=1}^{n} |X_i - \overline{X}|^2}{n-1}}$$

变量 1 的图表（见图 16.41）给出了方差、标准差、协方差以及最终的相关系数的中间计算过程.

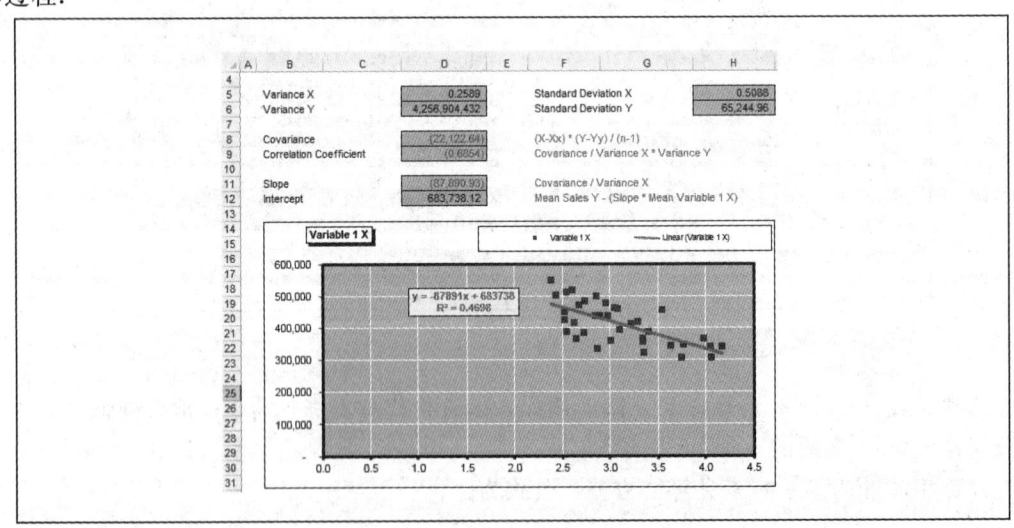

图 16.41　相关性

将协方差转换为相关性的效果意味着可能的值从 -1 减少到 $+1$.

相关系数为 -0.6854，表明具有负的线性关系．其他的值为：

相关系数	解释
$r=+1$	完全正相关
$0<r<+1$	正线性相关
$r=0$	非线性关系
$r=-1$	完全负相关
$-1<r<0$	负线性相关

斜率可以由单元格 D11 按照协方差 xy/方差 x 计算：

单元格 D11：=D8/(E72/(D74))

截距可以由手工计算，具体公式如下：

$$\text{平均销售 } Y - (\text{斜率} * \text{变量} 1X \text{ 的平均})$$

单元格 D12：=D76-(D11*B76)

另一种解释方法是绘制两个变量的散点图，并通过数据点加载趋势线（如图 16.41）．此处变量 X 作为 X 轴，销售数据作为 Y 轴．负的相关性表现为其趋势线具有负的斜率．

相关系数的符号（＋或者－）定义了关系的方向，其可以为正也可以为负．一个正的相关系数意味着一个变量的增加会引起另一个变量的增加，一个减少也会导致另一个的降低．一个负的相关系数则表示当一个变量增加时，另一个变量会减小，反之亦然．

取相关系数的绝对值来度量关系的强度．$r=0.60$ 的相关系数代表的线性关系比 $r=0.30$ 的更强．同样，$r=-0.60$ 的相关系数比 $r=-0.30$ 表现出更高程度的关系．因此，相关系数为 0（$r=0.0$）表示不存在线性关系，$r=+1.0$ 和 $r=-1.0$ 的相关系数表示完全的线性关系．另一个变量显示与向上倾斜的趋势线呈正相关，如图 16.42 所示．

图 16.42 中的散点图表明相关系数随着变量之间的线性关系改变而如何变化．当 $r=0$ 时，散点图中的数据点分散广泛，以相同的距离落在坐标轴两侧；数据随着线性关系的加强而集中并落在趋势线周围；当相关系数为正 1 或负 1 时（$r=\pm 1.00$），数据点落在一条直线上．

相关性和假设检验

当变量之间具有一定相关性时，同样可以使用假设检验考察其显著性：

$$\mathrm{H}_0: P = 0, \quad \mathrm{H}_a: P \neq 0$$

t-分布公式使用 $n-2$ 个自由度：

$$t = \frac{r\sqrt{n-2}}{\sqrt{1-r^2}}$$

为了得出结论，需要在一定的自由度和显著水平下将 t-统计量与临界 t-值进行比较．使用上面的数据，t-统计量为 -5.4889．从 t-分布表中查找 t-统计值为 2.0322．显著性为 0.05，自由度为 34．因此，结论是拒绝原假设，因为计算的 t-统计量大于检验统计量

(见图 16.43).

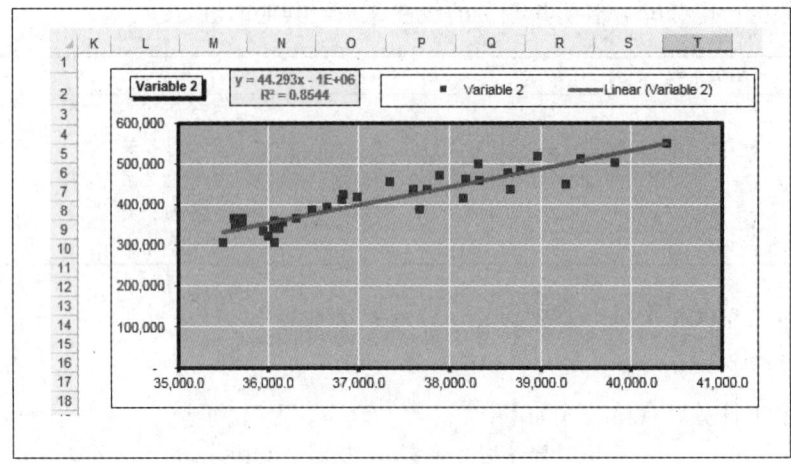

图 16.42 正相关散点图

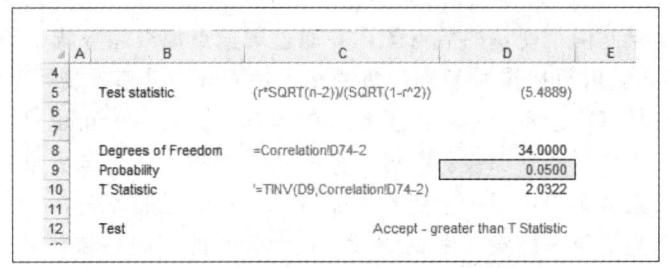

图 16.43 检验统计量

上面的例子计算了一个负相关,然而需要注意的是,不要基于这些数据做出错误的决策,具体如下.

- 正确地解释相关系数需要假设变量 X 和 Y 各自使用正确的度量尺度. Excel 在生成相关系数时不会考虑该数值在其度量尺度下是否有意义.
- 伪相关性——在实际不存在相关性的情况下表现出的关联性. 某些数据集可能高度相关, 但这种关系可能不是因果关系.
- 异常值——这些极值可以影响数据, 但可以在进行分析之前利用一项技术剔除这些极值.
- 非线性关系——相关性反映线性关系, 但某些情形下, 数据可能表现出很强的非线性关系. 绘制的图表可以显示更多的形状信息和关联强度.

回归

回归分析有助于总结和解释一个变量(因变量)与另一个或多个自变量之间的关系. 其目的在于通过参考自变量的变化来解释因变量的变化, 例如, 在预测时. 前一节计算了变量之间的相关性, 并发现了一个强关系, 回归给出了一个公式来解释这种关系.

一个线性趋势线公式应用最小二乘法来拟和数据:

$$Y = mx + b$$

m：趋势线的斜率系数（SLOPE 函数）
x：x 轴上的观测值
b：趋势线与 y 轴相交的截距（INTERCEPT 函数）

回归线是可以通过数据绘制的几种曲线之一，这个公式的作用是最小化趋势线与数据之间的误差总和. 通过改变直线的斜率和截距变量，可以最小化趋势线与数据点之间的误差：

$$斜率(m) = \frac{协方差\ x_y}{方差\ X}$$

使用变量 1 的斜率系数计算截据：

$$Y\ 的均值 - (斜率 * X\ 的均值)$$
$$411\,481 - (-87\,890.9 * 3.097\,67) = 683\,738$$

Excel 函数和分析工具库提供了直接计算这些统计量的工具. 回归函数表提供了计算变量 1 从方差到相关性的多个函数，而数据分析回归表给出了通过数据分析选项计算 Correlation_Data 工作表中变量的输出结果.

回归函数表给出了每个函数，并将方差、标准差、相关性、斜率和截距与前面表中手工方法得到的结果进行了比较（见图 16.44）. 在接下来的章节中，我们将讨论标准误差和 R^2 因子.

	A	B	C	D	E
4					
5		Formulas	Function	Result	Variance
6		Variance X	VAR	0.259	(0.00000)
7		Variance Y		4,256,904,431.558	0.00003
8		St Dev X	STDEV	0.509	(0.00000)
9		St Dev Y		65,244.957	0.00000
10		Covariance	COVAR	(22,122.645)	-
11		Correlation	CORREL	(0.685)	-
12		Slope	SLOPE	(87,890.928)	-
13		Intercept	INTERCEPT	683,738.117	-
14		Standard Error (SEE)	STEYX	48,201.166	-

图 16.44　Excel 函数与手工方法比较

标准误差

标准差度量样本偏离均值的程度. 估计值的标准误差（SEE）则度量以样本替代总体（STEYX 函数）进行变量预测的不确定性. 有时这种关系很强，但是在某些情况（如股票的收益和通货膨胀）下这种关系就相对较弱. 如果关联性强，SEE 值低；如果关联性弱，SEE 值高. 上述预测趋势线的一般方程为：

$$Y_i = mX_i + b_i$$

为了计算 SEE，首先需要计算平方误差的总和（SSE）：

$$SSE = \sum_{i=1}^{n}(Y_i - \hat{Y}_i)^2$$

它是由变量减去预测变量的平方得出的. SSE 是 Y 值相对估计的 Y 值的变化程度. 标准误差是 SSE 的函数：

$$SEE = \sqrt{\frac{SSE}{N-2}}$$

确定系数

对拟和更进一步的度量是确定系数（R^2），它是因变量整体变化（能够由自变量的改变解释）的百分比。如果该值为 0.75，说明变量 75% 的变化是可以解释的。一个较低的值则表明该变化是无法解释的。

使用上面的一个自变量，只需要将相关系数平方就可以求得 R^2 值。相关系数为 0.6854，其平方为 0.4698（46.98%）。

方差分解

整体变化（SST）是变化平方的总和：

$$\text{SST} = \sum_{i=1}^{n}(Y_i - \overline{Y})^2$$

整体变化由可解释与不可解释的变化组成（见图 16.45）。不可解释的变化（SSE）是平方误差的总和：

$$\text{SSE} = \sum_{i=1}^{n}(Y_i - \hat{Y}_i)^2$$

	J	K	L	M
			SSE	SSR
	Predicted Y	Y -Pred Y	(Y -Pred Y)^2	(Pred Y - Yy)^2
35	326,892.16	(20,039.09)	401,565,221.96	7,155,284,551.64
36	317,355.99	23,602.94	557,098,779.29	8,859,530,835.00
37	327,634.84	12,991.16	168,770,306.85	7,030,191,411.86
38	334,165.13	30,111.60	906,708,454.35	5,977,754,692.08
39	354,111.98	(48,050.18)	2,308,819,753.91	3,291,213,007.56
40	352,982.58	(7,691.85)	59,164,522.23	3,422,073,678.99
41	364,012.89	(19,717.29)	388,771,628.53	2,253,228,249.90
42	389,822.06	(24,449.73)	597,789,317.75	469,112,727.95
43	388,872.84	(68,121.64)	4,640,558,071.90	511,132,169.75
44	390,261.52	(33,455.99)	1,119,302,936.67	450,269,543.08
45	419,691.80	(60,695.06)	3,683,890,605.21	67,415,950.91
46	411,047.72	(16,435.92)	270,139,563.83	187,793.18
47	431,789.98	(96,720.45)	9,354,845,204.76	412,451,744.18
48	444,169.42	(61,516.82)	3,784,319,061.99	1,068,527,916.37
49	460,591.84	(74,686.91)	5,578,133,925.38	2,411,867,262.72
50	461,650.93	(38,395.86)	1,474,241,937.47	2,517,013,942.35
51	451,011.73	(85,980.39)	7,392,628,287.57	1,562,672,609.25
52	400,861.16	11,028.70	121,632,274.45	112,782,482.22
53	394,216.61	22,623.99	511,844,915.51	298,061,713.65
54	371,826.40	83,090.34	6,904,004,131.07	1,572,493,480.22
55	384,368.43	1,913.44	3,661,233.57	735,095,379.32
56	422,394.44	14,282.09	203,978,137.79	119,101,595.71
57	433,196.24	4,145.43	17,184,587.71	471,548,297.84
58	448,594.73	21,048.07	443,021,352.26	1,377,423,277.15
59	453,332.05	(39,022.18)	1,522,730,685.15	1,751,504,071.25
60	415,451.06	47,393.01	2,246,097,224.76	15,760,776.20
61	413,078.00	47,018.26	2,210,717,079.19	2,550,183.32
62	432,800.73	65,016.74	4,227,176,339.15	454,527,632.93
63	429,271.91	7,049.69	49,698,171.74	316,513,735.33
64	423,339.27	54,706.80	2,992,833,677.28	140,616,794.20
65	443,391.58	40,346.62	1,627,849,372.16	1,018,280,683.67
66	455,309.59	60,996.67	3,720,594,013.10	1,920,939,204.39
67	461,606.98	(11,745.11)	137,947,676.41	2,512,606,398.77

图 16.45 SSE 和 SSR

可解释的变化（SSR）是预测 Y 值和 Y 的均值间距离的平方和，也是平方回归的总和：

$$\mathrm{SSR} = \sum_{i=1}^{n}(Y_i - \overline{Y})^2$$

因此，SST＝SSE＋SSR，确定系数可以表示为：

$$R^2 = \frac{(\text{整体变化}-\text{不可解释变化})}{\text{整体变化}} = \frac{\text{可解释变化}}{\text{整体变化}}$$

$$R^2 = \frac{\mathrm{SSR}}{\mathrm{SST}} = 1 - \left(\frac{\mathrm{SSE}}{\mathrm{SST}}\right)$$

图 16.46 确认了以上公式，图中两种方法都得出 R^2 为 0.4698. 在此示例中，X 中 47% 的变化可以由 Y 的变化解释，剩余的是不可解释的变化.

	A	B	C	D	E
15					
16		Coefficient of Determination: R2 = 1 - SSE / SST or SSR / SST			
17		SSE		78,993,982,236.949	(Y -Pred Y)^2
18		SEE		48,201.166	SQRT (SSE / n-2)
19					
20		SSR		69,997,672,867.592	(Pred Y - Yy)^2
21		SST (SSE+SSR)		148,991,655,104.540	(Y-Yy)^2
22					
23		R^2 = 1 - SSE / SST		0.470	
24		R^2 = SSR / SST		0.470	
25					
26		RSQ (R^2)	RSQ	0.470	

图 16.46　确定系数（R^2）

16.7　LINEST 函数

LINEST 函数提供了动态计算回归统计量的方法. 这是一个数组函数，必须以矩阵的形式输入（使用＜Control＋Enter＞）. 我们可以只输入一行数据来获得截距和因子变量，或者按阵列输入获取进一步信息，具体如下：

- 系数的标准误差值.
- 常数的标准误差值.
- 确定系数.
- 估计 y 值的标准误差.
- F 统计量或者 F 观测值.
- 自由度.
- 回归平方和.
- 残差平方和.

进行截距计算的输入阵列维度需要达到变量数加 1，最少有五行数据. 示例输出结果见图 16.47.

	A	B	C	D	E	F
4						
5		Linest Coefficients				
6		Intercept	X Variable 1	X Variable 2		
7		(1,057,934)	40.62	(14,585.70)		
8						
9		Linest Stats - explanation below				
10		Slope Factors		40.62	(14,585.70)	(1,057,934.44)
11		Standard Error Values		4.21	11,255.49	182,243.75
12		R2 and Std Error for Y		0.86	25,014.68	#N/A
13		F Stat and Degrees of Freedom		102.55	33.00	#N/A
14		Regression & Residual Sum of Squares		1.28E+11	2.06E+10	#N/A
15						
16		Forecast				
17		Period	Variable 1	Variable 2	Forecast Sales	Error ^2
18		37	2.355	40,464	551,256	
19		38	2.330	40,734	562,576	
20		38	2.300	41,006	574,043	
21		40	2.275	41,279	**585,510**	
22						
23		Actuals			RMSE	15,266
24		37			539,678	134,040,176
25		38			549,757	164,344,444
26		38			555,305	351,111,878
27		40			602,324	282,720,077

图 16.47　LINEST 函数

因子可以用来进行预测，C18:C21 提供了未来四个周期的预测因子. 在上述阵列中，通过将实际数据与预测数据进行比较来检验方法的精确性. 回归方程如下：

$$Y = 截距 + (A*x1) + (B*x2)$$

如果不希望获得在数据改变时进行更新的动态输出，生成回归的最简单的方式是使用数据分析工具库中的选项. 输入 Y 轴和标签，以及 X 的范围（变量 1 和变量 2）和标签. 输出结果一般在新的工作表中生成，同时 Excel 将生成 LINEST 函数提供的所有数据以及图形中的数据（见图 16.48）.

	A	B	C	D	E	F	G
4							
5		Regression Statistics					
6		Multiple R	0.928				
7		R Square	0.861				
8		Adjusted R Square	0.853				
9		Standard Error	25,014.682				
10		Observations	36				
11							
12		ANOVA					
13			df	SS	MS	F	Significance F
14		Regression	2	1.28342E+11	64171211283	102.5534469	6.89831E-15
15		Residual	33	20649232539	625734319.4		
16		Total	35	1.48992E+11			
17							
18			Coefficients	Standard Error	t Stat	P-value	Lower 95%
19		Intercept	(1,057,934.443)	182,243.750	(5.805)	0.000	(1,428,712.1)
20		Variable 1	(14,585.703)	11,255.494	(1.296)	0.204	(37,485.178)
21		Variable 2	40.617	4.206	9.656	0.000	32.059

图 16.48　分析工具库的数据回归分析结果

16.8 习题

本章的数据文件（MFMath3e_16_Data）包含了一个指数和一只股票的超额回报．请使用数据完成以下内容．
- 绘制频数表和直方图．
- 使用函数或分析工具库生成全部描述统计量．
- 找出变量间的相关性．
- 计算回归方程．使用数据绘制散点图，指数为 X 轴，股票为 Y 轴．使用数据生成趋势线，并验证股票的 beta 值．

16.9 小结

本章回顾了基本的统计概念，并展示了如何在 Excel 中应用．作为制表方法，Excel 比计算器更适合于建立运算和检验步骤，因为计算器出错的可能性比较大．基本的方法包括：
- 描述统计量，如均值、众数、中位数和极差．
- 方差和标准差．
- 数据分布形状及其偏度和峰度．
- 概率分布，如均匀分布、二项分布和正态分布．
- 抽样、大数和中心极限定理．
- 双边和单边假设检验．
- 针对小样本的 t-分布．
- 相关性、回归、标准误差和确定系数．

附 录 A

A.1 习题答案

第2章

由于2000的支付不能在10%的名义利率下完全冲销100 000的本金,因此使用FV函数计算结余(见图A.1)。要达到5000的终值,支付要增加至每月2060。图A.1中使用比较表作为样板表格,改变输入数据和单元格C15的公式来计算所需的终值。

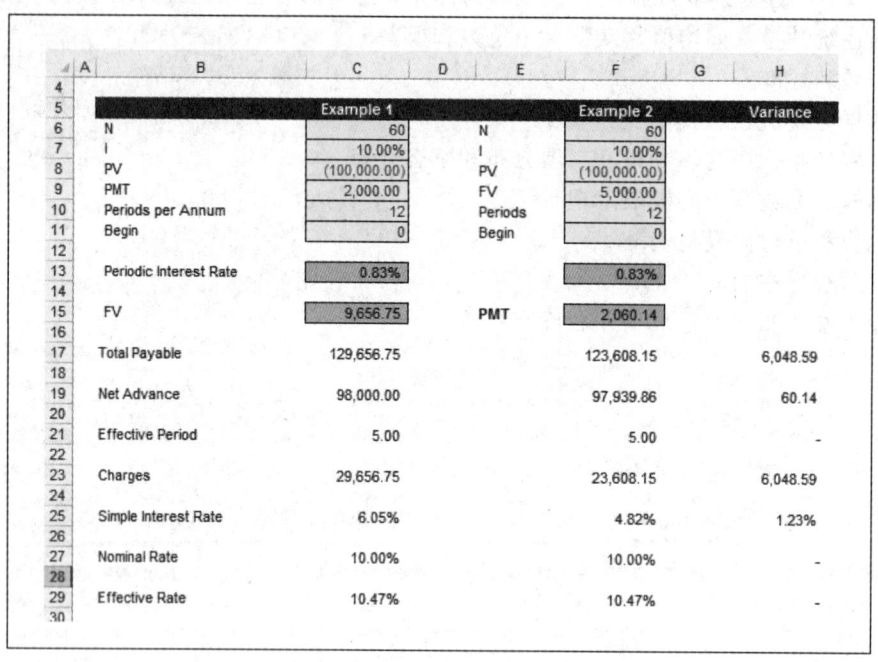

图 A.1 第2章

第3章

图A.2中的表格列出了半年期贷款协议的所有输入。现金流使用IF语句从单个现金流中进行选择。由于IF语句可以容纳很高的复杂度,所以该方法要比重复使用CHOOSE函数简便。

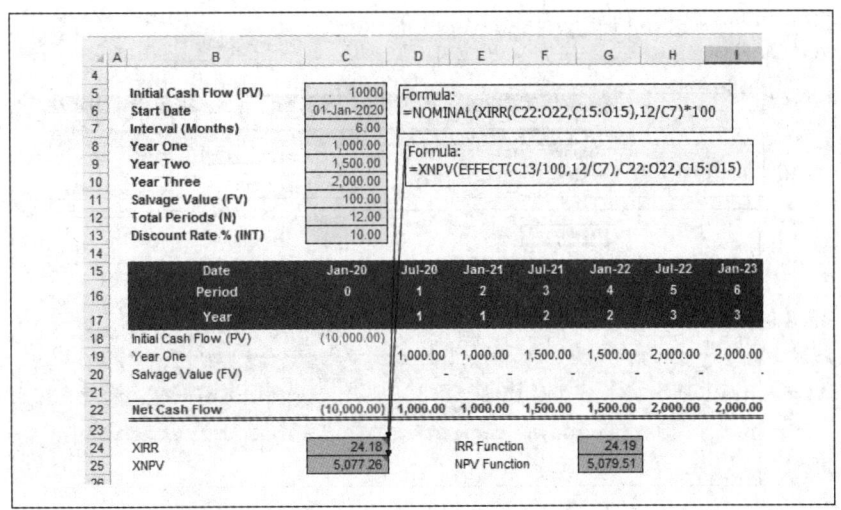

图 A.2 第 3 章

第 4 章

两只债券分别具有以下特征. 计算每只债券的价格, 并使用 Excel 中的数据表检验当收益以 1% 的比率升高或降低时, 相关价格的变动, 以此确认债券对于收益的变化更为敏感 (见图 A.3 和 A.4).

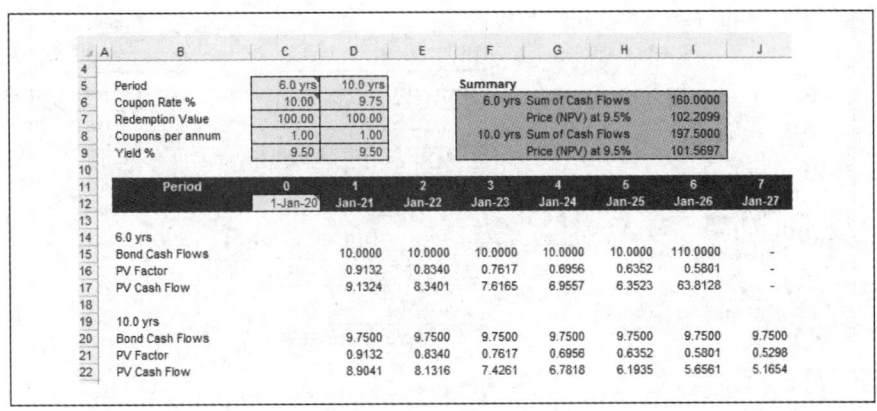

图 A.3 第 4 章

第 5 章

在 3.25 年时间内需要的资金为 100 000. 目前, 利率为 8%, 企业希望将资金投资于债券, 当债券到期时金额将升至 100 000 (见图 A.5 和 A.6). 关于两只债券的计算如下:
- 价格、久期和修正久期, 并估计当利率升高 1% 时价格的变化.
- 当输入利率为 8% 时, 使用 100 000 在 3.25 年中进行投资的现值.
- 计算投资于每只债券的现值比例.
- 用总金额除以价格找出总计需要多少债券.

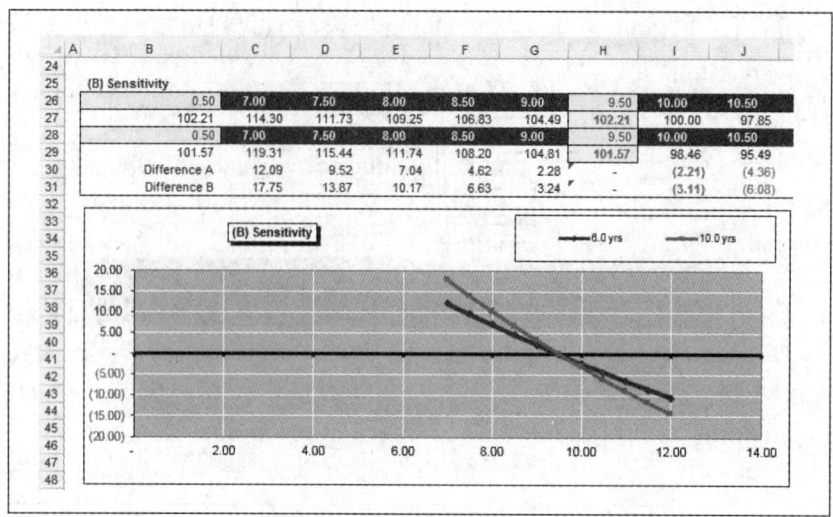

图 A.4 第 4 章

	A	B	C	D	E	F	G	H	I	J
24										
25		(B) Sensitivity								
26			0.50	7.00	7.50	8.00	8.50	9.00	9.50	10.00	10.50
27			102.21	114.30	111.73	109.25	106.83	104.49	102.21	100.00	97.85
28			0.50	7.00	7.50	8.00	8.50	9.00	9.50	10.00	10.50
29			101.57	119.31	115.44	111.74	108.20	104.81	101.57	98.46	95.49
30		Difference A		12.09	9.52	7.04	4.62	2.28	-	(2.21)	(4.36)
31		Difference B		17.75	13.87	10.17	6.63	3.24	-	(3.11)	(6.08)

	A	B	C	D	E	F
4						
5		Bond	A	B		C
6		Settlement Date	31/12/2020	31/12/2020		31/12/2020
7		Maturity Date	30/06/2024	31/05/2025		30/03/2024
8		Coupon	10.00	3.00		0.00
9		Coupons per Annum	1.00	1.00		1.00
10		Yield to Maturity	8.00	8.00		8.00
11		Redemption	100.00	100.00		100,000.00
12		Basis	0	0		0
13						
14		Price	105.8072	81.9615		
15		Period	3.50	4.42		3.25
16		Present Value				77,891.00
17		Duration	3.004 yrs	4.094 yrs		3.250 yrs
18		Modified Duration	2.782 yrs	3.791 yrs		
19						
20		% Change	1.00			
21						
22		(A) Simple Convexity	(2.8897)	(3.2581)		
23			102.9175	78.7034		
24						
25		(B) Price * Modified Duration * Δ Yield	(2.9432)	(3.1072)		
26			102.8640	78.8542		
27						
28		[C] Duration + Convexity Calculation				
29		Price plus 1%	102.7854	78.8644		
30		Price minus 1%	108.9521	85.2146		
31						
32		Lower - Difference to P	(3.0217)	(3.0970)		
33		Upper - Difference to P	3.1449	3.2532		
34						
35		(Upper price - lower price)/(2 * bond price*Δ`	2.9141	3.8739		
36		(UP - LP - 2 * Price) / (2 * Price*Δ Yield)^2	5.8201	9.5238		
37						
38		-D * Δ Yield + C * (Δ Yield) ^2	(2.8559)	(3.7787)		
39			102.7854	78.8644		
40						
41		Percentage A	77.45%			
42		Percentage B	22.55%			
43						
44		Actual Duration	3.25			100.00%

图 A.5 第 5 章

	A	B	C	D	E	F
46						
47		Percentage A	77.45%		77,891.00	60,329.75
48		Percentage B	22.55%			17,561.25
49					Sum	77,891.00
50		No of Bonds A (Amount/Price)	570.19			
51		No of Bonds B (Amount/Price)	214.26			
52						

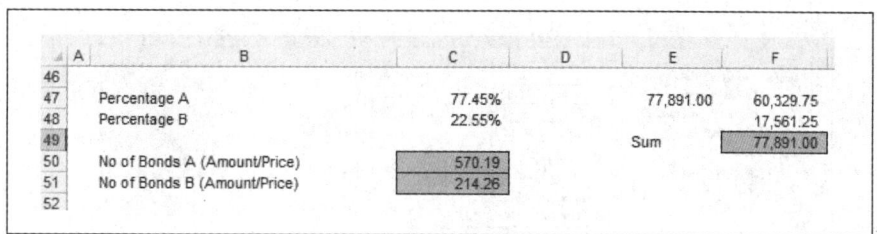

图 A.6 第 5 章

第 6 章

本题将票息剥离模型扩展至可以对 20 个付息期进行计算，并在给定情形下计算收益或损失，如图 A.7 所示．

	A	B	C	D	E	F	G	H	I	J	K
4											
5		Coupon Rate %		10.00				Sum of Cash Flows			73.00
6		Redemption Value		100.00				Price (NPV) at 9.0%			105.37
7		Price		102.00				Yield			9.62%
8		Settlement Date		30-Jun-20							
9		Maturity Date		31-Dec-27							
10		Coupons pa		2.00							
11		Yield %		9.00							
12											
13		Period	0	1	2	3	4	5	6	7	8
14			Jun-20	Dec-20	Jun-21	Dec-21	Jun-22	Dec-22	Jun-23	Dec-23	Jun-24
15											
16		Bond Cash Flows	(102.00)	5.00	5.00	5.00	5.00	5.00	5.00	5.00	5.00
17				-	-	-	-	-	-	-	-
18		Sum	(102.00)	5.00	5.00	5.00	5.00	5.00	5.00	5.00	5.00
19											
20		PV Factor	1.0000	0.9569	0.9157	0.8763	0.8386	0.8025	0.7679	0.7348	0.7032
21		PV Cash Flow	(102.00)	4.78	4.58	4.38	4.19	4.01	3.84	3.67	3.52
22											
23											
24		Individual Yield		8.00	8.00	8.00	8.00	8.00	8.00	8.00	8.00
25											
26		PV Factor	1.0000	0.9615	0.9246	0.8890	0.8548	0.8219	0.7903	0.7599	0.7307
27		PV Cash Flow	(102.00)	4.81	4.62	4.44	4.27	4.11	3.95	3.80	3.65
28		PV Capital		-	-	-	-	-	-	-	-
29		Sum	(102.00)	4.81	4.62	4.44	4.27	4.11	3.95	3.80	3.65
30											
31		Difference	-	0.02	0.04	0.06	0.08	0.10	0.11	0.13	0.14
32											
33		Average Input Yield		8.98							
34		Total		106.70							
35		Profit / (Loss)		1.33							
36											

图 A.7 第 6 章

第 7 章

图 A.8 和 A.9 中的模型需要在 67 个周期内计算终值的现值．同时需要计算 6 次 1000 支付的现值和签订时 1000 的 6 次租金现值，它们与本金之和达到 76 701.44．

其中的因数为 60 次支付在初始周期进行贴现得到的，导出的摊销为 1712.88．

	A	B	C	D	E	F	G
4							
5		No of Rental Payments	60.00		Capital		100,000.00
6		Initial Periods	12.00		FV		(11,469.74)
7		Rentals on Signing	6.00		Initial periods		(11,828.82)
8		Amount	1,000.00		Total Known PV		76,701.44
9		Interest Rate	10.00		Factor		47.07
10		Present Value	100,000.00		PV with Delay		44.78
11		Future Value	20,000.00				
12		Final Rental	Terminal Rental		Calculated Rental		1,712.88
13							
14		Frequency	Monthly		Rate: No Errors		10.00

图 A.8 第 7 章

	A	B	C	D	E	F	G
15							
16		Period	Rental	Int	Capital	Balance	Cash Flow
17							
18		0	6,000.00		6,000.00	(94,000.00)	(94,000.00)
19		1	1,000.00	783.33	216.67	(93,783.33)	1,000.00
20		2	1,000.00	781.53	218.47	(93,564.86)	1,000.00
21		3	1,000.00	779.71	220.29	(93,344.57)	1,000.00
22		4	1,000.00	777.87	222.13	(93,122.44)	1,000.00
23		5	1,000.00	776.02	223.98	(92,898.46)	1,000.00
24		6	1,000.00	774.15	225.85	(92,672.61)	1,000.00
25		7	1,712.88	772.27	940.61	(91,732.01)	1,712.88
26		8	1,712.88	764.43	948.45	(90,783.56)	1,712.88
27		9	1,712.88	756.53	956.35	(89,827.21)	1,712.88
28		10	1,712.88	748.56	964.32	(88,862.89)	1,712.88
29		11	1,712.88	740.52	972.36	(87,890.54)	1,712.88
30		12	1,712.88	732.42	980.46	(86,910.08)	1,712.88
42		24	1,712.88	629.75	1,083.13	(74,487.39)	1,712.88
54		36	1,712.88	516.34	1,196.54	(60,763.90)	1,712.88
66		48	1,712.88	391.04	1,321.84	(45,603.37)	1,712.88
78		60	1,712.88	252.63	1,460.25	(28,855.33)	1,712.88
79		61	1,712.88	240.46	1,472.42	(27,382.91)	1,712.88
80		62	1,712.88	228.19	1,484.69	(25,898.22)	1,712.88
81		63	1,712.88	215.82	1,497.06	(24,401.16)	1,712.88
82		64	1,712.88	203.34	1,509.54	(22,891.63)	1,712.88
83		65	1,712.88	190.76	1,522.12	(21,369.51)	1,712.88
84		66	1,712.88	178.08	1,534.80	(19,834.71)	1,712.88
85		67	20,000.00	165.29	19,834.71	-	20,000.00
86		68	-	-	-	-	-
87		69	-	-	-	-	-
88		70	-	-	-	-	-
89		71	-	-	-	-	-
90		72	-	-	-	-	-
102		84	-	-	-	-	-
114		96	-	-	-	-	-
126		108	-	-	-	-	-
138		120	-	-	-	-	-
139							
140		Sum	134,772.77	34,772.77	100,000.00	-	-

图 A.9 第 7 章

第 8 章

除了零息因子需要从利率中获得外,模型使用第 8 章中的估值方法. 这里进行 $1/(1+$ Int 利率$)^\wedge$周期的简单计算,需要注意的是,这些都是年度现金流. 远期利率基于因子的改变并且在利息计算中使用.

基于远期利率,互换只有轻微的成本而无固定的利息支付(见图 A.10).

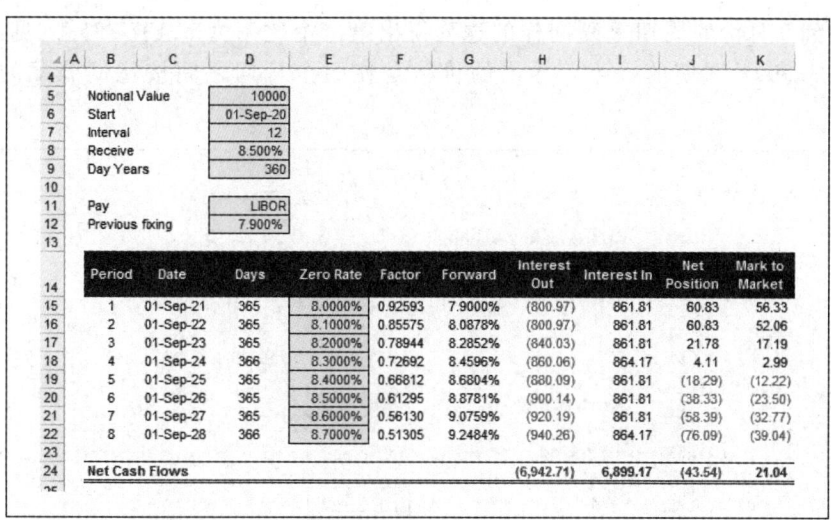

图 A.10 第 8 章

第 9 章

12 月份的合约按照 6% 定价,3 月份的合约按 6.10% 定价(见图 A.11),计算如下:

$$[1+(6.0/4/100)]*[1+(6.1/4/100)] = 1.015*1.01525 = 1.03048$$

将该值减 1 再乘以 2(两个季度周期),得到自 12 月份到 3 月份的六个月期限的结果为 6.09575%。

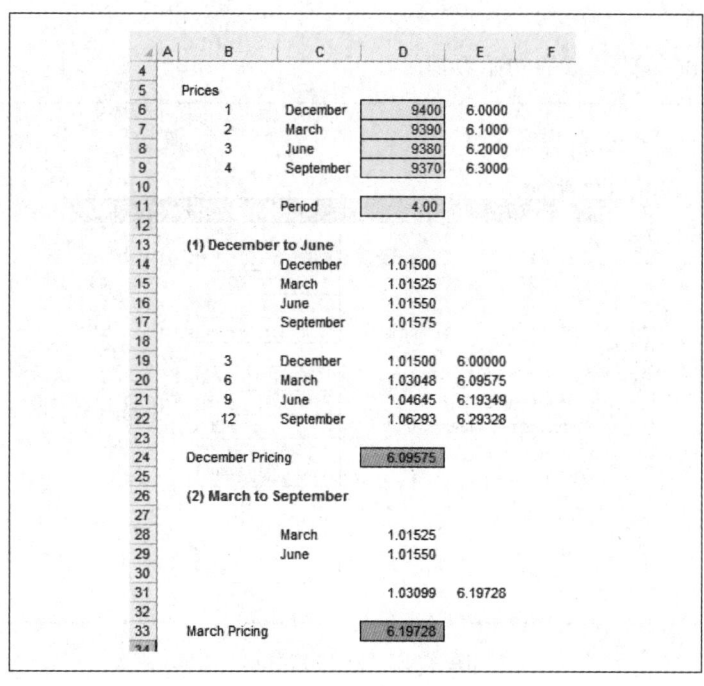

图 A.11 第 9 章

3月份到9月份的周期重复同样的过程得出第二个比率为6.19728%（见图A.12）。由于45天是90天周期的一半，导出的价格是在两个日期之间按比例分配的，其值为6.14651。

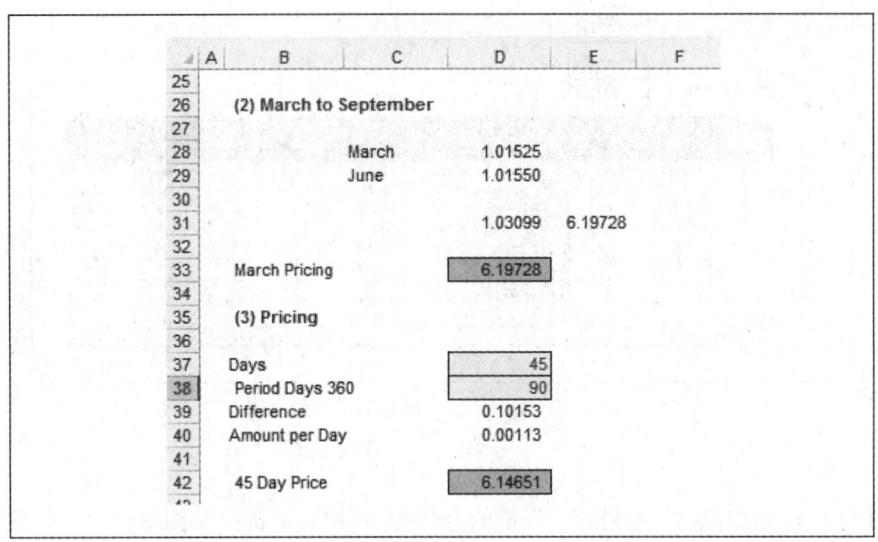

图A.12 第9章

第10章

图A.13给出了第10章的初始数据。

图A.13 第10章数据

3月份的现货价格为9505,利率为4.95%.期货合约的头寸为:

5份合约 * 0.15% * 1 000 000 合约大小/每年支付 = 3750

实际利率低于预期,预期利率为4.95%,被降至4.80%(见图A.14).

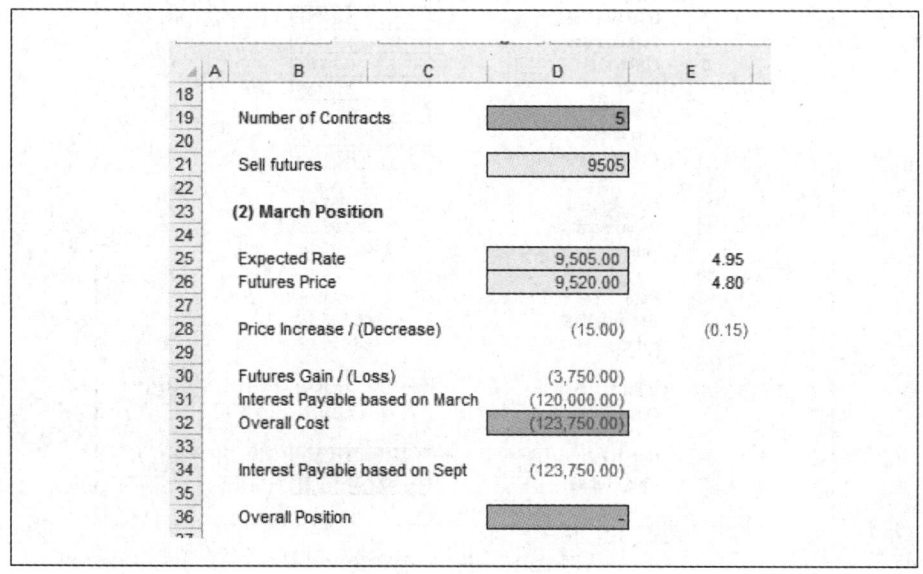

图A.14 第10章答案

在贷款中,以4.95%的利率借款,但是在3月份价格下跌至4.8%.模型分别按两个利率得出六个月利息并发现其差异为3750.如果把未来的损失记入,那么就不存在整体的收益或损失.

第11章

一位财务主管需要选择以美元或欧元借贷.建立一个模型来确定在91天内,是否在某种货币的借贷中有潜在的节约可能.具体数据如下:

即期欧元/美元	1.4000
互换	0.0100
美元利率	3.000%
欧元利率	5.000%
欧元保证金	0.500%
金额	10 000 000.00

同时均衡汇率又是多少?解答使用与第11章中相同的方法来给出借款带来的轻微成本节约(见图A.15).

该利率下使用Data→Data Tools→Goal Seek并未发现差异,得出答案为1.6045.

```
    A           B              C              D
4
5      Spot EUR / USD            1.4000
6      Swap                      0.0100
7      USD Interest              3.000%
8      EUR Interest              5.000%
9      EUR Margin                0.500%
10     Period                    91 days
11     Days                      360 days
12     Amount                    10,000,000.00
13     Actual Days               365 days
14
15     EUR Amount                7,142,857.14
16     Repayment                 99,305.56
17     Total                     7,242,162.70
18
19     Rate                      1.39
20     Sell at 1.3900            10,066,606.15
21     Extra                     66,606.15
22
23     Yield                     2.635%
24     Formula                   2.635%
25
26     USD Rate                  3.000%
27     Gain / (Loss)             0.365%
```

图 A.15 第 11 章答案

第 12 章

生成一个电子表格计算如下策略的支付（见图 A.16）.

(1) 购买买入期权

行权价格：25.0

溢价：0.5

合约数：4

最小数量：200

期权到期股价：30.0

(2) 购买卖出期权

行权价格：30.0

溢价：4.5

合约数：4

最小数量：200.0

(3) 股票

购买价：25

股票数量：500

	A	B	C	D	E	F	G	H	I
4									
5		(1) Call Options							
6		Exercise price	25.00		Profit on Call		3,600.00		
7		Premium	0.50		Profit on Put		(3,600.00)		
8		Number of contracts	4.00		Profit on Stock		2,500.00		
9		Minimum number	200.00		Overall Payoff		2,500.00		
10		Share price at option expiration	30.00						
11									
12		Expiry Payoff	4,000.00					Interval	2
13		Profit/(loss)	3,600.00						
14						Profit on Call	Profit on Put	'rofit on Stoc	Overall Payoff
15		(2) Put Options				3,600.00	(3,600.00)	2,500.00	2,500.00
16		Exercise price	30.00		28.00	2,000.00	(2,000.00)	1,500.00	1,500.00
17		Premium	4.50		28.00	2,000.00	(2,000.00)	1,500.00	1,500.00
18		Number of contracts	4.00		28.00	2,000.00	(2,000.00)	1,500.00	1,500.00
19		Minimum number	200.00		28.00	2,000.00	(2,000.00)	1,500.00	1,500.00
20					28.00	2,000.00	(2,000.00)	1,500.00	1,500.00
21		Expiry Payoff	-		30.00	3,600.00	(3,600.00)	2,500.00	2,500.00
22		Profit/(loss)	(3,600.00)		32.00	5,200.00	(3,600.00)	3,500.00	5,100.00
23					34.00	6,800.00	(3,600.00)	4,500.00	7,700.00
24		(3) Shares			36.00	8,400.00	(3,600.00)	5,500.00	10,300.00
25		Purchase price	25.00		38.00	10,000.00	(3,600.00)	6,500.00	12,900.00
26		Number of shares	500.00		40.00	11,600.00	(3,600.00)	7,500.00	15,500.00
27									
28		Profit/(loss)	2,500.00						

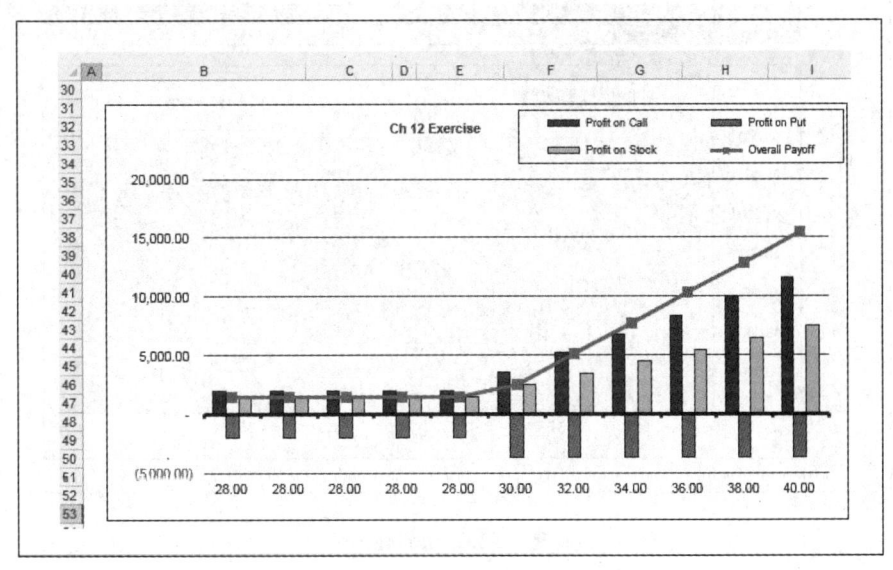

图 A.16 第 12 章期权支付

该流程计算买入、卖出、股票的支付，并在单元格 G9 中加总头寸. 基于单元格 C10 的数据表显示了在到期日随着股价的上涨支付发生的变化，同时给出了每列数据的图形，其中整体支付为一条曲线（见图 A.17).

图 A.17 第 12 章图

第 13 章

卖出期权价值如图 A.18 和图 A.19 所示，使用如下公式：

=(EXP((0－收益)＊剩余年限))＊P＊N(d1)－残值＊(EXP((0－无风险利率)＊剩余年限))
＊N(d2)－(EXP((0－收益)＊剩余年限))＊P＋残值＊(EXP((0－无风险利率)＊剩余年限))

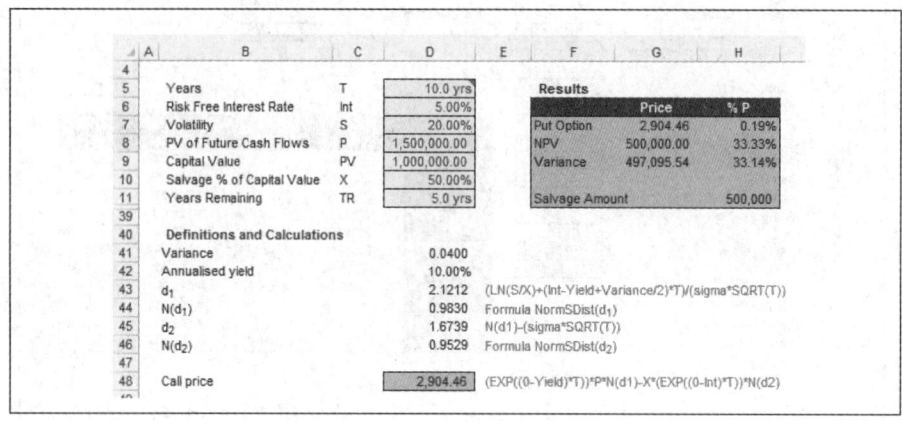

图 A.18 第 13 章答案

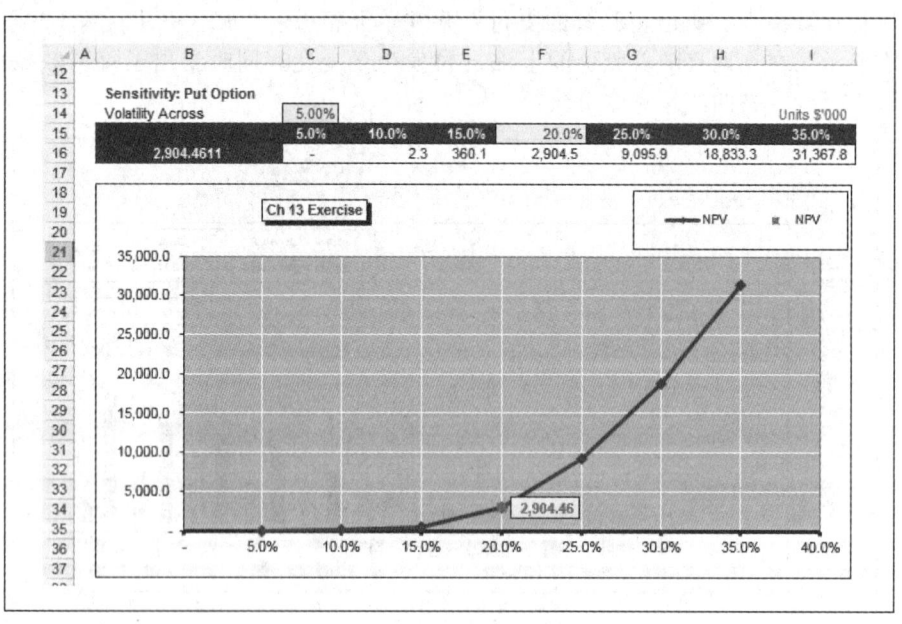

图 A.19 敏感性图

第 14 章

提供的数据为:

WACC:10.00

增长：1.00
债务：250.00
少数股权：100.00

现金流数据见下表．

年	1	2	3	4	5	6	7
现金流	100.00	125.00	150.00	175.00	200.00	225.00	250.00

基于不变模型计算终值并按照10%的比率对现金流进行贴现．从企业价值中减去债务和少数股权以形成权益价值（见图 A.20）．

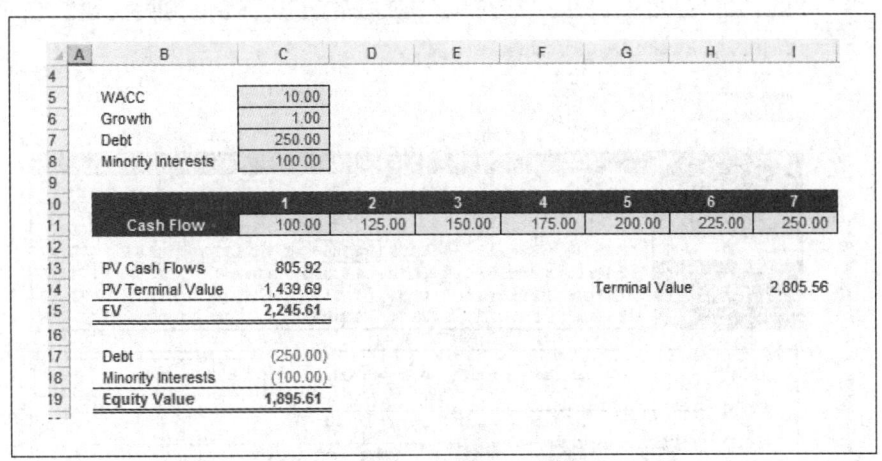

图 A.20　估值计算

敏感性分析最好通过两个数据表建立．解答过程使用了表和变量间的直接引用，所以当输入部分发生改变时，表会自动更新（见图 A.21 和图 A.22）．该表基于单元格 B59 和 B60 中的变量，同时这些变量导出了估值计算．这些单元格简单地参照单元格 C5 和 C6 中的数据．单元格 F26、F34 和 B38 也由单元格 C5 和 C6 导出．关键点在于这些数据表坐标轴上的变量和数据表自身不能关联到相同的单元格．

第 15 章

答案使用杠杆和个体资本成本描述了所有现金流和成本计算（见图 A.23～A.25）．因子是五次应付租金并且分割成税后现值，因此得出租金为 26 963．成本和税率影响导致客户利率升高至 13.10%．

第 16 章

解答表格如下．
- 绘制频数表和直方图（见图 A.26）．

- 使用函数或分析工具库生成全部描述统计量.
- 找出变量间的相关性（见图 A.27）.
- 计算回归方程. 使用数据绘制散点图, 指数为 X 轴, 股票为 Y 轴. 使用数据生成趋势线, 并验证股票的 beta 值（见图 A.28）.

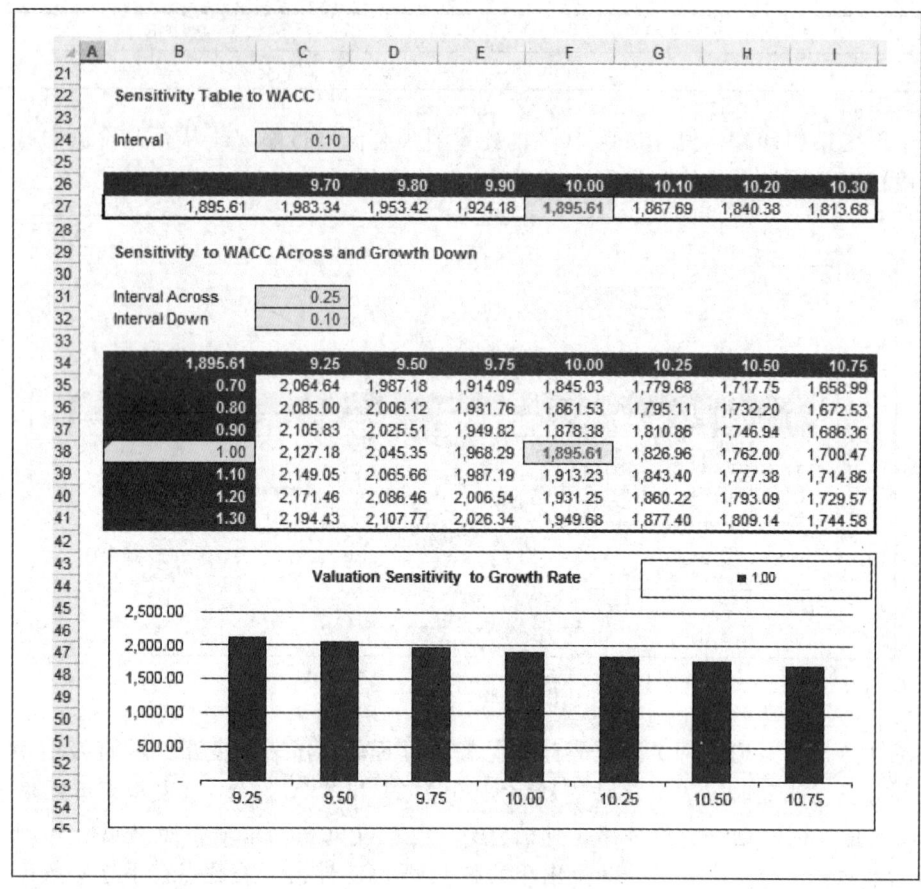

图 A.21　敏感性表

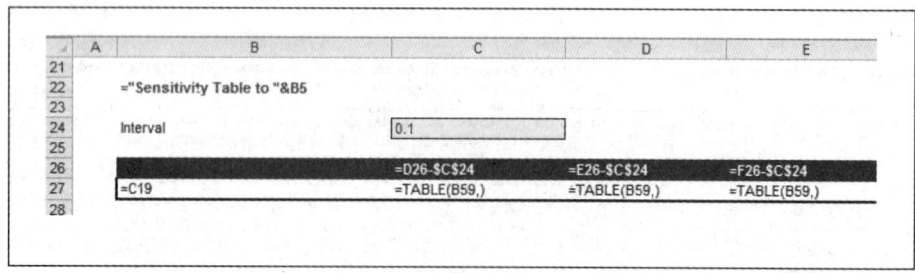

图 A.22　提取关联数据表

	A	B	C	D	E	F	G	H	I
4									
5			0	1	2	3	4	5	
6		Capital Cost	100,000.0						
7		RV	10.00%						
8		Period	5.0						
9		SG&A	-	(50.0)	(50.0)	(50.0)	(50.0)	(50.0)	
10		Bad Debt	-	(10.0)	(10.0)	(10.0)	(10.0)	(10.0)	
11		Other	(1,000.0)						
12									
13		Debt/Equity %	75.0%			WACC		9.750%	
14		Debt	10.0%						
15		Equity	15.0%			Calculated Rental		26,712.9	
16		Tax	20.0%			Client Rate		12.76%	
17									
18			0	1	2	3	4	5	0
19		Capital	(100,000.0)						
20		RV	-	-	-	-	-	10,000.0	-
21		SGA	-	(50.0)	(50.0)	(50.0)	(50.0)	(50.0)	
22		Bad Debt	-	(10.0)	(10.0)	(10.0)	(10.0)	(10.0)	
23		Other	(1,000.0)						
24		Tax Depn	-	20,000.0	16,000.0	12,800.0	10,240.0	8,192.0	32,768.0
25									
26		Total	(101,000.0)	19,940.0	15,940.0	12,740.0	10,180.0	18,132.0	32,768.0

图 A.23 出租方现金流

	A	B	C	D	E	F
27						
28		(1) Present Value of All Known Cash Flows				
29			Pre-tax	Tax	Post-Tax	
30					(100,000.0)	
31		RV	6,280.3	*(1-T)	5,024.2	
32		SGA	(190.8)	*(1-T)	(152.6)	
33		Bad Debt	(38.2)	*(1-T)	(30.5)	
34		Other	(1,000.0)	*(1-T)	(800.0)	
35		Tax Depn	72,143.10	*T	14,428.6	
36						
37		PV Known Cash (A)		Sum	(81,530.3)	
38						
39		(2) PV Factor				
40		N		5.00		
41		I		9.75%		
42		PMT		(1.00)		
43		Begin/End		-		
44						
45		Pre-tax		3.82		
46		*(1-T)				
47		Factor (B)		3.052		
48						
49		(3) Rental Calculation				
50		Rental	A/B	26,712.9		
51		Client Rate		12.76%		

图 A.24 出租方租金计算

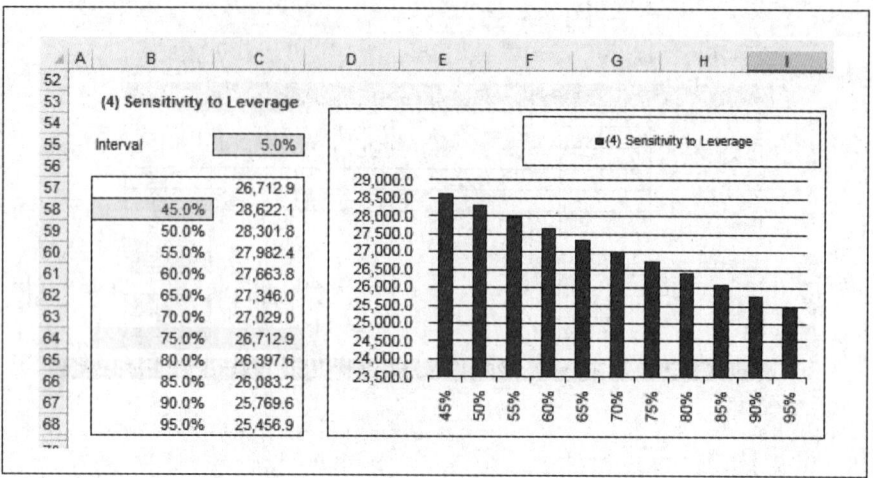

图 A.25 敏感性表

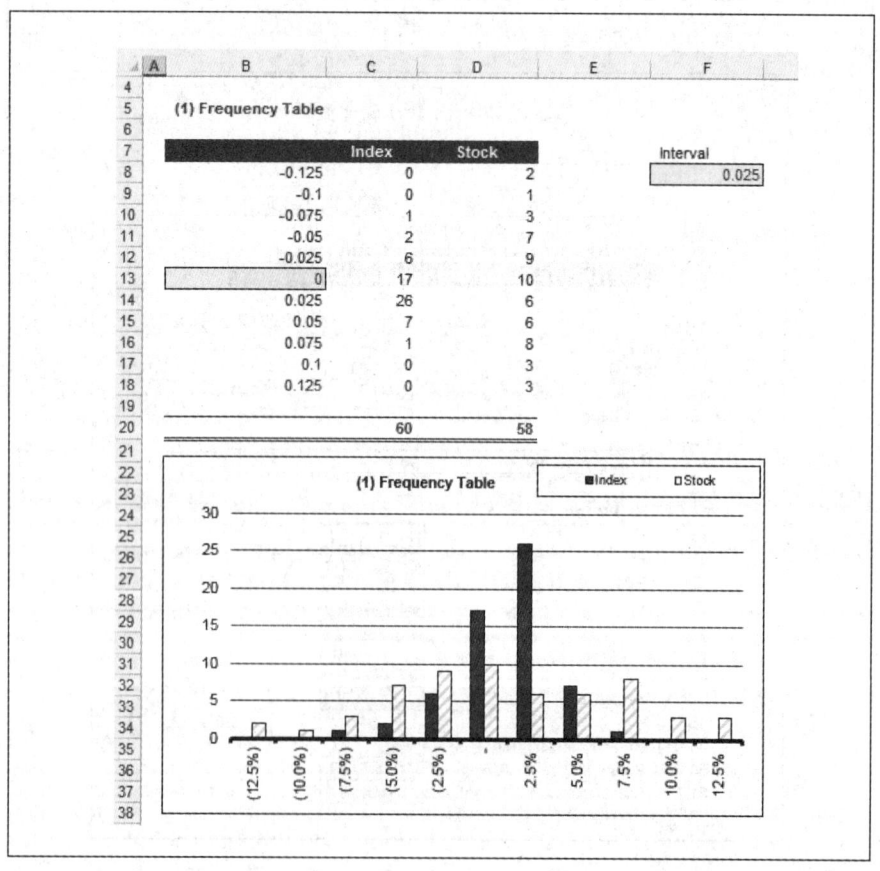

图 A.26 直方图

	A	B	C	D	E
39					
40		(2) Descriptive Statistics			
41					
42		Index		Stock	
43					
44		Mean	0.0001	0.0035	
45		Standard Error	0.0036	0.0089	
46		Median	0.0038	(0.0107)	
47		Mode	#NV	#NV	
48		Standard Deviation	0.0276	0.0687	
49		Sample Variance	0.0008	0.0047	
50		Kurtosis	0.8499	0.0537	
51		Skewness	(0.7078)	0.2950	
52		Range	0.1358	0.3209	
53		Minimum	(0.0836)	(0.1426)	
54		Maximum	0.0521	0.1783	
55		Sum	0.0043	0.2106	
56		Count	60.0000	60.0000	
57		Largest(1)	0.0521	0.1783	
58		Smallest(1)	(0.0836)	(0.1426)	
59		Confidence Level(95.0%)	0.0071	0.0177	
60					
61		(3) Correlation			
62					
63		Correlation	0.28		

图 A.27 相关性和描述统计量

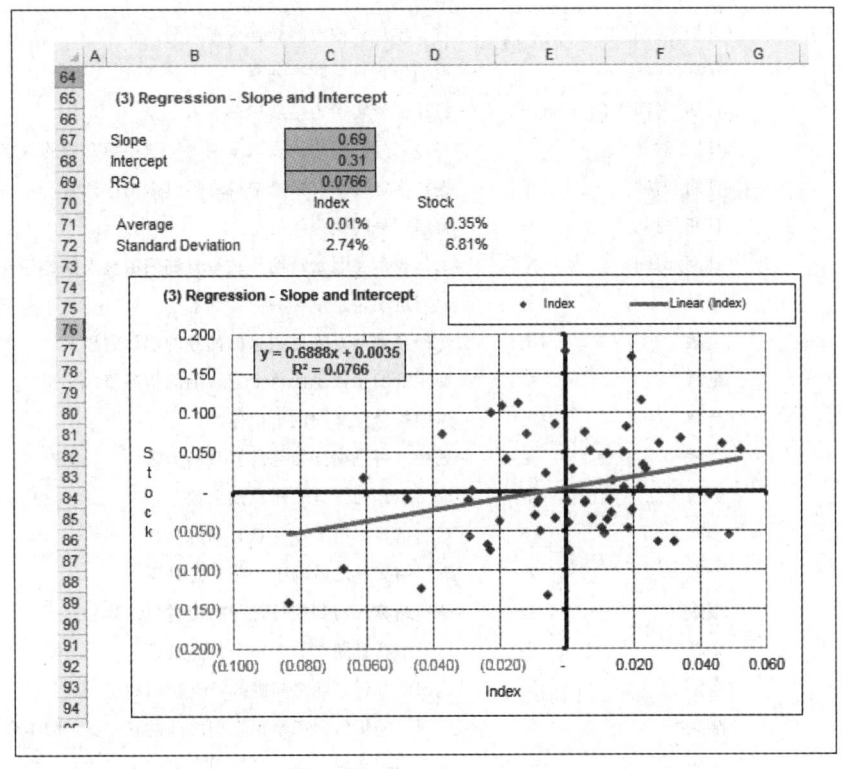

图 A.28 回归方程——beta 为趋势线的斜率

A.2 常用的 Excel 和分析工具库函数分类表

函数	类型	分析工具库	描述
DATE	日期/时间	—	返回指定日期的序列号
DATEDIF	日期/时间	—	计算两个日期之间的差异
DATEVALUE	日期/时间	—	将文本形式的日期转换为序列号
DAY	日期/时间	—	将序列号转换为一个月中的某一天
DAYS360	日期/时间	—	按照每年 360 天规则计算两个日期之间的天数
EDATE	日期/时间	是	返回用于表示起始日期之前或之后月数的日期的序列号
EOMONTH	日期/时间	是	返回指定月数之前或之后月份的最后一天的序列号
HOUR	日期/时间	—	将序列号转换为小时
MINUTE	日期/时间	—	将序列号转换为分钟
MONTH	日期/时间	—	将序列号转换为月份
NETWORKDAYS	日期/时间	是	返回两个日期之间的全部工作日天数
NOW	日期/时间	—	返回当前日期和时间的序列号
SECOND	日期/时间	—	将序列号转换为秒
TIME	日期/时间	—	返回指定时间的序列号
TIMEVALUE	日期/时间	—	将文本形式的时间转换为序列号
TODAY	日期/时间	—	返回今日日期的序列号
WEEKDAY	日期/时间	—	将序列号转换为星期中的一天
WEEKNUM	日期/时间	是	将序列号转换为代表该星期为一年中第几周的数字
WORKDAY	日期/时间	是	返回指定工作日数之前或之后日期的序列号
YEAR	日期/时间	—	将序列号转换为年份
YEARFRAC	日期/时间	是	返回表示在起始日期和结束日期间的整天数的年分数
ACCRINT	金融	是	返回定期付息债券的应计利息
ACCRINTM	金融	是	返回在到期日支付利息的债券的应计利息
AMORDEGRC	金融	是	使用折旧系数返回每个记账期的折旧值
AMORLINC	金融	是	返回每个记账期的折旧值
COUPDAYBS	金融	是	返回从付息期开始至结算日的天数
COUPDAYS	金融	是	返回包含结算日的付息期天数
COUPDAYSNC	金融	是	返回结算日至下一付息日间的天数
COUPNCD	金融	是	返回结算日之后的下一个付息日期
COUPNUM	金融	是	返回结算日与到期日之间的应付票息数
COUPPCD	金融	是	返回结算日期前的上一个付息日期
CUMIPMT	金融	是	返回两个付息期之间的累计支付的利息
CUMPRINC	金融	是	返回一笔贷款的两个付息期之间的累计支付的本金
DB	金融	—	使用固定余额递减法,返回在指定周期的资产折旧值

(续)

函数	类型	分析工具库	描述
DDB	金融	—	使用双倍余额递减法或其他指定方法返回在指定周期的资产折旧值
DISC	金融	是	返回债券的贴现率
DOLLARDE	金融	是	将以分数表示的美元计价转换为以小数表示的美元计价
DOLLARFR	金融	是	将以小数表示的美元计价转换为以分数表示的美元计价
DURATION	金融	是	返回定期付息债券的年度久期
EFFECT	金融	是	返回实际年利率
FV	金融	—	返回投资终值
FVSCHEDULE	金融	是	返回按复利计算的初始本金的终值
INTRATE	金融	是	返回完全投资型债券的利率
IPMT	金融	—	返回在给定周期内的投资利息
IRR	金融	—	返回某个现金流的内含报酬率
ISPMT	金融	—	计算在指定投资周期内支付的利息
MDURATION	金融	是	返回假设票面价值为 100 美元的债券的麦考利修正久期
MIRR	金融	—	返回内部收益率,其中正和负现金流以不同的利率计算
NOMINAL	金融	是	返回年度名义利率
NPER	金融	—	返回投资的周期数
NPV	金融	—	返回基于一系列定期现金流和贴现率计算的投资的净现值
ODDFPRICE	金融	是	返回第一周期为奇数的债券每 100 美元面值的价格
ODDFYIELD	金融	是	返回第一周期为奇数的债券的收益
ODDLPRICE	金融	是	返回最后一期为奇数的债券每 100 美元面值的价格
ODDLYIELD	金融	是	返回最后一期为奇数的债券的收益
PMT	金融	—	返回年金的定期支付额
PPMT	金融	—	返回给定周期投资的主要支付
PRICE	金融	是	返回定期付息债券每 100 美元面值的价格
PRICEDISC	金融	是	返回贴现债券每 100 美元面值的价格
PRICEMAT	金融	是	返回到期付息债券每 100 美元面值的价格
PV	金融	—	返回投资的现值
RATE	金融	—	返回年金的每期利率
RECEIVED	金融	—	返回完全投资证券在到期日收到的款项
SLN	金融	—	返回一个周期内资产的直线折旧
SYD	金融	—	返回一个特定周期内的平均总和折旧
TBILLEQ	金融	是	返回短期国库券的等价债券收益率
TBILLPRICE	金融	是	返回短期国库券每 100 美元面值的价格
TBILLYIELD	金融	是	返回短期国库券的收益率
VDB	金融	—	使用余额递减方法返回特定或部分时期的资产折旧
XIRR	金融	是	返回现金流的内部收益率,不要求周期性
XNPV	金融	是	返回现金流的净现值,不要求周期性

(续)

函数	类型	分析工具库	描述
YIELD	金融	是	返回定期支付利息的债券的收益
YIELDDISC	金融	是	返回贴现债券的年收益，如短期国库券
YIELDMAT	金融	是	返回到期支付利息的债券的年收益
ABS	数学	—	返回数字的绝对值
ACOS	数学	—	返回数字的反余弦值
ACOSH	数学	—	返回数字的反双曲余弦值
ASIN	数学	—	返回数字的反正弦值
ASINH	数学	—	返回数字的反双曲正弦值
ATAN	数学	—	返回数字的反正切值
ATAN2	数学	—	返回指定的 x 和 y 轴坐标值的反正切值
ATANH	数学	—	返回数字的反双曲正切值
CEILING	数学	—	将一个数舍入为最接近的整数或最接近的显著性倍数
COMBIN	数学	—	返回给定项目数的组合数
COS	数学	—	返回数字的余弦
COSH	数学	—	返回数字的双曲余弦
COUNTIF	数学	—	统计一定范围内满足给定条件的非空单元格个数
DEGREES	数学	—	将弧度转换为度
EVEN	数学	—	将数字向上舍入到最接近的偶数
EXP	数学	—	返回 e 的给定次幂
FACT	数学	—	返回数字的阶乘
FACTDOUBLE	数学	是	返回数字的双倍阶乘
FLOOR	数学	—	向绝对值减小的方向舍入数字
GCD	数学	是	返回最大公约数
INT	数学	—	将数字向下舍入到最近的整数
LCM	数学	是	返回最小公倍数
LN	数学	—	返回自然对数
LOG	数学	—	返回给定底数的对数
LOG10	数学	—	返回以 10 为底的对数
MDETERM	数学	—	返回矩阵的行列式
MINVERSE	数学	—	返回逆矩阵
MMULT	数学	—	返回两个矩阵的乘积
MOD	数学	—	返回除法的余数
MROUND	数学	是	返回一个数四舍五入的值
MULTINOMIAL	数学	是	返回数集的多项式
ODD	数学	—	将数字向上舍入为最近的奇数
PI	数学	—	返回 π 值
POWER	数学	—	返回幂值

(续)

函数	类型	分析工具库	描述
PRODUCT	数学	—	乘以参数
QUOTIENT	数学	是	返回除法的整数部分
RADIANS	数学	—	将度转换为弧度
RAND	数学	—	返回 0 到 1 之间的随机数
RANDBETWEEN	数学	是	返回指定数值之间的随机数
ROMAN	数学	—	将阿拉伯数字转换为罗马数字
ROUND	数学	—	将数字按指定位数舍入
ROUNDDOWN	数学	—	向绝对值减小的方向舍入数字
ROUNDUP	数学	—	向绝对值增大的方向舍入数字
SERIESSUM	数学	—	返回给定公式下的幂值和
SIGN	数学	—	返回一个数的符号
SIN	数学	—	返回给定角的正弦
SINH	数学	—	返回给定数的双曲正弦
SQRT	数学	—	返回一个正的平方根
SQRTPI	数学	是	返回（数 * π）的平方根
SUBTOTAL	数学	—	返回列表或数据库的分类汇总
SUM	数学	—	求参数和
SUMIF	数学	—	按给定条件对单元格求和
SUMPRODUCT	数学	—	返回矩阵元素的乘积和
SUMSQ	数学	—	返回参数的平方和
SUMX2MY2	数学	—	返回两个矩阵对应值的平方差之和
SUMX2PY2	数学	—	返回两个矩阵对应值的平方和之和
SUMXMY2	数学	—	返回两个矩阵对应元素差的平方和
TAN	数学	—	返回一个数的正切
TANH	数学	—	返回一个数的双曲正切
TRUNC	数学	—	将一个数截为整数
AVEDEV	统计	—	返回数据点与均值的绝对偏差的平均值
AVERAGE	统计	—	返回参数的均值
AVERAGEA	统计	—	返回参数的均值，参数可以是数字、文本和逻辑值
BETADIST	统计	—	返回累积 beta 概率密度函数
BETAINV	统计	—	返回累积 beta 概率密度函数的反函数值
BINOMDIST	统计	—	返回单项二项式分布概率
CHIDIST	统计	—	返回分布的单尾概率
CHIINV	统计	—	返回分布的单尾概率的反函数
CHITEST	统计	—	返回独立性检验值
CONFIDENCE	统计	—	返回总体均值的置信区间
CORREL	统计	—	返回两个数据集的相关系数

(续)

函数	类型	分析工具库	描述
COUNT	统计	—	统计参数列表中值的个数
COUNTA	统计	—	计算参数列表中的值的个数
COVAR	统计	—	返回协方差，配对偏差乘积的平均值
CRITBINOM	统计	—	返回使累积二项式分布小于或等于临界值的最小值
DEVSQ	统计	—	返回离差平方的总和
EXPONDIST	统计	—	返回指数分布
FDIST	统计	—	返回 F 概率分布
FINV	统计	—	返回 F 概率分布的反函数值
FISHER	统计	—	返回 Fisher 变换值
FISHERINV	统计	—	返回 Fisher 变换的反函数值
FORECAST	统计	—	返回沿线性趋势的值
FREQUENCY	统计	—	以垂直数组的形式返回频率分布
FTEST	统计	—	返回 F 检验的结果
GAMMADIST	统计	—	返回伽马分布
GAMMAINV	统计	—	返回累积伽马分布函数的反函数
GAMMALN	统计	—	返回伽马函数的自然对数
GEOMEAN	统计	—	返回几何平均数
GROWTH	统计	—	返回沿指数趋势值
HARMEAN	统计	—	返回调和平均数
HYPGEOMDIST	统计	—	返回超几何分布
INTERCEPT	统计	—	返回线性回归线的截距
KURT	统计	—	返回数据集的峰度
LARGE	统计	—	返回数据集中第 k 个最大值
LINEST	统计	—	返回线性趋势的参数
LOGEST	统计	—	返回指数趋势的参数
LOGINV	统计	—	返回对数分布函数的反函数
LOGNORMDIST	统计	—	返回对数累积分布函数
MAX	统计	—	返回参数列表中的最大值
MAXA	统计	—	返回参数列表中的最大值，包括数字、文本和逻辑值
MEDIAN	统计	—	返回给定数据的中值
MIN	统计	—	返回参数列表中的最小值
MINA	统计	—	返回参数列表中的最小值，包括数字、文本和逻辑值
MODE	统计	—	返回数据集中出现最多的值
NEGBINOMDIST	统计	—	返回负二项式分布
NORMDIST	统计	—	返回正态累积分布
NORMINV	统计	—	返回正态累积分布的反函数
NORMSDIST	统计	—	返回标准正态累积分布

(续)

函数	类型	分析工具库	描述
NORMSINV	统计	—	返回标准正态累积分布的反函数
PEARSON	统计	—	返回 Pearson 乘积矩相关系数
PERCENTILE	统计	—	返回区域中第 k 个百分值
PERCENTRANK	统计	—	返回数据集中值的百分比排位
PERMUT	统计	—	返回给定对象的排列数
POISSON	统计	—	返回泊松分布
PROB	统计	—	返回一定范围内两个限定值之间值的概率
QUARTILE	统计	—	返回数据集的四分位数
RANK	统计	—	返回一个数在数字列表中排名
RSQ	统计	—	返回 Pearson 乘积矩相关系数的平方
SKEW	统计	—	返回分布的偏斜度
SLOPE	统计	—	返回线性回归直线的斜率
SMALL	统计	—	返回数据集中第 k 个最小值
STANDARDIZE	统计	—	返回正态化数值
STDEV	统计	—	基于样本估算的标准偏差
STDEVA	统计	—	基于样本（包括数字、文本和逻辑值）估算的标准偏差
STDEVP	统计	—	计算整个样本总体的标准偏差
STDEVPA	统计	—	计算基于总体（包括数字、文本和逻辑值）的标准偏差
STEYX	统计	—	返回线性回归中对每个 x 的预测 y 值的标准误差
TDIST	统计	—	返回学生的 t-分布
TINV	统计	—	返回学生的 t-分布的反函数
TREND	统计	—	返回沿线性趋势的值
TRIMMEAN	统计	—	返回数据集的内部平均值
TTEST	统计	—	返回与学生的 t-检验相关的概率
VAR	统计	—	估算样本方差
VARA	统计	—	估算样本方差，包括数字、文本和逻辑值
VARP	统计	—	计算整个样本总体的方差
VARPA	统计	—	计算整个样本总体的方差，包括数字、文本和逻辑值
WEIBULL	统计	—	返回韦伯分布
ZTEST	统计	—	返回 Z-检验的双尾 P-值

A.3 软件安装及许可

本书附带的 Excel 文件和模板可访问华章网站（www.hzbook.com）下载．文件名与各章的序号对应，请参考后面的文件列表．文件的标识以 MFMaths3e 开头，后面缀以各章序号．

遵照以下的步骤安装文件，并使用 SETUP 命令创建程序组．

系统要求

这一部分描述了使用应用程序的系统要求：
- IBM 兼容个人电脑
- 20Mb 以上剩余磁盘空间
- 微软鼠标或其他兼容设备
- 微软 Windows 7 以上和 Excel 2003 或更高版本。书中文件使用 Excel 2003 开发并使用 Excel 2007＋进行了测试，以实现最广泛的兼容性。

安装

- 从 www.financial-models.com 的数字下载部分下载文件。
- 将文件压缩到一个临时目录。
- 选择并双击 SetUp。
- 应用程序现在将自行安装。按照屏幕上的说明选择存储路径。
- 如果出现提示，则重新启动 Windows。

重要 当安装完成后，打开 Excel 并选择 File → Excel Options → Add-Ins（见图 A.29）。请确认 Analysis Toolpak（分析工具库）和 Solver（规划求解）被选中。当勾选时，可能会提示你插入原始 Office 安装盘。

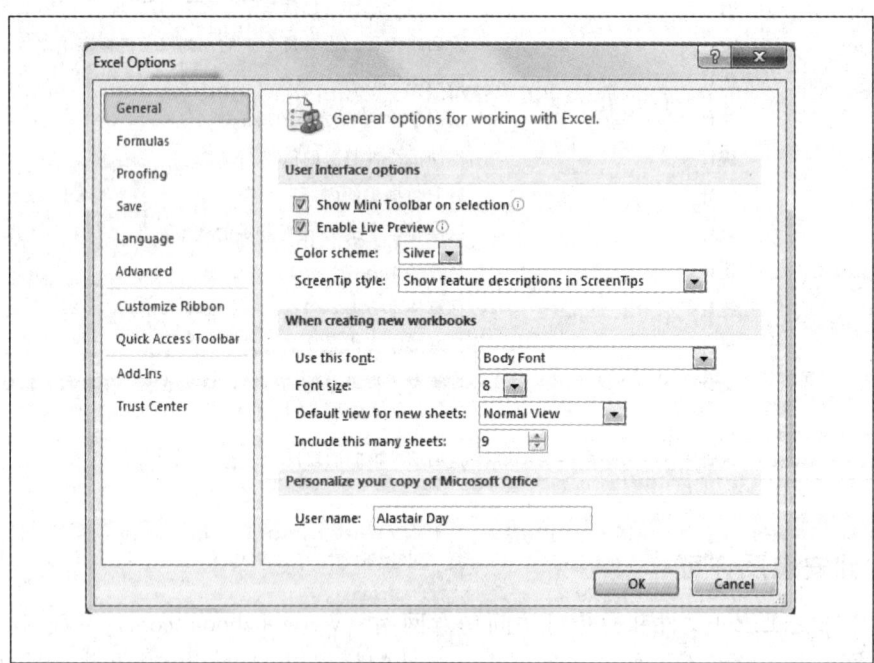

图 A.29　Excel 选项

这是因为文件使用到一些高级功能，如 EDATE、XNPV 或规划求解程序．"分析工具库"在典型安装中一般不予安装．在这种情况下，使用 Office 光盘安装丢失的选项．

分析工具库包含了额外的统计和金融函数（见图 A.30），这些是应用程序中需要的．单击选中它，然后单击"OK"按钮．如果没有选中，可能会遇到打开某些文件的错误．

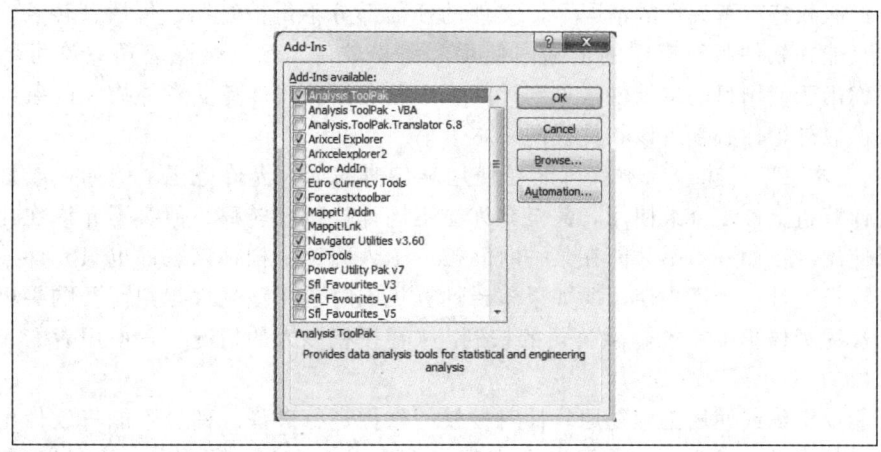

图 A.30　分析工具库

访问应用程序文件

- 安装完成后，你会发现一个程序组已经创立了．应用程序也同时出现在"开始"菜单的"程序"中．
- 安装完成后，程序组应包括文件列表中的所有文件．
- 访问其中任一文件时，只需双击程序图标．
- 也可以打开安装向导中的"ReadMe"文件和文件列表．
- 单击"OK"按钮，继续打开选定的文件．
- 有一个 Excel 模型形式的主文件列表，其中有一个列表在本书中．

授权许可

本声明旨在在你（即被授权方）和系统金融有限责任公司（以下简称"系统金融公司"）双方之间达成"无异议"协议．本书所附软件和相关的文档（合称"软件"）是受版权法保护的，同时也受英国法律保护．假如你使用该软件，即视为接受了该软件的所有相关条款．

本书（Mastering Financial Mathematics in Microsoft© Excel）中的所有相关文件版权归系统金融公司所有．

该软件未经审核，不代表、保证或承担任何（明示或暗示的）责任．系统金融公司及其董事、管理者、员工、代理人或咨询人都不对软件的充足性、安全性、完整性或合理性负责，即系统金融公司是免责的．

特别需要声明的是，因为计算的准确性或者计算所基于的假设而产生的问题，系统金融公司不承担任何责任．另外，使用者在使用软件的过程中要承担非软件错误所导致的风险及损失．而且由于计算机病毒或者其他的一些原因导致的错误，系统金融公司也不承担任何责任．

在未经版权持有者许可的情况下，文件的任何部分不得被复制、传播、转录、存储或翻译．你只能在软件版权声明的范围内使用和备份软件．系统金融公司只许可单一的拷贝．除了你出于使用目的将软件拷贝到计算机中及在保护软件免受意外损失的条件下对软件进行备份以外，你必须将该软件视同一本书．

"视同一本书"意味着你被许可的在使用软件时的最大允许范围．例如，该软件可以在同一台计算机上被多个人使用，甚至允许在不同计算机间转移，但决不允许在几台计算机上同时使用．正如一本书只能在某一时间被一个人阅读一样，该软件也只允许某一时间在一台计算机上被一个用户使用．如果多台计算机同时使用该软件，则需要购买更多的权限，否则被视为侵犯了系统金融公司的权利．（在授权多人的情况下，使用者的人次不能超过授权数．）

你不能反汇编或使用工程复原软件对授权的软件进行破译．你也不能将软件出租给其他人或者声称自己有所有权．你可以允许其他人使用该软件，但是你必须交出原始光盘、文件，并将软件从你的计算机上删除，从而满足单一授权协议．其他的做法都将侵犯到系统金融公司的权利．

系统金融公司不保证软件功能能满足你的所有要求以及软件操作不出现错误．而且也不保证第三方软件植入引起的改变，不保证数据不会损失或受到损害，或者因此而造成的利润损失．

系统金融公司不保证在操作系统变更或者硬件环境变化后，软件能正常运行．

所有版权归 Systematic Finance 有限公司所有．

文件列表

章	主题	项目
1	引言和概述	MFMaths3e_01
2	基本金融运算	MFMaths3e_02
3	现金流	MFMaths3e_03
4	固定收益产品	MFMaths3e_04
5	债券风险	MFMaths3e_05
6	浮动利率证券	MFMaths3e_06
7	年金	MFMaths3e_07
8	互换	MFMaths3e_08
9	远期利率	MFMaths3e_09
10	期货	MFMaths3e_10

(续)

章	主题	项目
11	外汇	MFMaths3e_11
12	期权	MFMaths3e_12
13	实物期权	MFMaths3e_13
14	股票估值	MFMaths3e_14
15	租赁	MFMaths3e_15
16	基础统计学	MFMaths3e_16a
		MFMaths3e_16b
		MFMaths3e_16_data
	附录	MFMaths3e_Exercises
		MFMaths3e_Functions

上述文件包括了每章的 Excel 模板.

重要 确保按照安装说明进行安装. 确保 Analysis Toolpak（分析工具库）和 Solver（规划求解）已被加载到 Excel 中.

系统金融公司是一家独立公司，专门从事：

- 金融建模和咨询——审查、设计、构建、培训和审计.
- 金融培训——金融建模技术、信用分析、租赁、企业融资.
- 作为企业出租方租赁或者安排租赁.

如需更多信息和支持，请访问 www.financial-models.com.

附录 B

Microsoft Office 的介绍

本附录提供了一个 Microsoft® Office 的简介，以显示菜单和命令的不同之处。本附录提供了概述和一些屏幕顶部菜单功能区的屏幕截图。文件（MFMaths3e_Menus）上还有一个函数参考。

Microsoft® Office 用户界面概述

整个 Office 界面最初在 Excel 2007 中进行了重新设计，并在以后的版本中进行了修改，以包含更多功能和新文件格式。Microsoft 解释说，大多数 Office 用户访问了以前版本的应用程序中许多工具栏和菜单上大约 10% 的功能，因为大多数程序的功能都隐藏在菜单和子菜单层中。作为回应，Microsoft 已将这些功能放在单个可更换的功能区上，以使其更加可见，因此更有可能被使用。结果是一个用户界面，使人们可以更轻松地从 Office 应用程序中获得更多，从而更快地提供更好的结果。Microsoft© Word，Excel，PowerPoint 和 Access 具有类似的工作空间，可在 Office 系列中提供相同的样式。

关键特性

在 Office 2007 应用程序之前，人们使用菜单、工具栏、任务窗格和对话框系统来完成他们的工作。当应用程序具有有限数量的命令时，该系统运行良好。既然程序做得非常多，菜单和工具栏系统也不能正常工作。据说太多的程序功能难以让很多用户找到。因此，用户界面的首要目标是让人们更容易找到并使用这些应用程序提供的全部功能。结果是在 Word，PowerPoint，Access 和 Excel 中更好地执行应用程序。

功能区

以前的菜单和工具栏已被功能区取代，功能区将命令组织为一组选项卡（见图 B.1）。功能区上的选项卡显示与 Office Word，Office PowerPoint，Office Excel 和 Office Access 中的每个任务区域最相关的命令。

上下文选项卡

某些命令集仅在编辑特定类型的对象时才相关。例如，在图表出现在电子表格中并且用户专注于修改图表之前，用于编辑图表的命令是不相关的。在早期版本的 Office 中，可能很难找到这些命令。在 Excel 中，单击图表会导致出现上下文选项卡，其中包含用于图表编辑的命令。上下文选项卡仅在需要时显示，并且使查找和使用手头操作所需的命令变得更加容易。

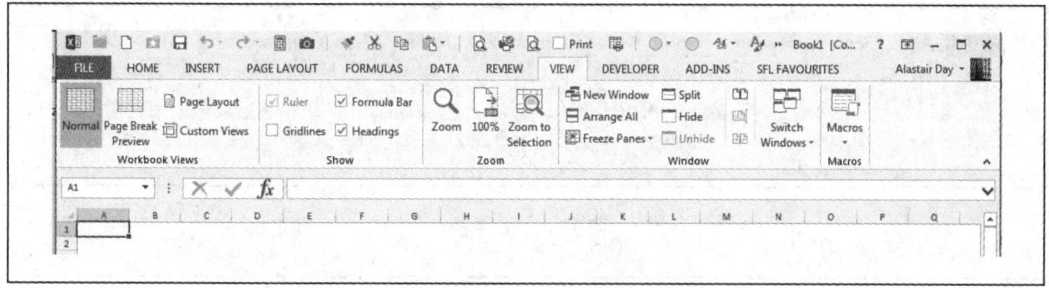

图 B.1 文件屏幕

图库

在处理文档、电子表格、演示文稿或访问数据库时，图库为用户提供了一组清晰的结果供他们选择。通过呈现一组简单的潜在结果，而不是具有多种选项的复杂对话框，图库简化了产生清晰输出的过程。对于那些希望对操作结果有更大程度控制的人来说，仍然可以使用传统的对话框。

实时预览

实时预览显示应用编辑或格式更改的结果，因为用户将指针移动到图库中显示的结果上。这种新功能简化了布局、编辑和格式化的过程。因此，用户可以用更少的时间和精力创建出色的结果。

迁移

Office 现在使用的文件格式与 Office 2003 不同，主要原因是 Word、Excel 和 PowerPoint 中的默认文件格式切换到 XML 文件格式。Office 应用程序可以打开并处理以前版本（回到 office 97）中创建的文件，你可以创建所有现有 Office 格式的文件。但是，要充分利用较小的文件大小和最新的 Office 的其他好处，你必须使用新的 XML 格式：在 Word 中使用．docx/docm；在 Excel 中使用．xlsx/xlsm；在 PowerPoint 中使用．pptx/pptm。

1. 主菜单

图 B.2 显示了主屏幕，图 B.3 显示了以 Home 开头的菜单命令的不同之处。要打开、修改或打印文档，请单击左上角的 Office 图标。Home 提供当前在 Formatting 工具栏上和 Edit 下的所有单元格格式。右侧的元素，例如条件格式，表格和样式，目前可在 Format 下找到。

2. 插入

此屏幕结合了更多工具栏和选项。这些命令都在电子表格中插入对象，因此 Office 功能还将它们组合在一起. 如果在功能区项目上看到一个三角形, 则会打开其他菜单并显示选项. 单击这些按钮时, 它们会打开以显示更多选项. 例如, Recommended Charts 会打开更多选项, 或者可以单击不同类型的图表, 如图 B.4 所示.

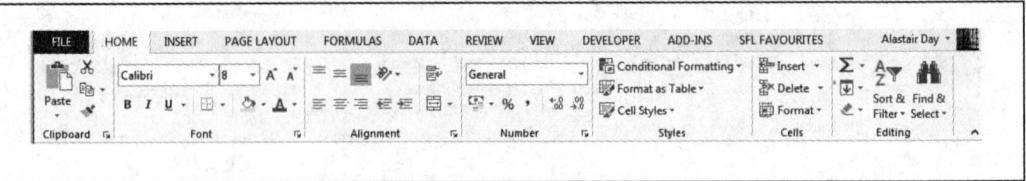

图 B.2 主屏幕

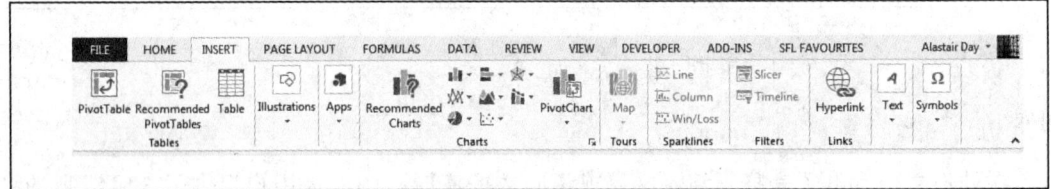

图 B.3 插入

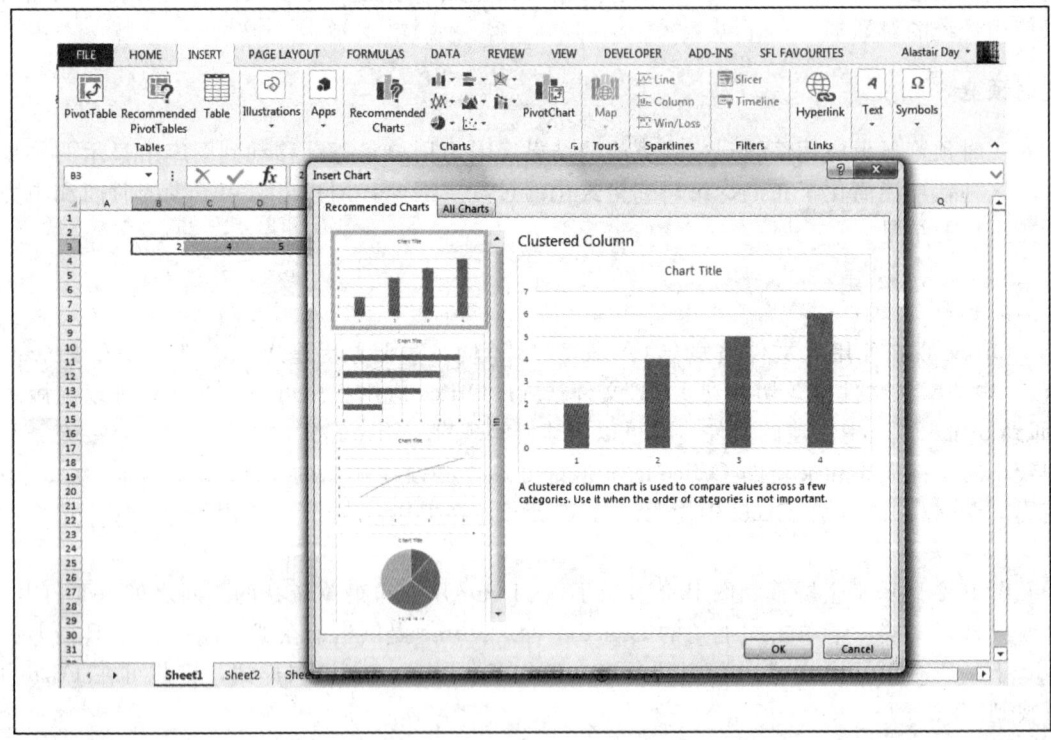

图 B.4 子菜单

3. 页面布局

菜单将所有布局命令组合在一起．这些与每个纸张的布局（边距、方向、大小等）和打印设置有关，如图 B.5 所示．

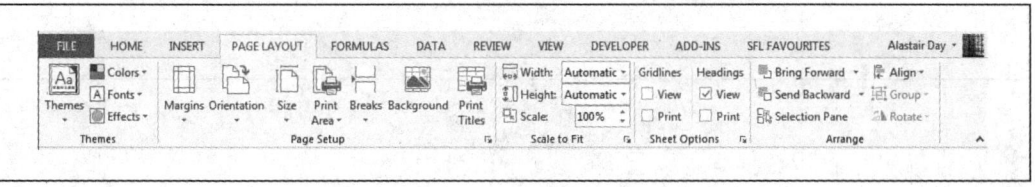

图 B.5　页面布局

4. 公式

当需要查找 300 多个不同函数中的一个时，在 Excel 中插入公式可能很复杂．如图 B.6 所示，此菜单有助于按名称和公式审核分类排列的函数．名称允许你为单个单元格和范围命名，以使代码更容易理解．"评估公式"和"监视窗口"等命令允许你跟踪命令并了解计算和结果的过程．计算选项允许你在手动和自动计算状态之间切换．

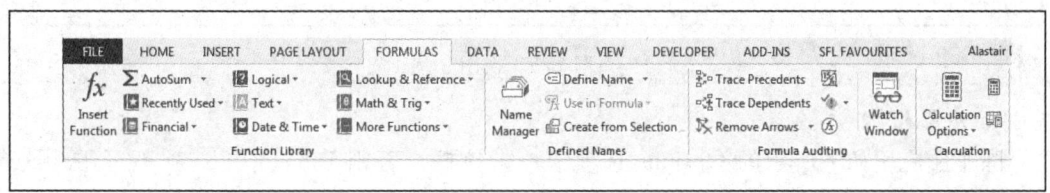

图 B.6　公式

5. 数据

如图 B.7 所示，数据菜单包含"连接"和"数据有效性"等命令．排序和过滤也在数据菜单上．此处还显示了"数据表"、"场景"和"目标搜索"等"假设分析"．这些是 Excel 中风险和方差分析的关键命令．用于链接命令数据和工作簿的命令也在这里，因为 Excel 可以很好地与 Access 数据库和其他外部资源一起使用．

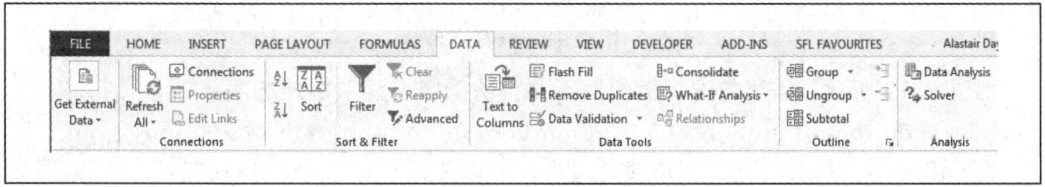

图 B.7　数据

6. 审阅

如图 B.8 所示，审阅包括拼写、保护和注释等选项．其思想是在编写初始工作簿并需要检查时使用这组命令．良好做法包括注解和注释单元格，以及保护公式单元格免受未经授权的更改．

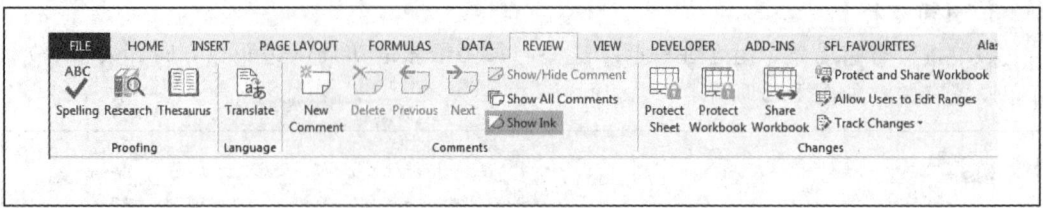

图 B.8 审阅

7. 视图

有许多可以改变 Excel 的外观的工具，例如网格线，公式栏，冻结和拆分窗格等，可以在视图中找到．这些是在屏幕上控制 Excel 外观的所有命令，如图 B.9 所示．

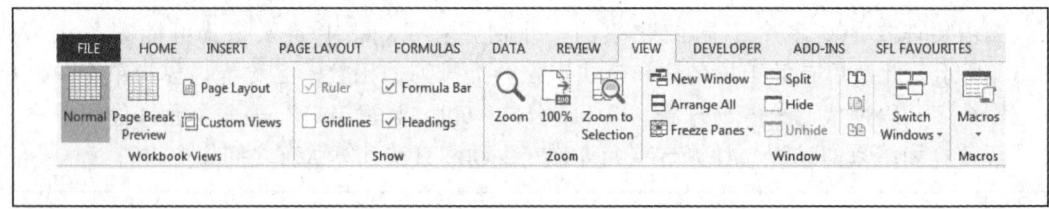

图 B.9 视图

8. 开发人员

除非你使用如下所示的 Options 选项卡单击该框，否则 Developer 选项不可用．这允许你在 Visual Basic 中记录宏并使你有可能使用扩展．还可以访问表单和控件以方便数据输入，例如滚动条和组合框．如图 B.10 和图 B.11 所示．

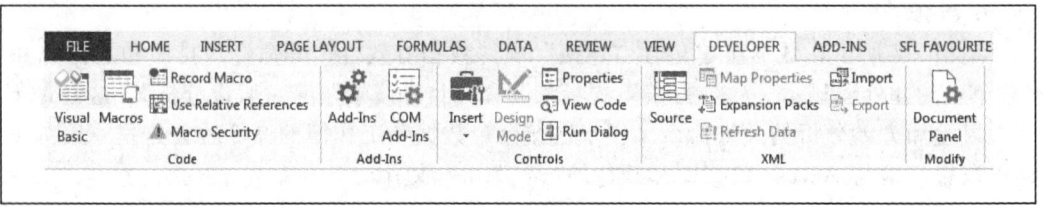

图 B.10 开发人员

如图 B.12 所示，需要勾选下面的框，并在功能区上显示额外选项．

9. 加载项

在 Office 中，加载项是一个单独的选项，可以使用以下选项选择加载项．可以手动加载加载项，也可以使用"选项"让 Excel 打开加载项，如图 B.13 所示．

10. 一般选项

General 中有许多选项，此部分等同于设置，例如，Excel 工作簿中的默认页数．默认情况下，可以个性化颜色、字体和作者姓名，如图 B.14 所示．

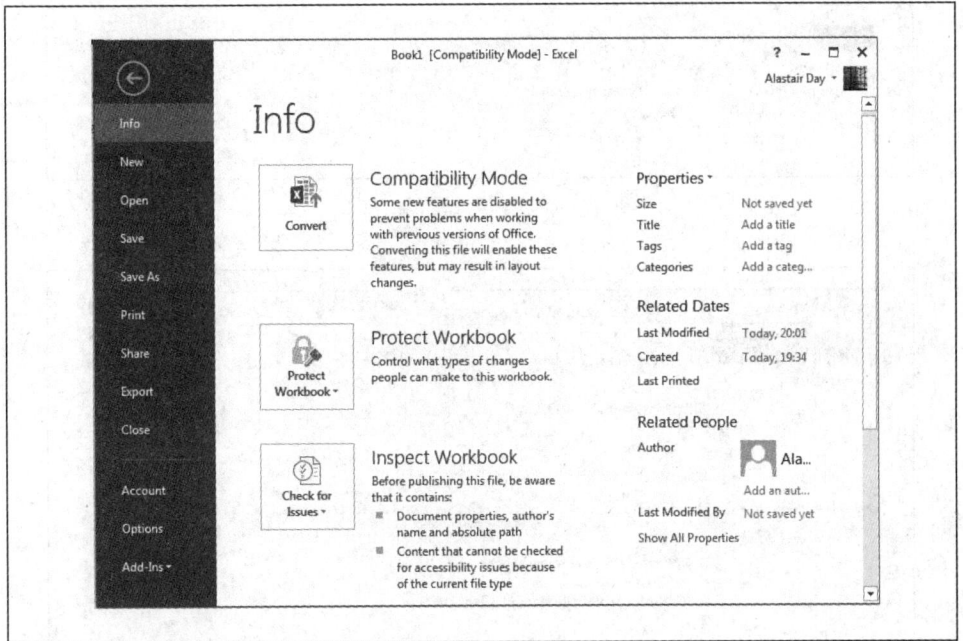

图 B.11 选项

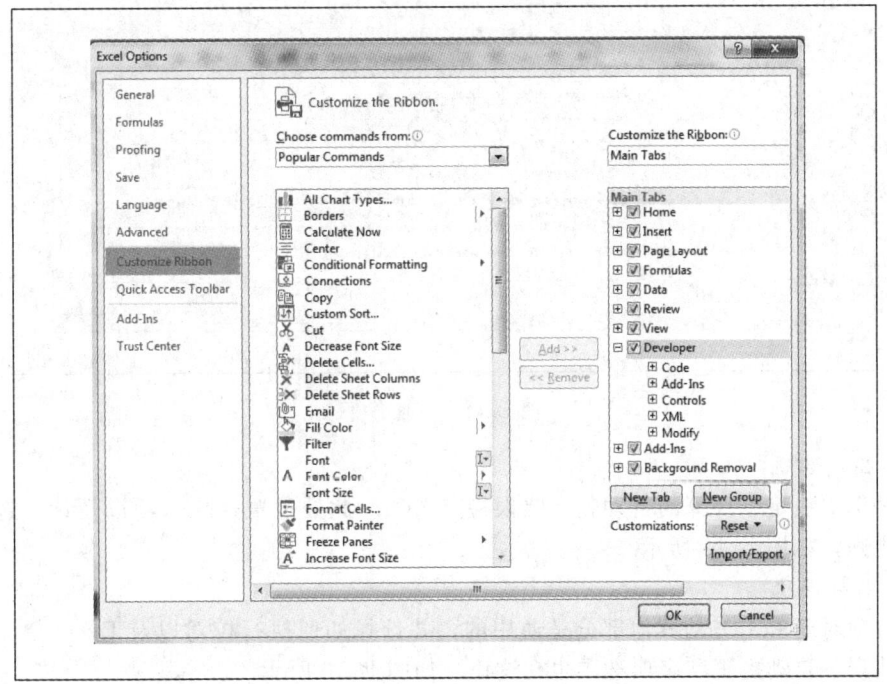

图 B.12 显示开发人员：Excel 选项、自定义功能区、开发人员

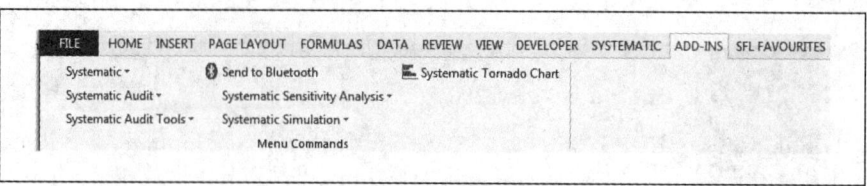

图 B.13 加载项

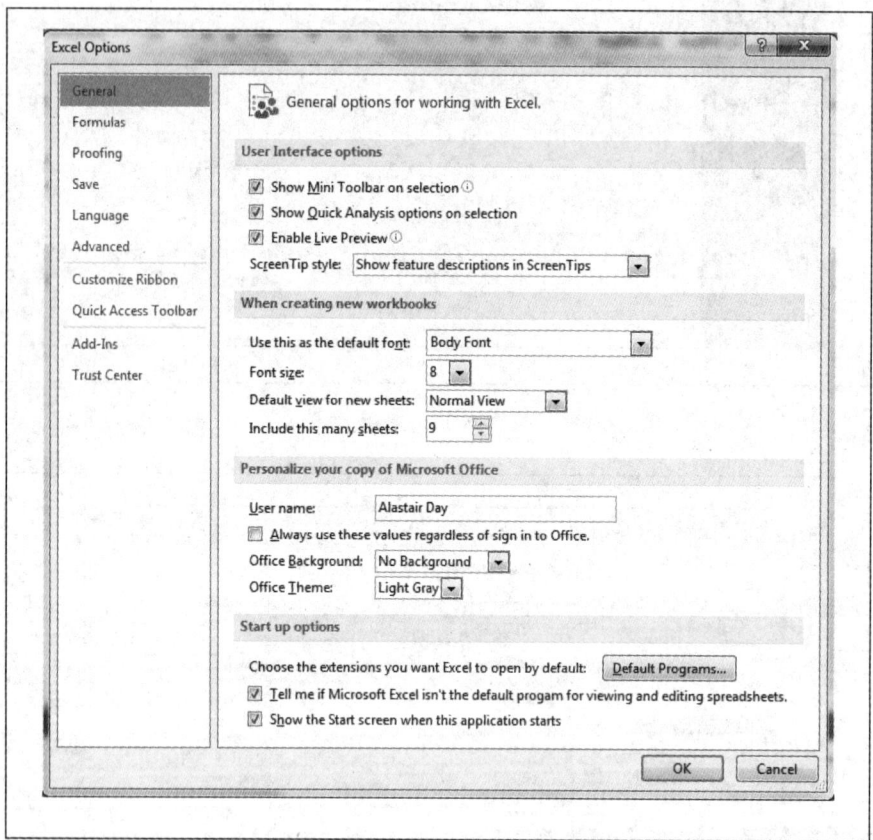

图 B.14 一般选项

11. 公式选项

这些选项决定了计算的自动化和错误检查选项. 此处设置迭代选项以及计算选项和错误检查规则, 如图 B.15 所示.

12. 打样选项

此选项对于 Office 的其他部分是通用的, 并选择如何执行校对以及 Excel 如何尝试纠正潜在错误. 自动更正和字典选项也在这里. 如图 B.16 所示.

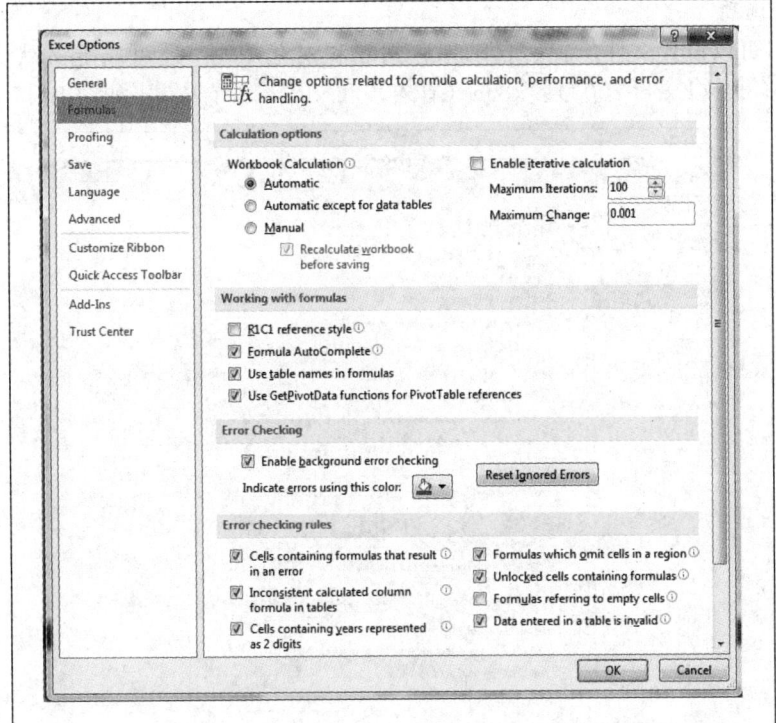

图 B.15 公式选项

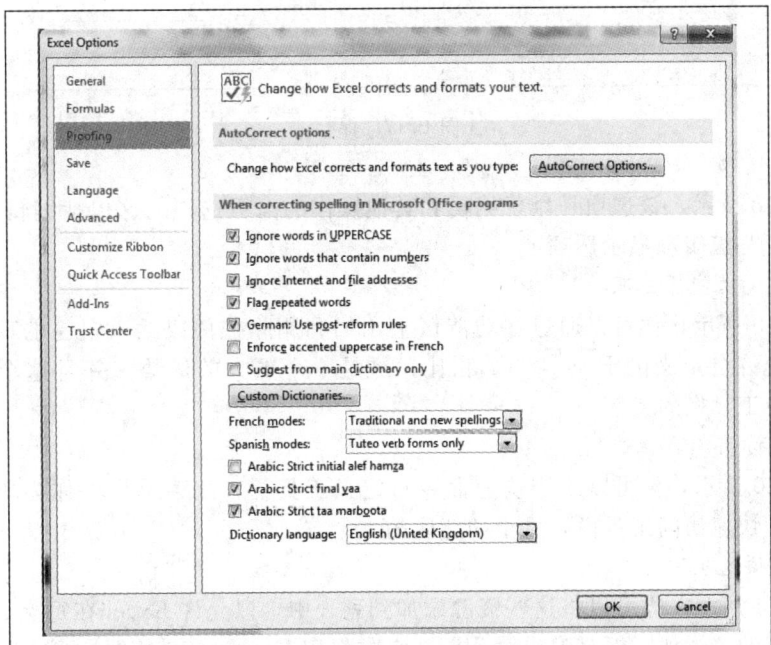

图 B.16 打样

13. 保存选项

在这里，可以设置文件位置、自动保存间隔和视觉外观。还可以定义默认的 Excel 文件类型，例如 xls（Excel 2003）、xlsm（有宏）和 xlsx（没有宏），如图 B.17 所示。

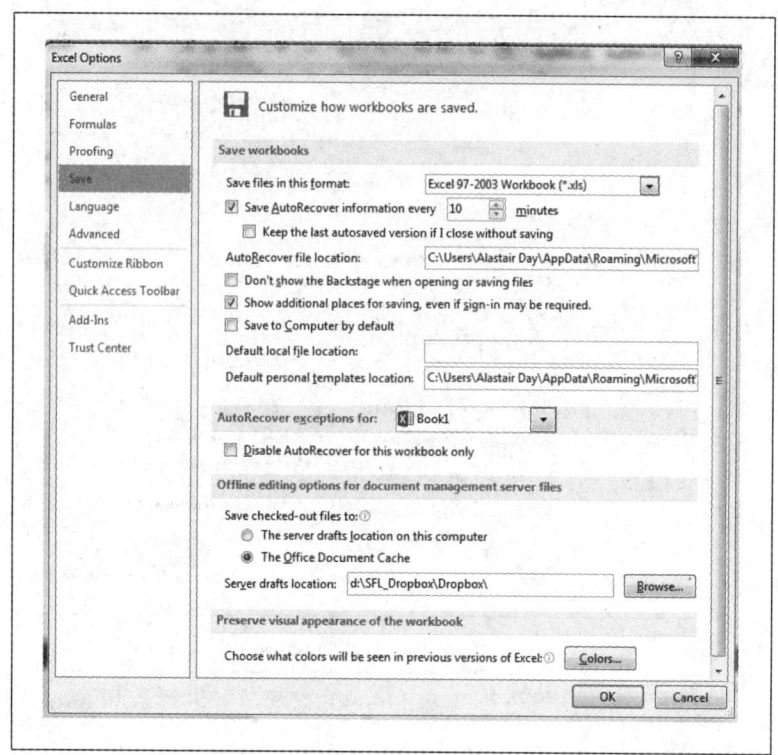

图 B.17 保存

14. 高级选项

如图 B.18 所示，该选项是用于编辑和其他操作的高级选项。这包括编辑选项的控件，例如自动完成与编辑和显示选项。

15. 自定义功能区选项

如图 B.19 所示，你可以通过在功能区上添加和删除控件或插入自己的项来自定义功能区。与不允许自定义的 Excel 2007 相比，这是一个更大的优势，并且这个选项恢复了 Excel 2003 中工具栏的灵活。

16. 快速访问工具栏选项

如图 B.20 所示，你可以使用快速命令自定义工具栏，此菜单允许你为快速访问工具栏选择命令。快速访问工具栏可见于功能区的左上方。

17. 加载项选项

如图 B.21 所示，你可以将这些资源添加到列表中，以允许 Excel 在每次启动时打开它们。单击底部的"添加"框会弹出对话框，它类似于 Excel 2003 的框，可以从列表中浏览或选择项目。

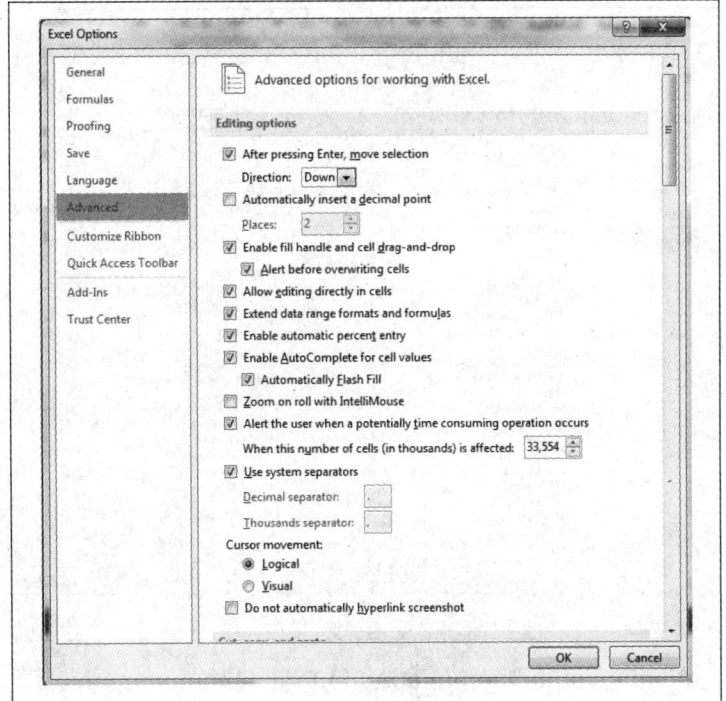

图 B.18 高级

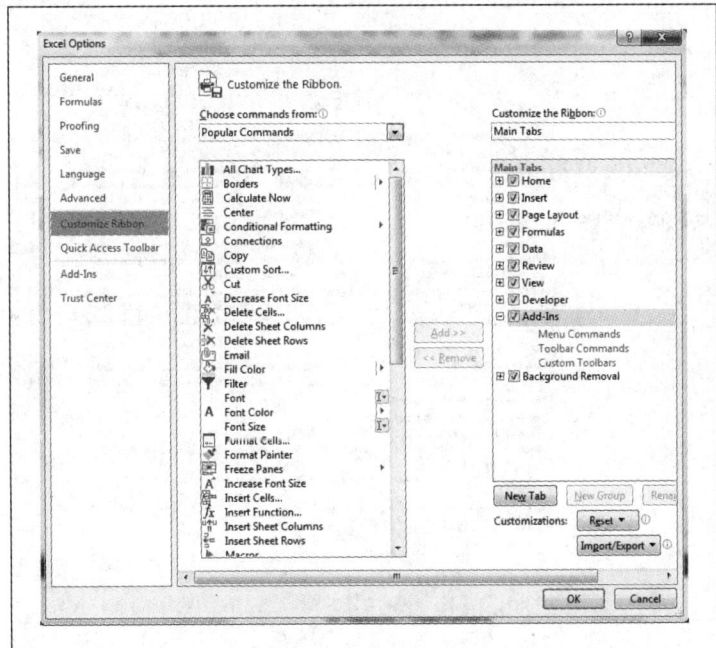

图 B.19 定制选项

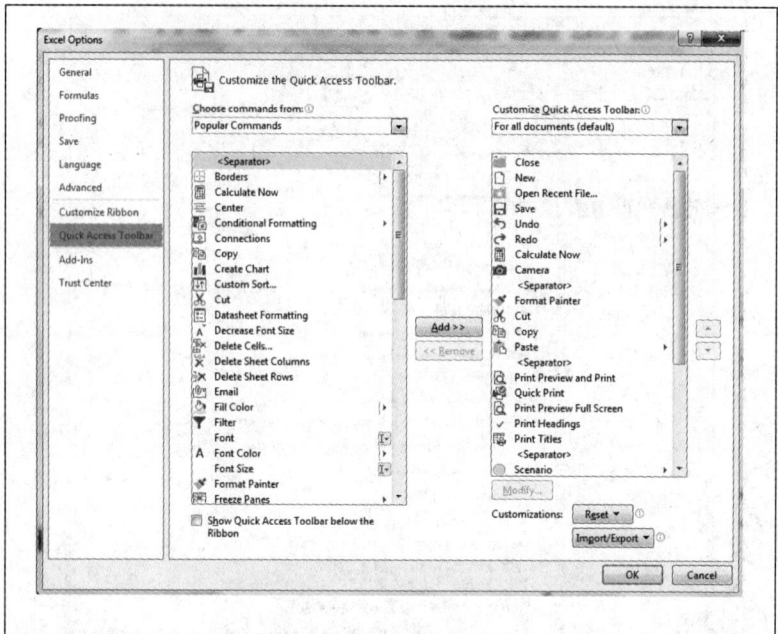

图 B.20 快速访问工具栏定制

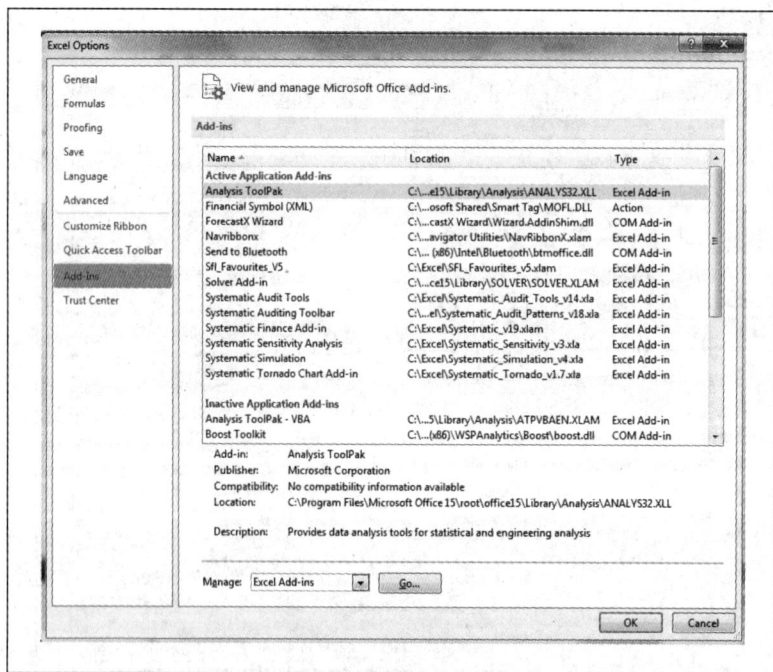

图 B.21 加载项选项

18. 信任中心选项

如图 B.22 所示，本部分的安全性提供了保护文档和隐私的工具．信任中心设置包括 Visual Basic 和文档访问的安全设置．

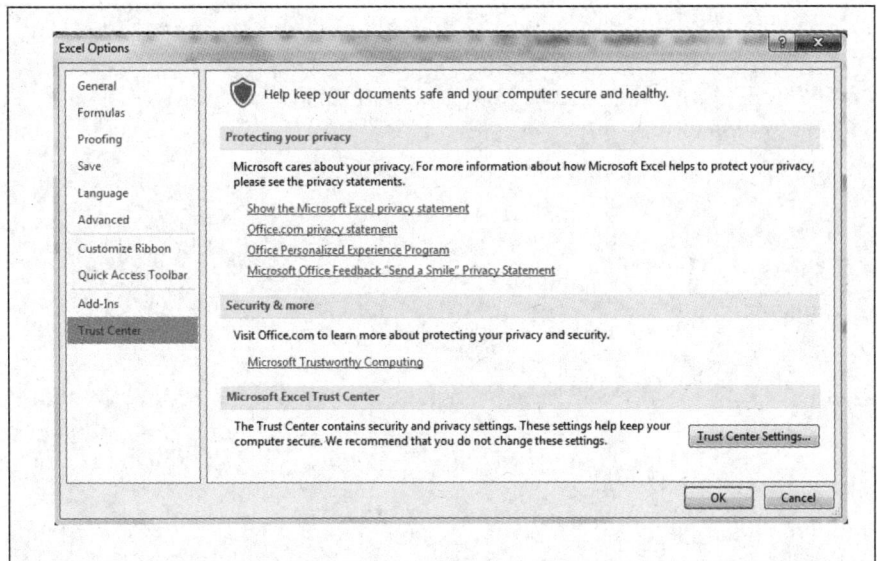

图 B.22　信任中心